化学工业出版社"十四五"普通高等教育规划教材

房屋建筑学

FANGWU
JIANZHUXUE

赵维生 主编　何　伟 副主编

化学工业出版社

·北京·

内容简介

本书参照国家现行标准、行业规范和规程等编写而成,重点阐述了建筑设计及建筑构造的内容与要求。此外,增添了绿色建筑和建筑发展趋势以及建筑行业的科研前沿和发展趋势。全书共14章,总体分为两部分:第1~5章为建筑设计部分,包含绪论、建筑总平面设计、建筑平面设计、建筑剖面设计、建筑体型和立面设计等内容;第6~14章为建筑构造部分,包含建筑构造概述、基础与地下室、墙体、楼板层与地坪层、屋顶、楼梯与电梯、门与窗、变形缝和建筑饰面等内容。

本书可作为高等本(专)科院校土木工程、工程管理、给排水、暖通等相关专业的教材和教学参考书,也可作为从事建筑设计与施工的技术人员的参考书。

图书在版编目(CIP)数据

房屋建筑学/赵维生主编;何伟副主编.--北京:化学工业出版社,2024.10.--ISBN 978-7-122-46094-3

Ⅰ.TU22

中国国家版本馆CIP数据核字第2024XB4356号

责任编辑:刘丽菲　　　　文字编辑:罗　锦
责任校对:李　爽　　　　装帧设计:刘丽华

出版发行:化学工业出版社
　　　　(北京市东城区青年湖南街13号　邮政编码100011)
印　　装:北京云浩印刷有限责任公司
787mm×1092mm　1/16　印张16½　字数403千字
2025年4月北京第1版第1次印刷

购书咨询:010-64518888　　　售后服务:010-64518899
网　　址:http://www.cip.com.cn

凡购买本书,如有缺损质量问题,本社销售中心负责调换。

定　价:49.80元　　　　　　　　　版权所有　违者必究

前言

房屋建筑学是土木工程专业（房建方向）和工程造价专业学生学习建筑理论和房屋建筑设计的基础课程之一，是主要研究建筑空间合理组合、建筑构造原理及构造方法的一门综合性的技术课程，旨在使学生具备建筑设计（房建方向）的基本能力，以及为学生从事预算和成本管理（工程造价）奠定基础。

本书依据高等学校土木工程学科专业指导委员会颁布的《高等学校土木工程本科指导性专业规范》的要求，并结合国家现行行业规范、标准、规程和图集等编写而成，以适应新时代我国相关人才培养的需求。

本书主要介绍了民用建筑和工业建筑设计的基本原理、方法及构造，介绍了绿色建筑、智慧建筑等内容，还有建筑行业的科研前沿和发展趋势，对近年来建筑构造的发展，如建筑饰面中艺术漆抹灰饰面等内容和材料进行了补充，部分已经淘汰或禁止的构造不再介绍，如防水构造中沥青卷材的应用等内容，以拓宽视野及适应行业发展要求。

本书总体分为建筑设计（第 1~5 章）和建筑构造（第 6~14 章）两部分内容，由内江师范学院赵维生任主编，内江师范学院何伟任副主编。本书编写分工如下：

内江师范学院　　　　何　伟（第 1 章、第 2 章、第 5 章、第 12 章）
同济大学　　　　　　汪统岳（第 3 章）
重庆交通大学　　　　蔡贤云（第 4 章）
内江师范学院　　　　陈晓霞（第 6 章）
四川轻化工大学　　　吴黎明（第 7 章）
内江师范学院　　　　赵维生（第 8 章、第 9 章、第 10 章、第 11 章）
四川文理学院　　　　冯昭君（第 13 章）
攀枝花学院　　　　　付　建（第 14 章）

本书在编写过程中，得到了内江师范学院、同济大学和重庆交通大学等高校的大力支持，内江师范学院王照安、胡利超给本书的编写提供了许多宝贵的建议，内江师范学院陈卓、周利、叶成健、吕韩雪、文萍、王佳欣、李方硕等参与了本书初稿的校对工作，在此表示感谢。

由于编者水平有限，书中如有不妥之处，敬请读者批评指正。

编者
2024 年 10 月

目录

第1篇 建筑设计

002　第1章　绪论
1.1　建筑的构成要素　002
1.2　建筑的分类　003
1.2.1　按使用功能分类　003
1.2.2　按层数或高度分类　003
1.2.3　按结构及承重材料分类　004
1.2.4　按施工方法分类　005
1.3　建筑设计的要求和依据　006
1.3.1　建筑设计的要求　006
1.3.2　建筑设计的依据　007
1.4　绿色建筑　010
1.4.1　绿色建筑的定义　010
1.4.2　绿色建筑的特征　010
1.4.3　绿色建筑的评价体系　011
1.5　建筑的发展趋势　011
思考题　013

014　第2章　建筑总平面设计
2.1　概述　014
2.2　建筑总平面设计的内容　014
2.3　建筑总平面设计的要求　015
2.3.1　基本要求　015
2.3.2　城市规划的要求　015
2.3.3　相关规范的要求　016
2.4　建筑总平面设计的基本原理　017
2.4.1　使用功能要求　017
2.4.2　建设地区的条件　017
2.4.3　建筑的组合安排　018
思考题　020

021 第 3 章 建筑平面设计

3.1 概述 021
3.2 民用建筑平面设计内容及要求 021
   3.2.1 平面设计的内容 021
   3.2.2 民用建筑平面设计要求 022
3.3 主要使用房间的平面设计 022
   3.3.1 房间分类及设计要求 022
   3.3.2 房间的面积 023
   3.3.3 房间的形状 024
   3.3.4 房间的尺寸 025
   3.3.5 房间门窗的设置 027
3.4 辅助使用房间的平面设计 030
   3.4.1 厕所 030
   3.4.2 浴室和盥洗室 031
   3.4.3 厨房 032
3.5 交通联系部分的平面设计 033
   3.5.1 走道 033
   3.5.2 楼梯 035
   3.5.3 电梯 037
   3.5.4 自动扶梯及坡道 038
   3.5.5 门厅与过厅 039
3.6 建筑平面组合设计 040
   3.6.1 影响平面组合的因素 040
   3.6.2 平面组合的形式 045
3.7 工业建筑平面设计 047
   3.7.1 工业建筑平面设计要求 047
   3.7.2 单层厂房平面设计 048
   3.7.3 多层厂房平面设计 051
   3.7.4 厂房总平面在厂房平面设计中的作用 054
思考题 055

056 第 4 章 建筑剖面设计

4.1 概述 056
4.2 建筑剖面设计的内容和要求 056
4.3 建筑剖面图的相关知识 057
   4.3.1 建筑剖面图的概念 057

4.3.2	剖面图数量与剖切符号的画法	057
4.4	剖面形状的确定	057
4.4.1	使用要求	058
4.4.2	结构、材料和施工的影响	058
4.4.3	采光、通风的要求	058
4.5	各部分高度的确定	059
4.5.1	房间的净高与层高	059
4.5.2	窗台高度	061
4.5.3	室内外地面高差	061
4.6	建筑高度的确定	062
4.6.1	使用要求	062
4.6.2	建筑结构、材料和施工的要求	062
4.6.3	建筑基地环境与城市规划的要求	063
4.6.4	建筑防火要求	064
4.7	建筑空间的组合与利用	064
4.7.1	建筑空间的组合方式	064
4.7.2	建筑空间的利用	065
思考题		068

069　第 5 章　建筑体型和立面设计

5.1	概述	069
5.2	体型和立面设计的影响因素	069
5.3	建筑体型与立面的构图方法	072
5.4	建筑体型设计	075
5.4.1	体型组合方式	075
5.4.2	体型的转折与转角处理	076
5.4.3	体量的联系与交接	077
思考题		077

第 2 篇　建筑构造

079　第 6 章　建筑构造概述

6.1	建筑构造的研究对象与任务	079
6.2	民用建筑与工业建筑的构造组成	079
6.2.1	民用建筑的构造组成	080
6.2.2	工业建筑的构造组成	081
6.3	影响建筑构造的因素	082
6.4	建筑构造设计原则	084
思考题		085

第 7 章　基础与地下室　086

- 7.1　地基与基础　086
  - 7.1.1　地基与基础的关系　086
  - 7.1.2　基础的埋置深度　087
- 7.2　基础的类型　088
  - 7.2.1　按基础的结构形式分类　088
  - 7.2.2　按基础的使用材料分类　090
- 7.3　基础的设计要求　091
- 7.4　地下室及其防潮防水构造　092
  - 7.4.1　地下室及其分类　092
  - 7.4.2　地下室防潮防水构造　092
- 思考题　096

第 8 章　墙体　097

- 8.1　墙体的基本概念及构造设计要求　097
  - 8.1.1　墙体的作用　097
  - 8.1.2　墙体的类型　097
  - 8.1.3　墙体结构布置方式与承重方案　099
  - 8.1.4　结构及抗震要求　100
  - 8.1.5　墙体功能方面的要求　102
- 8.2　砌体墙构造　104
  - 8.2.1　砖墙　104
  - 8.2.2　砌块墙　114
- 8.3　幕墙　117
  - 8.3.1　玻璃幕墙　117
  - 8.3.2　金属幕墙　118
  - 8.3.3　石材幕墙　118
- 8.4　隔墙与隔断　119
  - 8.4.1　隔墙　119
  - 8.4.2　隔断　124
- 8.5　防火墙　127
- 思考题　127

第 9 章　楼板层与地坪层　128

- 9.1　概述　128
  - 9.1.1　楼地层的基本组成　128
  - 9.1.2　楼板层的设计要求　129

9.2 钢筋混凝土楼板构造 130
9.2.1 现浇整体式钢筋混凝土楼板 130
9.2.2 预制装配式钢筋混凝土楼板 132
9.2.3 装配整体式钢筋混凝土楼板 138
9.3 楼地面面层构造 138
9.3.1 地面构造设计要求 139
9.3.2 地面的构造做法 139
9.4 顶棚 145
9.4.1 直接式顶棚 145
9.4.2 吊顶棚 146
9.5 阳台与雨篷 149
9.5.1 阳台 149
9.5.2 雨篷 152
思考题 153

第 10 章 屋顶 154

10.1 概述 154
10.1.1 屋顶的设计要求 154
10.1.2 屋顶的类型 154
10.2 屋面排水 155
10.2.1 屋面排水坡度 155
10.2.2 屋面排水方式 157
10.2.3 屋面排水组织设计 159
10.3 屋面防水 160
10.3.1 卷材防水屋面 160
10.3.2 涂膜防水屋面 167
10.3.3 刚性防水屋面 169
10.4 平屋顶 172
10.5 坡屋顶的组成及构造 173
10.5.1 坡屋顶的特点与形式 173
10.5.2 坡屋顶的组成 174
10.5.3 坡屋顶的承重结构系统 174
10.5.4 平瓦坡屋顶屋面的构造 175
10.6 屋顶的保温与隔热 181
10.6.1 屋盖保温 181
10.6.2 屋盖隔热 181
思考题 183

第 11 章　楼梯与电梯

11.1　楼梯的组成和尺度	184
11.1.1　楼梯的组成	184
11.1.2　楼梯的形式	185
11.1.3　楼梯的尺度	187
11.2　现浇整体式钢筋混凝土楼梯构造	191
11.2.1　板式楼梯	191
11.2.2　梁板式楼梯	192
11.3　预制装配式钢筋混凝土楼梯	193
11.3.1　墙承式	193
11.3.2　墙悬臂式	193
11.3.3　梁承式	194
11.4　楼梯的细部构造	198
11.4.1　踏步面层与防滑构造	198
11.4.2　栏杆及扶手的构造	199
11.5　台阶与坡道	203
11.5.1　台阶	203
11.5.2　坡道	203
11.6　电梯与自动扶梯	204
11.6.1　电梯	204
11.6.2　自动扶梯	207
思考题	208

第 12 章　门与窗

12.1　门窗概述	209
12.1.1　门窗的作用和设计要求	209
12.1.2　门窗类型	209
12.2　木门窗	211
12.2.1　木门的构造	211
12.2.2　木窗的构造	215
12.3　金属门窗	217
12.3.1　铝合金门窗	217
12.3.2　塑钢门窗	217
12.4　天窗	218
12.4.1　矩形天窗	218
12.4.2　下沉式天窗	221
12.4.3　平天窗	221
12.5　节能门窗	222

12.5.1 节能设计指标 ... 223
12.5.2 节能门窗设计措施 ... 223
12.6 建筑遮阳与（门窗）防水 ... 224
12.6.1 建筑遮阳 ... 224
12.6.2 建筑（门窗）防水 ... 225
思考题 ... 227

第 13 章 变形缝

13.1 伸缩缝的设置条件及要求 ... 228
13.2 沉降缝的设置条件及要求 ... 229
13.3 防震缝的设置条件及要求 ... 230
13.3.1 防震缝的概念 ... 230
13.3.2 防震缝的设置要求 ... 231
13.4 变形缝处的结构处理 ... 232
13.5 变形缝的盖缝构造 ... 233
13.5.1 墙体变形缝构造 ... 233
13.5.2 楼地板层变形缝构造 ... 234
13.5.3 屋面变形缝构造 ... 234
13.5.4 三种变形缝的关系 ... 234
思考题 ... 236

第 14 章 建筑饰面

14.1 概述 ... 237
14.1.1 建筑饰面的作用 ... 237
14.1.2 建筑饰面的基层 ... 238
14.2 墙体饰面 ... 238
14.2.1 墙体饰面分类 ... 239
14.2.2 墙体饰面构造 ... 239
14.3 楼地面饰面 ... 245
14.3.1 地面饰面的要求 ... 245
14.3.2 地面饰面的分类 ... 245
14.3.3 地面装修构造 ... 245
14.4 顶棚饰面 ... 248
14.4.1 顶棚类型 ... 248
14.4.2 顶棚构造 ... 248
思考题 ... 251

参考文献

第 1 篇

建筑设计

第 1 章
绪 论

 学习目标

掌握民用建筑的分类,熟悉建筑设计的依据,明确建筑设计的程序与内容,了解建筑发展的前沿和趋势。

房屋建筑学是土木建筑相关专业课程中一门内容广泛的综合性专业基础课,它涉及建筑功能、建筑艺术、工程技术、建筑经济等多方面,具体内容主要包括建筑平面设计、建筑剖面设计、建筑体型与立面设计、建筑构造以及绿色建筑等。

1.1 建筑的构成要素

构成建筑的基本要素是建筑功能、建筑技术和建筑形象,建筑功能是最重要的要素。

(1) 建筑功能

建筑是供人们生活、学习、工作、娱乐的场所,需要满足人们不同的使用需求,同时还要为人们创造一个健康、舒适的人居环境,具有满足人们生理和心理要求的功能。因此建筑应具有良好的朝向,以及良好的保温、隔热、隔声、采光、通风的性能。

(2) 建筑技术

建筑是一种技术科学,建筑技术是建造房屋的手段,包括建筑设计技术、建筑材料技术、建筑结构技术、建筑施工技术和建筑设备技术(水、电、通风、空调、通信、消防等设备)。建筑技术的发展的目标是,一方面减小对环境的影响、降低工程成本、减少建设时间,另一方面增强工程施工的安全性,构建更加健康、舒适的室内外空间。建筑创作中的技术表现主要体现在材料的力学性能、构造工艺的结构表现以及注重环保生态的绿色技术和追求表层效应的装饰表现。比如建筑材料对建筑的发展影响巨大,古代建筑的跨度和高度都受到限制,19 世纪中叶到 20 世纪初,钢铁、水泥相继出现,为大力发展高层和大跨度建筑创造了物质技术条件。

(3) 建筑形象

建筑形象是建筑体型、立面形式、建筑色彩、材料质感、细部装修等的综合反映。建筑形象处理得当,就能产生一定的艺术效果,给人以感染力和美的享受。例如我们看到的一些建筑,常常给人以庄严雄伟、朴素大方、生动活泼等不同的感觉,这就是建筑艺术形象的魅力。不同时期的建筑有不同的建筑形象,例如古代建筑与现代建筑的形象就不一样。不同民族、不同地域的建筑也会产生不同的建筑形象,例如汉族和少数民族、南方和北方,都会形成本民族、本地区各自的建筑形象。

构成建筑的三个要素彼此之间是辩证统一的关系，不能分割，但又有主次之分。最核心的是功能，起主导作用；其次是物质技术，是完成建筑的手段，但是技术对功能又有约束和促进的作用；第三是建筑形象，是功能和技术的反映，但如果充分发挥设计者的主观作用，在一定功能和技术条件下，可以把建筑设计得更加美观。

1.2 建筑的分类

1.2.1 按使用功能分类

建筑物按照它的使用功能，通常可分为工业建筑和民用建筑。

民用建筑按照使用功能又可以分为居住建筑和公共建筑。居住建筑主要包括住宅、宿舍、公寓。公共建筑是除居住建筑以外的其他民用建筑，如行政办公建筑、文教建筑、医疗建筑、商业建筑、演出性建筑、体育建筑、展览建筑、旅馆建筑、交通建筑、通信建筑、园林建筑、纪念性建筑等。

1.2.2 按层数或高度分类

（1）民用建筑

依据《民用建筑设计统一标准》（GB 50352—2019），民用建筑按地上建筑高度或层数可分为单、多层民用建筑和高层民用建筑，其分类应符合下列规定：

① 建筑高度不大于 27.0m 的住宅建筑、建筑高度不大于 24.0m 的公共建筑、建筑高度大于 24.0m 的单层公共建筑，为低层或多层民用建筑。

② 建筑高度大于 27.0m 的住宅建筑和建筑高度大于 24.0m 的非单层公共建筑，且高度不大于 100.0m 的，为高层民用建筑。高层建筑根据其使用功能、火灾危险性、疏散和扑救难度可以分为一类高层建筑和二类高层建筑。民用建筑的分类应符合《建筑设计防火规范》（GB 50016—2014）的规定，如表 1-1 所示。

表 1-1 民用建筑的分类

名称	高层民用建筑		单、多层民用建筑
	一类	二类	
住宅建筑	建筑高度大于 54m 的住宅建筑（包括设置商业服务网点的住宅建筑）	建筑高度大于 27m,但不大于 54m 的住宅建筑（包括设置商业服务网点的住宅建筑）	建筑高度不大于 27m 的住宅建筑（包括设置商业服务网点的住宅建筑）
公共建筑	1. 建筑高度大于 50m 的公共建筑； 2. 建筑高度 24m 以上部分任一楼层建筑面积大于 1000m² 的商店、展览、电信、邮政、财贸金融建筑和其他多种功能组合的建筑； 3. 医疗建筑、重要公共建筑、独立建造的老年人照料设施； 4. 省级及以上的广播电视和防灾指挥调度建筑、网局级和省级电力调度建筑； 5. 藏书超过 100 万册的图书馆、书库	除一类高层公共建筑外的其他高层公共建筑	1. 建筑高度大于 24m 的单层公共建筑； 2. 建筑高度不大于 24m 的其他公共建筑

注：1. 表中未列入的建筑，其类别应根据本表类比确定。
2. 除本规范另有规定外，宿舍、公寓等非住宅类居住建筑的防火要求，应符合《建筑防火规范》有关公共建筑的规定。
3. 除《建筑防火规范》另有规定外，裙房的防火要求应符合《建筑防火规范》有关高层民用建筑的规定。

③ 建筑高度大于100.0m为超高层建筑。

(2) 工业建筑

依据《建筑设计防火规范》，工业建筑按地上建筑高度或层数进行分类应符合下列规定：

① 层数为1层的工业厂房为单层厂房。

② 2层及2层以上，且建筑高度不超过24m的厂房为多层厂房。

③ 建筑高度大于24m的非单层厂房、仓库为高层厂房。

1.2.3 按结构及承重材料分类

(1) 钢筋混凝土结构

钢筋混凝土结构的承重构件，如梁、板、柱、墙、屋架等，是由钢筋和混凝土两大材料构成的；其围护构件是由轻质砖或其他砌体做成的。钢筋混凝土结构是建筑工程中应用最为广泛的结构形式之一，其特点是结构的适应性强、可建造成各种形态、抗震性及耐久性好等。

(2) 砌体结构

砌体结构是以砖、石、混凝土等各种砌体为主体的结构的统称，一般用于多层建筑。这类建筑物的竖向承重构件采用砌块，水平承重构件采用钢筋混凝土楼板、屋顶板，也有少量的屋顶采用木屋架。这类建筑物的层数一般在6层以下，造价低、抗震性差，开间、进深及层高都受限制。

(3) 钢结构

钢结构是一种高强度、韧性好的结构，这类建筑物的主要承重构件均是由钢材构成，其建筑成本高，适用于高层、大跨度或者荷载较大的建筑。

(4) 木结构

木结构建筑是用木材建造或者以木材为主要受力构件的建筑物。这类建筑物的层数一般较低，通常在3层以下。我国现存最高、最古的一座木构塔式建筑是应县木塔。

(5) 其他结构

其他结构建筑包括生土建筑（图1-1）、膜建筑（图1-2）、钢筋-混凝土组合结构或混合结构建筑等。

图1-1 生土建筑

图1-2 膜建筑

1.2.4 按施工方法分类

施工方法是指建造建筑物时所采用的方法。

（1）现浇现砌式建筑

这种建筑物的主要承重构件均是在施工现场浇筑或砌筑而成的。现浇混凝土结构建筑施工实例如图 1-3 所示。

（2）装配式建筑

由预制部品部件在工地装配而成的建筑。装配式建筑施工实例如图 1-4 所示。

图 1-3　现浇混凝土结构建筑施工实例

图 1-4　装配式建筑施工实例

（3）大模板建筑

大模板建筑通常是指用工具式大型模板现浇钢筋混凝土墙体或楼板的一种建筑。大模板建筑施工实例如图 1-5 所示。

（4）滑模建筑

滑模建筑是指用滑升模板现浇混凝土墙体的一种建筑。滑模现浇墙的原理是利用墙体内承受钢筋作支承杆，由液压千斤顶逐层提升模板，随升随浇混凝土，直至整个墙体完成连续浇筑。滑模建筑施工实例如图 1-6 所示。

图 1-5　大模板建筑施工实例

图 1-6　滑模建筑施工实例

(5) 升板建筑

升板建筑是指利用房屋自身的柱子作导杆,将预制楼板和屋面板提升就位的一种建筑。升板建筑施工示例如图 1-7 所示。

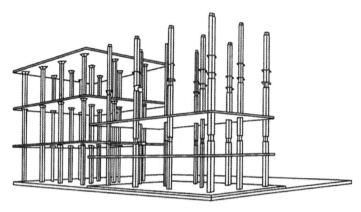

图 1-7 升板建筑施工示例

1.3 建筑设计的要求和依据

1.3.1 建筑设计的要求

(1) 满足建筑功能要求

满足建筑物的功能要求,为人们的生产和生活活动创造良好的环境,是建筑设计的首要任务。例如设计学校,首先要考虑满足教学活动的需要,教室设置应分班合理,采光通风良好,同时还要合理安排教师备课、办公、贮藏和厕所等行政管理和辅助用房,并配置良好的体育场和室外活动场地等。

(2) 采用合理的技术措施

正确选用建筑材料,根据建筑空间组合的特点,选择合理的结构、施工方案,使房屋坚固耐久、建造方便。例如近年来,我国设计建造的一些覆盖面积较大的体育馆,由于屋顶采用空间网架结构和整体提升的施工方法,既节省了建筑物的用钢量,也缩短了施工期限。

(3) 具有良好的经济效果

建造房屋是一个复杂的物质生产过程,需要大量人力、物力和资金,在房屋的设计和建造中,要因地制宜,就地取材,尽量做到节省劳动力,节约建筑材料和资金。设计和建造房屋要有周密的计划和核算,重视经济领域的客观规律,讲究经济效果。房屋设计的使用要求和技术措施要和相应的造价、建筑标准统一起来。

(4) 考虑建筑美观要求

建筑物是社会的物质和文化财富,它在满足使用要求的同时,还需要考虑人们对建筑物在美观方面的要求,考虑建筑物所赋予的人们精神上的感受。建筑设计要努力创造具有我国时代精神的建筑空间组合与建筑形象。历史上创造的具有时代印记和特色的建筑形象,往往是一个国家、一个民族文化传统宝库中的重要组成部分。

(5) 符合总体规划要求

单体建筑是总体规划的组成部分，单体建筑应符合总体规划提出的要求。建筑物的设计，还要充分考虑和周围环境的关系，例如原有建筑的状况、道路的走向、基地面积大小以及绿化等方面和拟建建筑物的关系。新设计的单体建筑，应与所在基地形成协调的室外空间组合、良好的室外环境。

1.3.2 建筑设计的依据

(1) 建筑功能

人类建造房屋是为了满足生活、工作、娱乐等各种使用要求，我们称之为建筑功能。建筑功能主要有基本功能和使用功能，使用功能又分为主要使用功能和辅助使用功能。建筑的基本功能包括保温隔热，隔声防噪，防风、雨、雪、火等，这是人类对建筑物最基本的要求。任何建筑物都是人们为了满足某种具体的需求而建造的，据此形成不同类型的建筑，我们称之为建筑的使用功能。例如，住宅满足的是人们生活居住的需求，商店满足的是人的购物需求，而工业厂房则满足的是生产的需求。各类建筑的基本功能是相近的，而其使用功能则是多种多样的，由此产生了多种不同的建筑类型。建筑功能往往会对建筑的平面空间构成、空间尺度、建筑形象、结构体系等产生直接影响，另外，各类建筑的建筑功能随着社会的发展和物质文化水平的提高也会有不同的要求。不论何种建筑，其设计必须满足建筑的基本功能和使用功能的要求，建筑功能是决定建筑设计的第一重要因素。

① 人体尺度及人体活动所需的空间尺度

在建筑设计中，首先必须满足的就是人体和人体活动的空间尺度要求。建筑是为人服务的，因此建筑中的空间尺度与细部尺寸都应以人体尺寸及人体活动所需要的空间为主要依据，同时还应考虑人体的心理、精神上的需求。人体基本动作尺度如图1-8所示。

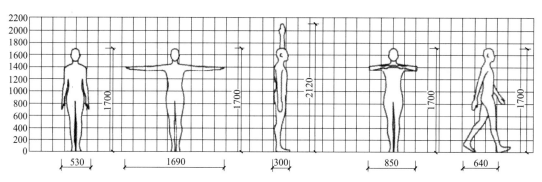

图1-8 人体基本动作尺度

② 家具、设备所需的空间

人类的生活、学习和工作都有必要的家具和设备，因此家具和设备的尺寸以及人们在使用家具和设备时的活动空间，是确定建筑物房间使用面积的重要依据。家具与设备因房屋建筑的性质和功能的不同而不同，随着科技的进步以及现代生活的发展，家具与设备也在发生变化。

(2) 自然条件

① 气象条件

建设地区的温度、湿度、日照、雨雪、风向、风速等是建筑设计的重要依据，对建筑设计有较大的影响。例如：炎热地区的建筑应考虑隔热、通风、遮阳，建筑处理较为开敞；寒冷地区应考虑防寒保温，建筑处理较为封闭；雨量较大的地区要特别注意屋顶形式、屋面排水方案的选择，以及屋面防水构造的处理；在确定建筑物间距及朝向时，应考虑当地日照情况及主导风向等因素。风速还是高层建筑、电视塔等设计中考虑结构布置和建筑体型的重要因素。

可见，不同的气象条件对建筑有不同的要求，设计时应根据当地气候特征进行适应气候的设计。《民用建筑设计统一标准》规定，建筑气候分区对建筑的基本要求应符合有关规定；《民用建筑热工设计规范》将建筑热工设计区划分两级。建筑热工设计的指标及设计原则应满足相关的规定。

风玫瑰图也叫风向频率玫瑰图，它是根据某一地区多年平均统计的风向和风速的百分数值，并按一定比例绘制而成的，如图1-9所示。风玫瑰图上的风向是指由外吹向地区中心，比如由北吹向中心的风称为北风。建筑房间的设置朝向需要注意风向的影响，比如化学实验室等有异味的房间，应尽量安排在下风向，以减少对其他功能房间的影响。

② 地形、水文地质及地震强度

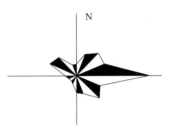

图1-9 某城市风玫瑰图

基地地形、地质构造、土壤特性和地耐力的大小，对建筑物的平面组合、建筑剖面、建筑体型、建筑构造和结构布置等都有明显的影响。建筑设计应依据基地地形，顺势而为。例如：对于坡度较陡的地形，应使建筑结合地形错层建造；当遇到复杂的地质条件时，建筑构造和基础的设置应采取相应的措施。

水文条件是指地下水位的高低及地下水的性质，它们会直接影响到建筑基础及地下室。因此，工程中会根据当地的水文条件确定是否对建筑采用相应的防水和防腐蚀措施。

地震烈度表示地震对地表及工程建筑物影响的强弱程度。在烈度为6度及6度以下地区，地震对建筑物的损坏影响较小；9度以上的地区，地震破坏强度较大，从经济因素及耗用材料考虑，除特殊情况外，一般应尽可能避免在此处建造建筑物。当建筑位于7、8、9度地震烈度的地区时，应考虑房屋的抗震设防，并且根据《建筑抗震设计规范（2016年版）》（GB 50011—2010）及《中国地震动参数区划图》（GB 18306—2015）的规定做相应的抗震设计。

(3) 建筑技术

建筑技术是推动建筑发展的动力，是使建筑物由图纸付诸实施的根本保证。在一定程度上，建筑方案的实现与否，主要取决于工程结构和技术手段的发展水平。正是由于新材料、新技术的不断出现，才使得高层、超高层、大空间等多种复杂建筑类型成为可能。因此，建筑师应根据施工技术水平、建筑材料等来确定建筑方案，尽量做到因地制宜，就地取材。超越现有技术水平的设计方案再完美也是脱离实际的。

(4) 城市规划

城市规划是为了实现一定时期内城市的经济和社会发展目标，确定城市性质、规模和发展方向，合理利用城市土地，协调城市空间布局和各项建设所做的综合部署和具体安排。它是一定时期内城市发展的蓝图，也是城市建设和管理的依据，在确保城市空间资源的有效配置和土地合理利用的基础上，是实现城市经济和社会发展目标的重要手段之一。它对建筑设计具有控制和指导作用。单体建筑的设计不能脱离总体规划而孤立进行，单体建筑形式要受到群体建筑风格的制约，它必须在满足城市规划要求的基础上来设计。

（5）文化与审美

建筑具有双重性，既是物质的，又是精神的，是实用与审美相结合的产物。建筑一方面具有物质性使用功能，如居住、学习、工作、购物、公共事务等；另一方面，它又要满足人们对美的渴望，塑造美好形象。一些重要的公共建筑在审美方面甚至占有重要的地位。因此，建筑设计还应考虑当地文化与审美，满足使用者的审美需求。

（6）标准与规范

建筑类的标准与规范是建筑设计必须遵守的准则和依据，它们体现着国家的现行政策和经济技术水平。建筑设计必须根据设计项目的性质、内容，依据有关的建筑标准、规范完成设计工作。国家和行业的强制性标准要求建筑设计既不能违反国家的工程建设标准的强制性条文和各类设计技术规范，还应遵守相关的地方性法规和其他规范性文件。建筑设计规范、标准种类很多，比如：

《房屋建筑制图统一标准》（GB/T 50001—2017）

《建筑制图标准》（GB/T 50104—2010）

《民用建筑设计统一标准》（GB 50352—2019）

《建筑设计防火规范（2018年版）》（GB 50016—2014）

《建筑模数协调标准》（GB/T 50002—2013）

除了这些基本的标准和规范外，各类建筑如住宅、学校、旅馆、商店等都有其相应的规范，如：

《住宅设计规范》（GB 50096—2011）

《中小学校设计规范》（GB 50099—2011）

《旅馆建筑设计规范》（JGJ 62—2014）

设计人员必须遵守各种规范与标准来完成设计工作。

（7）建筑模数

为了实现建筑工业化大规模生产，使不同材料、不同形状和不同制造方法的建筑构配件（或组合件）具有一定的通用性和互换性，建筑业应必须共同遵守《建筑模数协调标准》（GB/T 50002—2013）和《厂房建筑模数协调标准》（GB/T 50006—2010）。

模数协调主要实现以下目标：

① 实现建筑的设计、制造、施工安装等活动的互相协调。

② 能对建筑各部位尺寸进行分割，并确定各部件的尺寸和边界条件。

③ 优选某种类型的标准化方式，使得标准化部件的种类最优。

④ 有利于部件的互换性。

⑤ 有利于建筑部件的定位和安装，协调建筑部件与功能空间之间的尺寸关系。

《建筑模数协调标准》规定基本模数的数值为100mm，符号为M，即1M=100mm。建筑物和建筑物部件以及建筑组合件的模数化尺寸，应是基本模数的倍数，目前世界上绝大部分国家均采用100mm为基本模数值。

导出模数分为扩大模数和分模数，其基数应符合下列规定：

① 扩大模数是指基本模数的整倍数，扩大模数的基数为2M、3M、6M、9M、12M，

其相应的尺寸分别为 200mm、300mm、600mm、900mm、1200mm。

② 分模数是指整数除基本模数的数值，分模数的基数为 M/10、M/5、M/2 共 3 个，其相应的尺寸为 10mm、20mm、50mm。

根据《民用建筑设计统一标准》（GB 50352—2019）的规定，建筑平面的柱网、开间、进深、层高、门窗洞口等主要定位线尺寸，应为基本模数的倍数，并应符合下列规定：

平面的开间进深、柱网或跨度、门窗洞口宽度等主要定位尺寸，宜采用水平扩大模数数列 $2n\mathrm{M}$、$3n\mathrm{M}$（n 为自然数）。

建筑物的高度、层高和门窗洞口高度等宜采用竖向基本模数和竖向扩大模数数列，且竖向扩大模数数列宜采用 $n\mathrm{M}$（n 为自然数）。

构造节点和分部件的接口尺寸等宜采用分模数数列，且分模数数列宜采用 M/10、M/5、M/2。

1.4 绿色建筑

1.4.1 绿色建筑的定义

所谓绿色建筑，就是在建筑的全寿命周期内，节约资源、保护环境、减少污染、为人们提供健康、适用、高效的使用空间，最大限度地实现人与自然和谐共生的高质量建筑。

那么什么样的建筑才能称得上是绿色建筑呢？绿色建筑指的就是在进行建筑物的设计施工、使用以及拆除的全生命周期过程中，充分考虑自然环境的建筑，具体来说就是在前期建筑的设计阶段采用适当的绿色建筑设计手法，中期建筑施工过程中要采取适当的施工工艺，将对自然环境的影响降低到最小，同时在使用建筑物的过程中可以在最大程度上达到舒适、无害、健康、耗能低的标准，在拆除建筑的过程中以及拆除之后也不会对周围的环境造成什么影响。总体来说就是绿色建筑在设计、施工、使用和拆除过程中都要做到对环境造成的影响最小，甚至可以改善自然环境，在达到和自然环境协调统一的同时提供一个健康、舒适的建筑空间。

1.4.2 绿色建筑的特征

（1）节约资源

绿色建筑的核心内容就是尽可能地降低对能源以及资源的消耗，在建筑设计、建造施工、运行维护和建筑拆除阶段，要尽量节能、节地、节水、节材，减少对资源的大量消耗，推进绿色施工，高效利用资源，尽可能采用绿色建材和设备，通过科学管理和技术进步，对工程做法、设备和用材提出优化建议，最大限度地节约资源、降低能耗、控制环境污染。

可再生能源的充分运用是促使建筑节能效果提升的重要模式，这种可再生能源的运用主要就是针对太阳能、风能以及地热能进行建筑物的匹配性研究，将这些技术手段较好引入到建筑物中，促使其能够在一定程度上替代原有电力能源的消耗，并且在清洁性方面也能够发挥理想的作用。

(2) 高品质

基于"适用、经济、绿色、美观"的建筑方针，围绕以人为本、性能导向的核心理念，以全寿命周期和全产业链的绿色技术集成整合为手段，打造可感知的高品质绿色建筑，强调将绿色建筑内涵扩展至低能源消耗、高健康性能、高建造水平，以及高度智慧运维，以满足人民日益增长的美好生活需要。

(3) 与自然和谐共生

在对建筑用地进行选择时，要最大限度地减少对原有生态系统的破坏，绿色建筑追求充分利用自然，比如直接利用阳光、风向、地形、植被等现场自然条件，采用非机械、近零能耗的方式，降低建筑的采暖、空调和照明等负荷，提高室内外环境性能，回归建筑与自然一体的本原。同时最大化地减少废水、废气以及固体废物的排放，并降低对环境的破坏，同时利用一些新工艺、新材料来达到节能减排的目的。

由此，绿色建筑不仅限于一个个单体建筑的概念，它更是一种理念，追求与当地气候条件相适应，与地域风貌和街区环境相协调，以"被动设计优先、主动设计优化"理念打造绿色生态示范城区，创建和谐生态文明城市，实现人与自然和谐共生。

1.4.3 绿色建筑的评价体系

现行标准《绿色建筑评价标准》（GB/T 50378—2019）是绿色建筑评价的重要依据。绿色建筑评价应遵循因地制宜的原则，结合建筑所在地域的气候、环境、资源、经济和文化等特点，对建筑全寿命周期内的安全耐久、健康舒适、生活便利、资源节约、环境宜居5类指标等性能进行综合评价。

(1) 绿色建筑评价应以单栋建筑或建筑群为评价对象。评价对象应落实并深化上位法定规划及相关专项规划提出的绿色发展要求；涉及系统性、整体性的指标，应基于建筑所属工程项目的总体进行评价。

(2) 绿色建筑评价指标体系应由安全耐久、健康舒适、生活便利、资源节约、环境宜居5类指标组成。

(3) 绿色建筑评价应在建筑工程竣工后进行。在建筑工程施工图设计完成后，可进行预评价。

(4) 等级划分由高到低划分为三星级、二星级、一星级和基本级。

(5) 绿色建筑的室内布局应十分合理，尽量减少使用合成材料，充分利用阳光，节省能源，为居住者创造一种接近自然的感觉。以人、建筑和自然环境的协调发展为目标，在利用天然条件和人工手段创造良好、健康的居住环境的同时，尽可能地控制和减少对自然环境的使用和破坏，充分体现向大自然的索取和回报之间的平衡。

1.5 建筑的发展趋势

当前的建筑未来将更加环保、智能、灵活和人性化，同时兼顾安全与文化传承。未来建筑的发展趋势将呈现多元、智能、人性、环保的特点，包括绿色建筑与可持续发展、智能化应用、模块化建筑、新材料与新技术应用以及健康舒适等方面。这些趋势将共同推动建筑行业实现更加高效、智能和可持续的发展。

(1) 建筑健康化发展

2016年10月，中共中央、国务院印发了《"健康中国2030"规划纲要》，党的十八大以来，党中央把推进"健康中国"建设上升为国家战略。健康建筑是改善民生、促进行业发展、助力健康中国战略引领下的多项政策落地的重要载体。2021年11月，中国建筑学会发布实施《健康建筑评价标准》（T/ASC 02—2021），旨在通过建筑中的空气、水、舒适、健身、人文、服务六大要素综合促进建筑使用者的身心健康。我国近十年在绿色建筑领域的发展成效显著，而绿色建筑更多侧重建筑与环境之间的关系，建筑环境健康是绿色建筑发展的新要求，在绿色建筑得以快速发展之后，健康建筑的发展需求逐渐显现，可以说健康建筑是绿色建筑在健康方面向更深层次的发展，未来建筑将着重于为人们提供更加健康、舒适的人居环境空间。

(2) 建筑智慧化发展

随着智慧城市理念和以大数据、物联网、云计算为代表的互联网技术的发展，智慧建筑日益发展起来，它不等同于升级版的智能建筑，也不能简单理解为更加节能环保的绿色建筑，智慧建筑代表建筑领域未来的发展趋势，需综合运用大数据智能处理技术、物理信息感知技术、人机交互技术、物联网技术等智慧城市技术手段，将建筑物的结构、系统、服务和管理根据用户的需求进行最优化组合，从而为用户提供一个高效、舒适、便利的人性化建筑环境，促进人、建筑与环境三者的协调发展，提升"以人为本"的绿色建筑运营效果。

智慧建筑的建设是对国家智慧城市建设的重要支撑，是建筑行业融入数字中国的重要举措，是未来建筑更好服务于人的切实行动。智慧建筑结合BIM、GIS、大数据、云计算、5G等技术，实现建筑内数据的实时在线，实现人员活动的虚实映射，实现楼宇运维和人员办公的双智协同，实现以数字技术驱动管理转型和业务升级的新型智慧生态模式。

(3) 建筑工业化发展

工业化建筑是以"设计标准化、生产工厂化、现场装配化、主体装饰机电一体化、全过程管理信息化"为主要特征，能够整合设计、生产、施工等全产业链，实现建筑产品节能、环保和全寿命周期价值最大化的建筑。绿色建筑与建筑工业化的结合有助于两者相互促进，未来绿色建筑采用EPC模式建造，实行标准化设计、工厂化生产、装配化施工和信息化管理，更有利于实现建造过程的资源整合、技术集成及效益最大化，推动绿色建筑生产方式的转变。

(4) 建筑双零化发展

这里的"双零"是零碳排放、零能耗的简称。为应对全球气候变化，减少碳排放已成为全球共识。2020年9月中国明确提出2030年"碳达峰"与2060年"碳中和"目标，中国力争2030年前二氧化碳排放达到峰值，努力争取2060年前实现碳中和目标。建筑全寿命周期内的碳排放不可忽视，2021年10月中共中央办公厅、国务院办公厅印发了《关于推动城乡建设绿色发展的意见》，明确要求转变城乡发展方式，建设高品质的绿色建筑，在新建建筑和既有建筑改造中实施节能减排和绿色发展。

零碳建筑以"零碳排放"为极致目标，真正实现具有一定难度，其概念的提出对地表生态环境保护具有非常现实和积极的意义。零碳排放实现的策略应贯穿绿色建筑的全寿命周期。

① 规划设计阶段：绿色设计、优选建材、因地制宜；
② 工厂化生产阶段：绿色生产、低碳生产、高效能源供给；
③ 建造施工阶段：绿色施工、工业化建造、信息化管理；
④ 使用维护阶段：提高能源使用效率、利用可再生能源、强化节能减排意识；
⑤ 拆除清理阶段：延长建筑使用年限、提高废旧建材和部品部件回收利用率。

零能耗建筑，就是在不消耗煤炭、石油、电力等能源的情况下，建筑全年的能耗全部由场地产生的可再生能源提供。其主要特点是除了强调建筑围护结构被动式节能设计外，将建筑能源需求转向太阳能、风能、浅层地热能、生物质能等可再生能源，为人类、建筑与环境和谐共生寻找到最佳的解决方案。

实现近零能耗的路径可包括：
① 被动式技术：采用优异的保温隔热围护结构、高性能门窗、高气密性措施、优化热工设计，尽可能降低对能量的需求等；
② 高效用能系统：利用集成高效空调系统降低能耗，创设舒适的室内环境，降低能源需求；
③ 最大限度利用可再生能源。

思考题

1-1　建筑的含义是什么？
1-2　构成建筑的基本要素是什么？
1-3　民用建筑按使用功能的分类是怎样的？单层、多层、高层建筑按什么界限进行划分？
1-4　进行建筑设计的依据主要是什么？
1-5　实行建筑模数协调统一标准的意义何在？水平方向最常用的扩大模数是多少？
1-6　建筑工程设计包括哪几个方面的内容？

第 2 章
建筑总平面设计

 学习目标

熟悉建筑总平面图设计的主要内容,了解建筑总平面图的设计因素、设计依据和原理,能运用总平面图设计方法进行分析并完成总平面图的绘制。

2.1 概述

众所周知,一幢建筑物或建筑群必然处于某一特定环境,并不会孤立存在,其在基地上的位置、朝向、出入口布局及建筑造型等各方面内容,必将受平面规划制约和基地条件限制。由于基地条件、周边环境等因素都会对建筑物产生较大的影响,因此为了使建筑物既能满足使用功能要求,又能与基地周边环境相协调,就必须做好建筑总平面设计。

2.2 建筑总平面设计的内容

建筑总平面设计是指以建筑物对使用功能的需求为基础,结合城市规划,场址地形地质条件、朝向、绿化及周围环境等要素,根据不同地区的实际情况,采取相应措施,展开总体布局,明确主要出入口,进行总平面功能分区,并在功能分区的基础上,进一步对单体建筑、道路运输系统以及绿化进行布局。

建筑总平面设计就是将建筑物及其他建筑同地面、道路连接在一起。土地的建设必须依法获得批准,并提出明确具体的方案。

建筑总平面设计包括以下几个部分:
(1) 在用地平面范围内合理布置建筑物、构筑物及其他工程设施;
(2) 结合地形对用地范围进行竖向合理布局;
(3) 合理安排用地的交通运输线路;
(4) 全面布置管线,配合室外管线铺设;
(5) 绿化布置与环境保护。

在建筑总平面设计上,必须正确处理建筑与城市总体规划、周围环境、场地之间的关系等等,这是进行总平面设计的依据与途径。在进行建筑总平面设计时,还要对局部和整体、生产和生活、建筑和自然、设计和施工、近、远期的关系等进行妥善的处理。因此,在建筑总平面设计过程中，要善于运用科学的眼光与方法，分析并解决设计过程中出现的各种问题，追求经济实用的建筑总平面设计。

2.3 建筑总平面设计的要求

2.3.1 基本要求

（1）技术措施安全性

建筑总平面设计不仅要满足人们的日常生活需求，还要考虑火灾、地震等可能发生的灾难。故在建筑总平面设计中，应按照有关规定，采取相应的措施，以防止灾难的蔓延，降低灾难的危害程度。

（2）建筑布局合理性

建筑总平面设计最重要的就是要保证建筑的使用功能，并为人类提供一个适宜的生活环境。在进行建筑布局时要协调与周边建筑和用地使用的关系，兼顾与周边建筑的退距和安全、卫生间距的要求，依据不同的空间组合特点，选用合理的构造和施工方案，使房屋坚固耐用、施工便捷。确保建筑物的总体形象和强度要素，表现出功能分区的明显性，如办公区、住宅区、商业区等，以保证建筑内部的有机组织。

（3）设计施工经济性

建筑总平面设计要有科学的组织管理方法并合理利用资源，使之发挥出最大的经济效益。根据生产、防火、卫生、安全、施工等要求，结合地形、地质和气象等自然条件，全面地、因地制宜地布置建筑物、构筑物、运输线路、管线等。

（4）建筑和环境整体性

任何建筑均在特定的环境中建造，应确保建筑与总体环境的协调与统一。总平面设计应从整体出发，使人造环境与自然环境、场所环境与周边环境协调一致，以创造便捷、舒适、美观的空间环境。

2.3.2 城市规划的要求

为确保城市整体发展效益，保证建筑和总体环境之间的和谐统一，建筑总平面设计在符合城市规划要求的同时，应遵守国家及地方有关部门设计标准、规定与规范。因而必须从建筑设计的各个方面考虑其合理性。就城市规划而言，建筑总平面设计要求如下：对用地性质、用地范围、用地强度及建筑形态的控制，对容积率、建筑密度、绿地率、绿化覆盖率、建筑高度、建筑后退红线距离等方面指标的控制，以及对交通出入口方位的规定。以上这些都是在建筑设计与布局时必须考虑的因素，它们对总平面设计起决定性作用。

（1）调整土地使用性质

城市规划管理部门根据城市总体规划的需要，明确规定了规划区域内每块土地的用地性质以及适用范围，决定了用地的适建与不适建、具备条件可建设的建筑类型。对特定的建设项目，如在总平面设计中需要进行基址选择的项目，则用地性质需求至关重要，它限制该项目只可在某个许可范围内挑选基址。对已获得的土地后期需发展此类场地设计，用地性质限制了该地块仅能进行某些属性的利用，且不可以任意开发建设，例如，居住用地无法兴建工业项目。

（2）控制用地范围和建筑范围

用地范围控制大多通过道路红线和建筑红线联合进行。此外，限定河流用地的蓝线以及限定城市公共绿化用地的绿线，也可以对用地进行界限限制。红线限制用地范围，总平面布局一般不得越线，但一些特别的内容除外，例如，公益建筑物或者构筑物，在规划主管部门核准后，可以延伸至道路红线修建以外的区域。

道路红线为规划城市道路用地边界线，通常由城市规划行政主管部门绘制用地条件图。

建筑红线又称为建筑控制线，是指相关规定或者详细规划中所认定的建筑、构筑物基底位置不允许超过的边界。通常建筑红线与道路红线有一定的距离，用于布置广场、绿化和地下管线等。基地与其他场地相邻时，建筑红线可按功能设置、防火设置、日照间距的要求等，判断是否退回用地界线。

蓝线是城市规划管理部门根据城市总体规划制定的河道规划线，用于长期预留河道。为确保水利规划实施，保证城市河道防洪墙安全，满足防洪抢险运输需要，沿河道新建的建筑，应当退让河道规划蓝线。

城市绿化线是城市规划和建设过程中所划定的各类城市绿地边界。

（3）调控用地强度

场地的使用强度主要通过容积率、建筑密度、绿地率等指标来确定，这些指标的合理选择，可以将场地的使用强度控制在合适的范围内。

容积率为建筑物建筑面积之和占总用地面积之比。

施工密度（建筑覆盖率）是指在一定范围内，建筑物基底占地面积与总面积之比。

绿地率指某一区域内各类型绿地所占区域面积与总面积之比。

（4）建筑形态

控制建筑形态，就是要确保城市总体综合环境质量，营造地域特色，形成文化特质，统一城市面貌，以文物保护地段为主，城市的重点区段、风貌街区和特色街道旁的遗址为辅，并根据用地功能特点、区位条件和环境景观状况，提出不同的限制要求。如：对城市广场周围的场地，注重空间尺度与建筑体型的关系；对于风貌街区中的遗址，着重对建筑体量进行控制，使艺术风格与建筑色彩协调统一等等。常用建筑形态调控内容包括：建筑形体、艺术风格、群体组合、空间尺度、建筑色彩、装饰构件。

除上述要求外，在进行建筑总平面设计时，还需考虑建筑高度的确定、交通出入口的位置、建筑的主要朝向、主入口的方位及其他要求。

2.3.3　相关规范的要求

设计规范主要体现为某些特定功能与技术问题上的规定，其在平面总设计中起着重大作用，是场地设计的先决条件之一。《民用建筑设计统一标准》（GB 50352—2019）对现场建筑布置、建筑物和邻近场地边界线之间的关系、建筑凸出物和红线、道路向外进出地点、现场道路布置、绿化和管线布置等作了较明确的规定；《建筑设计防火规范（2018年版）》

（GB 50016—2014）对场地内的消防车道、建筑物在防火间距和其他消防问题上有着较为严格的规定。建筑平面总设计应符合并达到规范的条款与要求，必须深刻了解周边环境状况，处理好与周围事物的关系等，才能使整体环境协调、有序。

2.4　建筑总平面设计的基本原理

建筑总平面设计应本着科学设计的原则，密切结合具体的设计实践，全面综合地考虑影响建筑总平面设计的各种因素，分清主次，妥善处理，才能获得经济合理的设计。

从建筑总平面布置来看，设计时应考虑的主要因素有：使用功能要求、建设地区条件、功能分区、交通线路组织、建筑的组合安排、绿化布置与环境保护以及技术经济要求等。

2.4.1　使用功能要求

建设项目因性质、规模的不同，使用功能也不同；由于地区的不同，自然条件、生活环境条件等的差异，对建设项目的功能要求也就不同。因此，设计布置时应根据建设项目的性质、规模、组成内容、建设地区、建设单位的具体情况，进行使用功能分析，并在满足使用功能的前提下进行设计。

使用功能的分析一般可以采用图解的方式，如图 2-1 是一般机械场的生产作业简图，图 2-2 是学校的功能分析图。

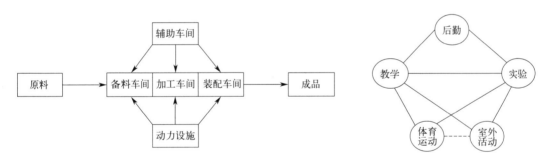

图 2-1　一般机械场的生产作业简图　　　　图 2-2　学校的功能分析图

2.4.2　建设地区的条件

建设地区的用地条件、环境条件、原有设施等，都会对建筑的功能划分、交通组织、建筑物的组合安排等产生较大的影响，在进行建筑总平面设计时应认真考虑。

（1）用地条件

用地的地形、地质、地下水位、风向、不良地质等因素会直接影响建筑总平面布置，为正确处理设计布置与自然条件的关系，要因地制宜，因势利导，化不利为有利，采取利用、改造等办法加以处理。对于某些不合要求的用地，需以建设项目的需要和施工技术条件的可能性为依据，采取相应措施进行适当的改造，如挖高补低、分层筑台、排洪抗涝、降低地下水位、提高土的承载能力等，充分发挥用地的作用。

(2) 环境条件

在建筑总平面设计中，考虑建筑与周围环境的有机结合是十分必要的。工业区、居住区、公共福利设施网的配置及其未来的发展，场地周围建筑组群的现状、绿化布置、环境卫生条件等，都将直接影响建筑总平面设计的功能分区，建筑物、构筑物的布置、空间组合，交通组织，绿化安排，故应使建筑总平面布置与周围环境条件相协调呼应。

2.4.3 建筑的组合安排

在建筑总平面设计中，已对各功能区域进行分区，并充分考虑各功能区域的布局要求。

建筑的组合安排处理得当，又使建筑总平面布置更为完善合理。考虑建筑的组合安排，必然涉及建筑体型、朝向、间距、布置方式、空间组合以及与所在地段的地形、道路、管线的协调配合等。

(1) 建筑体型与用地的关系

建筑的体型是由建筑的功能、用地条件、环境关系等所决定的。在布置建筑时既要满足建筑本身的功能要求，又要充分利用土地，使建筑群与环境形成有机整体。建筑物的体型首先要与用地条件密切配合，其次应根据所在地段的地形、面积大小、土地承载能力以及原有设施和池沼河湖、绿化树木分布等情况，采用不同体型的建筑设计。例如，用地形状决定建筑平面的各部尺寸，土地承载能力决定建筑的层数，有地下室设施的建、构筑物宜布置在地下水位较低的地方；根据用地的大小可采取分散、集中或分散与集中相结合的布置。

(2) 建筑朝向

建筑朝向，就是一个建筑物的位向，既受地理和气候两方面因素的影响，又与建筑设计有关。日照、通风对建筑物来说至关重要，尤其是对于住宅而言。在日照方面，南北向建筑在全国多数地区普遍适用，这是由于我国在夏季南向太阳高度角大，冬季太阳高度角小。南方温暖地区则可适当东向或西向布置。北方严寒地区主用房间应避免向北；在温带及热带、亚热带地区不宜采用东西向建筑。对北纬 45°以北的亚寒带、寒带地区，为了在冬季有更多日照可采用东西向建筑。东南向的建筑物在北纬 40°一带，冬季需要大量日照的建筑可采用，但西北方向不适宜布置主居室。西南向的建筑，西南面夏天午后炎热，东北面的日照又不足，使用得比较少。

在自然通风方面，我国大部分地区位于北温带，南北方气候相差较大。分布于长江中下游和华南的广阔区域，夏季时间较长，且湿度大，务必重视自然通风。在场地布置上，建筑主体要局部面向夏季的主导风向。在有防寒、保温、防风沙侵袭等需求的严寒地区以及淮河-秦岭以北地区，建筑朝向要避开冬季的主导风向，通常可以借助当地风玫瑰图中所显示的主导风向，考虑建筑物的走向。但因其所处地段地形条件不同，在环境条件与建筑组群的布局下，地区风向会发生变化，从而形成基地特定小气候。例如，区域内全年主导风向为总体风向特征，但基地内部通风路线将由于地形，林木，周围建筑物的高度、密度，地点，街道走向及其他因素的作用，发生较大变化，从而在基地内形成特定风路。这都是由于地域、地形及地物上的差异，从而形成了当地的地方风，故需考虑建筑朝向的布置。

建筑的朝向也与总平面设计的道路布置有关，在东西向的道路上，沿街布置南北向的建筑较为理想，但是在南北向的道路上，沿街布置建筑宜为东西向。为了避免东西向建筑，在布置建筑时要详加考虑。

(3) 建筑间距

建筑组群的布置中若建筑间距过大，不仅会浪费土地，还会增加道路及管线长度；若建筑间距过小，又会影响日照，阻碍空气流通，不能满足防火等要求。因此，在建筑总平面设计时应恰当地考虑建筑间距。

日照和通风同样是影响建筑间距的主要因素。根据日照的要求，位于前面的建筑不宜遮挡位于后面建筑的日照。图2-3为建筑间距与日照关系的示意。冬季需要日照的地区，可根据冬至日太阳方位角 β 和高度角 α 求得前幢建筑的投影长度，作为建筑日照间距 L 的依据。日照间距还会随着建筑组群的布置方式及所在地区的纬度变化而变化。根据不同地区的纬度，越往南，则日照间距越小，反之越往北，则日照间距越大，这是因为各地区的太阳高度角不同。实际工程中以建筑高度 H 来计算日照间距，不同朝向的日照间距 L 约为 $(1.1\sim1.5)H$。

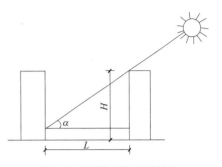

图2-3　建筑间距与日照关系

在高耸构筑物（如水塔、烟囱等）周围，布置使用人数较多的建筑时，防火、防震、防爆、安全等方面可参照有关规定处理，要留有一定的安全隔离地带。

(4) 布置方式

气候、地形、地质、现状条件以及选用的建筑类型都对建筑布置有一定影响，如一般平坦的地形，布置可较整齐，而丘陵山地，则需灵活布置。此外，建筑工业化、施工机械化的要求也会影响布置方式。但就总体而言，建筑布置方式可概括为三类，即适当集中、适当分散和集中与分散相结合的组群式布置。

适当集中，即将建设项目各组成内容的主要部分集中布置在一幢体型较大的建筑内作为主体建筑，其余作为副体建筑，进行配合布置。例如，在医院总平面布置中将门诊、住院、辅助医疗、行政等都集中在一幢主楼内，在主楼周围再配置其他附属建筑。这种布局有利于节约用地并便于管理。但集中程度越高，卫生技术设备要求也越高，故集中程度应视具体条件而定。在较大型的总图布置中，应按具体要求分别集中，进行布置。

适当分散，即将建设项目各组成内容按性质、功能分别组成若干幢建筑进行布置。这种布置方式，建筑间干扰较小，易与绿化结合，但占地多，不利于节约用地。

集中与分散相结合的组群式，即将性质相近的建筑，成组成群的布置，组群之间有机地再组成整体。

(5) 建筑群体的艺术处理

组群布置首先应有整体观念，注重协调单体建筑、组群建筑、建筑总平面布置以及城镇之间的关系。在统一中有变化，变化中求统一，要有主有从，主次分明，不应该忽视整体，互争突出，破坏组群的统一完整性。在人流汇集处、视线集中处、街道对景处或广场的重要位置，可布置一些主要建筑，并加以突出，丰富城镇面貌。

① 统一的手法

如利用轴线、向心、对位等手法，使总平面中各设计要素之间形成相互依存、相互制约的关系，依次建立明确的秩序性，也是达到统一的设计手法（图2-4），或采取重复与渐变的方式，即相近形象有秩序地排列，形成统一格局（图2-5）。

② 对比的手法

对比的手法是建筑群体空间组合的另一个重要构图手段，通过对比可以打破单调、沉闷和呆板的感觉，突出主体建筑空间而使群体富于变化。

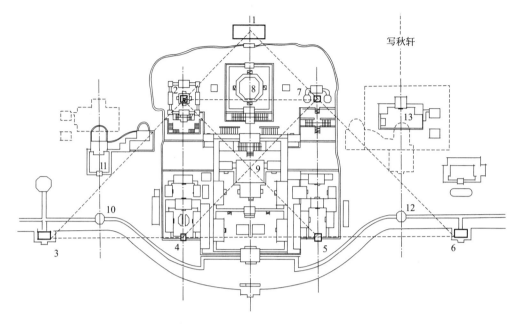

图 2-4　颐和园中央建筑群平面图

1—智慧海；2—宝云阁；3—鱼藻轩；4—清华轩；5—介寿堂；6—对鸥舫；7—湖山碑；
8—佛香阁；9—排云殿；10—寄澜亭；11—云松巢；12—秋水亭；13—写秋轩

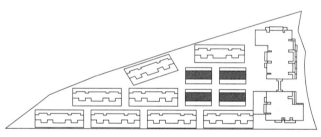

图 2-5　某居住区规划设计图

思考题

2-1　建筑总平面图设计包括哪些内容？

2-2　城市规划对建筑总平面图有哪些限制？

2-3　什么是建筑红线？

2-4　什么叫容积率和绿地率？

2-5　影响建筑总平面布局的因素包括哪些？

第 3 章 建筑平面设计

 学习目标

熟悉建筑平面的组成部分和各组成部分的影响因素,掌握建筑平面功能的分析和设计方法,了解影响平面组合的因素,熟悉交通流线的分析方法,能运用一般原理和方法解决建筑平面的面积、功能分区、交通流线等问题。

建筑是由若干个单体空间按照一定的秩序和规律组合形成的整体空间,这个空间是由实体物料形成围合界面而成的。

3.1 概述

在建筑设计时,人们往往通过平面、立面、剖面三个不同方向的投影对建筑物各特征进行全面分析,并以相应图示表达设计意图。

建筑平面、剖面、立面设计三者之间联系密切,相互制约。通常建筑的平面设计是最直观的,它集中反映了建筑平面各组成部分的特征、空间组合、使用功能等。因此,在进行建筑设计时,总是先进行平面设计,确定平面空间后,再进行剖面和立面设计。在考虑建筑平、立、剖三者的关系时,应该按完整的三度空间概念去设计,建筑的平、立、剖是一一对应的。

3.2 民用建筑平面设计内容及要求

3.2.1 平面设计的内容

从组成平面各部分的使用性质来分析,建筑空间均可归纳为以下两个组成部分,即使用部分和交通联系部分。

(1) 使用部分是指各类建筑物中的主要使用房间和辅助使用房间。

主要使用房间是建筑物的核心,不同类型的建筑物,主要使用房间的使用要求不同,如住宅中的起居室、卧室,教学楼中的教室、办公室,商业建筑中的营业厅,影剧院的观众厅等都是构成各类建筑的基本空间,也即主要使用房间。

辅助使用房间是为保证建筑物主要使用要求而设置的,与主要使用房间相比,属于建筑物的次要部分,如公共建筑中的卫生间、贮藏室及其他服务性房间;住宅建筑中的厨房、厕所等。

（2）交通联系部分是建筑物中各房间之间、楼层之间和室内与室外之间联系的空间，如各类建筑物中的门厅、走道、楼梯间、电梯间等。

建筑平面设计包括单个房间平面设计及平面组合设计。

单个房间平面设计是在整体建筑合理而适用的基础上，确定房间的面积、形状、尺寸以及门窗的大小和位置。

平面组合设计是根据各类建筑功能要求，抓住主要使用房间、辅助使用房间、交通联系部分的相互关系，结合基地环境及其他条件，采取不同的组合方式将各单个房间合理地组合起来。

3.2.2 民用建筑平面设计要求

建筑平面设计的主要任务是全方位研究使用部分与交通联系部分之间的特点和关系，以及平面和周围环境之间的相互关系，从种种错综复杂的关系之中发现平面设计的法则，使得建筑在功能、技术、经济、美观等方面都能够得到满足。

（1）功能性的需求

建筑平面设计既应满足室内使用空间、交通空间布局的需要；又需满足室内环境的使用功能，比如采光、照明、通风、保温、隔音等因素；同时还要合理进行结构设计，选用合适的建筑材料、装备、构造工艺等，以上设施都应符合相关功能要求。

（2）技术性的要求

建筑平面设计要建立在技术条件规范的基础之上。有特殊工艺要求的，首先要进行工艺技术设计，然后开展方案深化设计，不同建筑类型在专业技术限制上有所侧重，例如剧场观众厅的平面造型与布局应综合声学声场计算结果而确定；体育馆平面形状应与各种交通流线、赛事类型、视线角度等相结合，进行全面考虑。

（3）经济性的需求

平面设计作为构成建筑方案的依据，应当兼顾相应经济性需求，提高经济效益，节约用地和提高平面使用率，同时也要关注建筑设备安装、线缆敷设、运行维护的成本，提高建筑的经济合理性。

（4）美观性的需求

平面设计除了要满足使用需求外，还要兼顾人们对美观的需求和平面设计给人带来的情感需求。

3.3 主要使用房间的平面设计

各类型建筑以利用房间为主，其使用功能及面积大小虽有差异，但其设计原理与方法却大同小异，主要包括房间面积确定，造型选择，开间进深大小的确定，朝向、光线、通风问题的处理，内部交通布置，建筑面积的有效使用以及构造上的安排等。

3.3.1 房间分类及设计要求

从使用功能需求进行分类，主要使用房间有：

（1）生活用房间：居住用起居室、卧室、宿舍、招待所等；

(2) 用于工作和学习的房间：办公室，值班室，学校的教室、实验室等；
(3) 公共活动房间：商场的营业厅，剧院、电影院的观众厅、休息厅等。
主要使用房间进行平面设计时，要满足以下要求：
(1) 房间面积、形状、尺寸应符合室内活动以及家具、器材合理布局的需要；
(2) 门窗尺寸及位置要考虑室内进出便利、撤离安全、采光通风良好等；
(3) 房间组成要做到结构布局合理，便于建造以及室内搭配，同时使用材料应达到相应建筑标准；
(4) 室内空间与顶棚、地面、各墙面及构件细部等都应兼顾人们的使用与审美要求。

3.3.2 房间的面积

主要使用房间面积是由房间内部活动的特点、使用人数的多少、家具设备的数量和布置方式等多种因素决定的，住宅的起居室、卧室面积相对较小；剧院、电影院的观众厅，除了人多、座椅多外，还要考虑人流迅速疏散的要求，要求有较大的面积。

为深入分析房间的使用需求，可将房间的室内面积按其使用特性划分为如下三部分：
(1) 家具、设备占用区域；
(2) 人们使用活动所需要的面积；
(3) 室内交通所需要的面积。

一旦确定上述三个区域的面积，即确定了房间的使用面积，以图 3-1 所示教室和卧室为例。

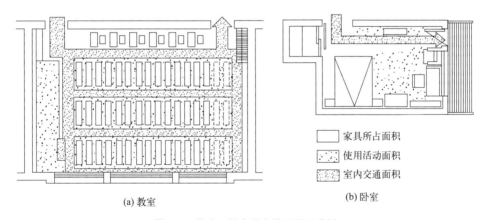

图 3-1　教室和住宅卧室使用面积分析

影响房间面积的主要因素有：
(1) 房间用途、使用特点及要求；
(2) 室内的容纳人数；
(3) 家具设备种类、规格、数量和布局；
(4) 室内交通情况及活动特点；
(5) 采光通风需求；
(6) 结构合理性和对建筑模数的要求等。

在实际设计工作中，各类型建筑以房间面积指标为主，我国相关部门及各地区制定的有关建筑法规对各种建筑房间的面积作出了规定，根据房间的使用人数和面积定额，可以计算出房间的总面积。表 3-1 是部分民用建筑房间面积定额参考指标。

表 3-1 部分民用建筑房间面积定额参考指标

项目建筑类型	房间名称	面积定额/（m²/人）	备注
中小学	普通教室	1.1～1.12	小学取下限
	实验室	1.57～1.8	小学取下限
	合班教室	≥1.0	—
办公建筑	普通办公室	≥4	
	会议室	≥1.8	有会议桌
		≥0.8	无会议桌
铁路旅客站	候车厅	1.1～2.0	普通候车厅取下限
剧院	观众厅	0.55～0.70	甲等剧院取上限
电影院	观影厅	0.13	—

有些建筑物单个房间面积指标在相关规定中并无明确要求，使用人数也无法固定，如展览室、营业厅等，这就需要设计人员根据设计任务书，对相同类型和规模相近的建筑物进行调研，以充足的数据为前提，通过比较分析，合理地确定出房间面积的大小。

3.3.3 房间的形状

民用建筑中房间平面形状可为矩形、方形、圆形等各种形状，设计时要对使用要求、平面组合、结构形式、结构布置、经济条件和建筑造型等诸多因素进行全方位考虑，选用适当的平面形状。在实际的工程当中，矩形平面应用最为广泛，其主要原因是矩形平面具有较多优势：

（1）矩形平面房间墙体平直，方便家具设备的摆放，提高了面积利用率和使用灵活性；
（2）结构布置简洁，便于施工；
（3）矩形平面房间便于统一开间、进深尺寸，有利于平面组合。

在一些特殊场合中，使用非矩形平面通常功能适应性更好，或更易形成具有个性的建筑造型，以下几种情况就是很好的例子：

（1）房间视听要求较高时，如六边形的教室，钟形、扇形和圆形的观众厅，如图 3-2 所示；
（2）以适应特殊地形或为改变朝向避免出现西晒房时；
（3）建筑特殊部位在平面组合需要时，房间可做成非矩形房间。

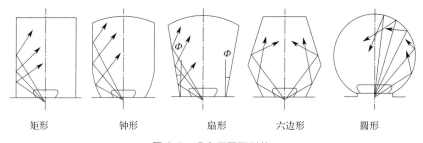

矩形　　　钟形　　　扇形　　　六边形　　　圆形

图 3-2 观众厅平面形状

房间形状的确定，不仅仅取决于功能、结构和施工条件，也要考虑房间的空间艺术效果，使其形状有一定的变化，具有独特的风格。在空间组合中，还往往将圆形、多边形及不规则形状的房间与矩形房间组合在一起，形成强烈的对比，丰富建筑造型。如郑州市刘庄城市发展博物馆（图 3-3），圆形的盘旋楼梯与矩形展厅巧妙结合，平面空间具有活泼、开敞、轻松的气氛。

图 3-3　郑州市刘庄城市发展博物馆

3.3.4　房间的尺寸

房间尺寸指房间的面宽与进深，而面宽往往包括一个或多个开间。在房间面积与形状初步判断后，确定适当的房间尺寸是个很重要的问题。房间的平面尺寸，通常从以下几个方面来考虑：

(1) 满足家具设备布置以及人的活动需求

卧室平面尺寸需考虑床面尺寸与家具之间的内在联系，增加床位布置灵活性（图3-4）。医院病房以满足病床安排和医护活动为主，3～4 人的病房开间尺寸常取 3.30～3.60m，6～8 人的病房开间尺寸常取 5.70～6.00m（图3-5）。

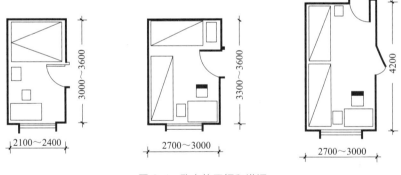

图 3-4　卧室的开间和进深

(2) 符合视听要求

某些教室、会堂、观众厅的平面尺寸，除了要符合家具设备的布局和人的活动需求外，还要确保有良好的视听条件。为使前排两边的座椅不过于倾斜，后座不至于太远，必须按水平视角、视距、垂直视角等因素，对座位安排问题进行全面调研，最终确定出合适的房间大小。

考虑到视听等作用，教室平面尺寸要符合下列要求（图3-6）：

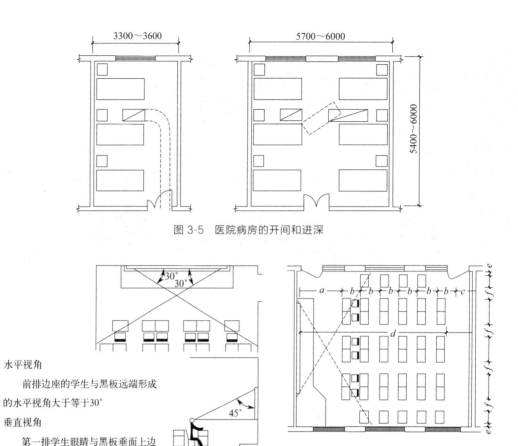

图 3-5 医院病房的开间和进深

图 3-6 教室布置及有关尺寸

$a \geqslant 2000$mm；$b > 850$mm（小学），> 900mm（中学）；$c > 600$mm；
$d \leqslant 8000$mm（小学），$\leqslant 8500$mm（中学）；$e > 120$mm；$f > 550$mm

① 为避免第一排座位离黑板太近，垂直视角过大，影响学生视力，第一排座位与黑板之间的间距必须不小于 2.00m，以确保垂直视角不大于 45°。

② 为防止最后一排座位离黑板过远而影响学生视听觉，最后一排座位离黑板的距离不应超过 8.50m。

③ 为避免学生过于斜视而影响其视力，水平视角（前排边座和黑板远端视线水平夹角）应不小于 30°。

根据上述要求，并结合家具设备的布局、学生活动的需要、建筑模数协调统一标准等因素，中学教室的平面尺寸常取 6.30m×9.00m、6.60m×9.00m、6.90m×9.00m 等。

（3）良好的天然采光

民用建筑除演播室、观众厅等少数有特殊要求外，都需要良好的天然采光，一方面天然采光可以节约人工照明的成本，另一方面，天然采光对人的心理和身体健康十分重要。普通房间大多是单侧或双侧采光，房间的进深往往受天然采光限制，为了符合室内采光要求，通常单侧采光时进深不得超过窗上沿到地面间距的 2 倍，而双侧采光时进深可较单侧采光时增大 1 倍。图 3-7 是采光方式对房间进深所产生的影响。

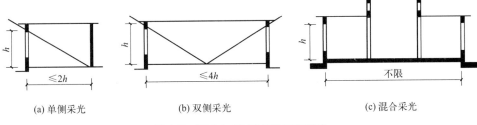

图 3-7 采光方式对房间进深的影响

(4) 经济合理地进行结构布置

一般民用建筑常用墙体承重的梁板式结构或框架结构体系。房间开间和进深尺寸要尽可能使构件标准化，同时使梁板构件符合经济跨度要求，故较经济的开间尺寸一般不超过 4.00m，而钢筋混凝土梁的经济跨径不超过 9.00m。对有若干开间的大型教室、会议室和餐厅，要尽可能统一开间尺寸，减少构件的种类。

(5) 满足建筑模数协调统一的标准要求

为促进建筑工业化水平的发展，统一构件类型和降低规格是至关重要的，它要求房间的开间与进深都要有一个统一模数，来作为建筑尺寸协调的根本准则。根据建筑模数协调统一标准，室内开间与进深通常采用 300mm 模数。如办公楼、宿舍、旅馆和其他小空间建筑，它们的开间尺寸往往在 3.30～3.90m 之间，住宅楼梯间开间尺寸往往取 2.70m。

3.3.5 房间门窗的设置

房间门的作用是供人出入和各房间交通联系，有时也兼采光和通风。窗的主要功能是采光、通风。同时门窗也是外围护结构的组成部分。在进行房间平面设计时，门、窗的尺寸、个数是否适宜，以及其位置和开启方式恰当与否，直接影响房间的通风和采光、家具布置的灵活性、房间面积的有效利用、人流活动及交通疏散、建筑外观及经济性等各个方面。

(1) 门的尺寸和数量

在房间平面设计中，门宽由人体尺寸、家具、设备的大小和人流股数来确定。如住宅卧室、起居室和其他用于居住的房间，门的宽度常用 900mm，如图 3-8 所示，此宽度可供一个人携带物品轻松通过，还可搬运床、衣柜和其他大规格家具。住宅内厕所和浴室大门宽只需 650～800mm，阳台门取 800mm 即可。

当房间面积较大，使用人数较多时，使用单扇门宽度小，不能满足通行要求，应相应加大门宽或门数。门宽大于 1000mm 时，为便于开关和减少占用使用面积，一般用双扇门，有时也用四扇门，双扇门的宽度可以在 1200～1800mm 之间，四扇门的宽度可为 1800～3600mm。

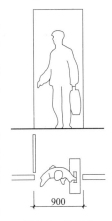

图 3-8 住宅中卧室门的宽度

按照防火规范要求，当房间的使用人数超过 50 人，房间面积大于 60m² 时，为了确保安全疏散，房间门的数量应不少于 2 个。使用人数最多的客房和人流聚集的厅堂建筑等，门的数量和总宽度应按每 100 人 600mm 宽计算，并且门应向外开启，有利于紧急疏散。

（2）门的位置

室内平面上门的位置要考虑尽量缩短室内交通路线和避免迂回，还要尽量避开室内的斜行，从而保证相对完整的活动区域。门的位置对房间使用面积是否能得到充分利用、家具布置得合理与否、室内通风的好坏，都会产生较大的影响（图3-9）。

对于面积较大，人流高度集中的客房，如剧院、观众厅，其门的位置一般都是均匀分布的，这样有利于人流快速安全疏散，如图3-10所示。

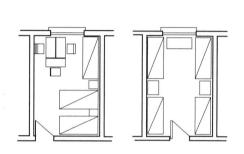

图 3-9　集体宿舍门的位置与家居布置的关系

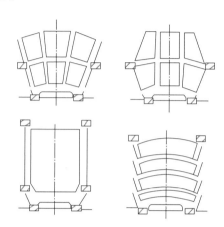

图 3-10　剧院观众厅门的位置

（3）门的开启方向

门窗的开启方向一般有外开和内开，大多数房间的门均采用内开式，可防止门开启时影响室外的人行交通。对于公用房间如果面积超过 $60m^2$，且容纳人数超过 50 人，如影剧院、候车厅、体育馆、商场的营业厅、合班教室以及有爆炸危险的实验室等，为确保安全疏散，这些房间的门必须向外开。

有的房间由于平面组合的需要，几扇门的位置比较集中，并且经常需要同时开启，这时要注意协调几扇门的开启方向，防止门相互碰撞和妨碍人们通行，如图3-11所示。

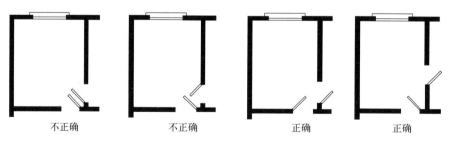

图 3-11　开门位置比较集中时门的开启方式

（4）窗户的尺寸及位置

室内窗户的尺寸及位置主要影响室内的采光、通风。采光方面，窗户的尺寸与室内照度的充足程度直接相关，窗户面积越大，室内的自然采光条件越好，而窗户位置与室内照度的均匀程度有关。通常房间的照度需求是根据室内使用功能的精细程度来决定的，要求工作精度越高的房间，需要的照度越高，窗户的相对面积就越大。窗户面积的大小是影响室内照度强弱的主要因素，因此，通常以窗口透光部分的面积和房间地面面积之比，即窗地面积比，来初步确定或校验窗户面积的大小，见表 3-2。

表 3-2 民用建筑中房间使用性质的采光分级和窗地面积比

采光等级	视觉活动特征		房间名称	窗地面积比
	工作或活动要求精度	要求识别的最小尺寸/mm		
Ⅰ	极精密	<0.2	绘图室、制图室、画廊、手术室	1/5～1/3
Ⅱ	精密	0.2～1	阅览室、医务室、健身房、专业实验室	1/6～1/4
Ⅲ	中精密	1～10	办公室、会议室、营业厅	1/8～1/6
Ⅳ	粗糙	>10	观众厅、居室、盥洗室、厕所	1/10～1/8
Ⅴ	极粗糙	不作规定	储藏室、走道、楼梯	1/10 以下

窗的位置主要影响室内沿外墙（开间）的照度是否均匀、是否有暗角及眩光。中小学教室通常是单侧采光，窗的位置应该在学生的左边；窗间墙宽度由于需考虑照度均匀，一般不宜过大，如图 3-12 所示，窗间墙宽度越小，房间内的暗角越少，照度均匀度越好。但由于建筑结构的需求，窗间墙的宽度不能过小，具体窗间墙尺寸的确定需要综合考虑房屋结构、抗震要求等因素；窗户与挂黑板墙面的间距应适当，距离过小，黑板有眩光，而距离过大，则会产生暗角。

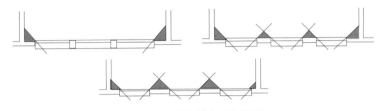

图 3-12 教室侧窗采光布置

建筑物室内自然通风除了与建筑物的朝向、间距和平面布局等因素有关外，还与室内窗户位置有关。室内通风一般是利用室内两边对应的窗或门窗来组织穿堂风。门与窗的相对位置，当采用对面通直排列方式时，室内气流会更加畅通，同时需尽量让穿堂风穿过房间使用部分空间，如图 3-13 所示。为避免窗扇开启时占用室内空间，大多数的窗常采用外开式。

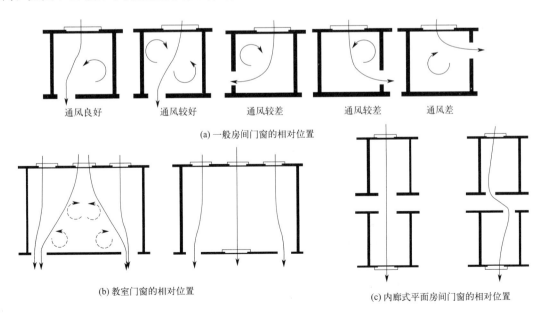

图 3-13 门窗平面位置对气流组织的影响

3.4 辅助使用房间的平面设计

辅助使用房间平面设计的原则和方法，与主要使用房间基本相同，但由于辅助使用房间中多布置有给排水管道和设备，因此房间的大小设计多受到设备大小的影响，如厕所、盥洗室、浴室、厨房、配电室、洗衣房、储藏室、通风机房等服务用房。其中厕所、浴室、厨房这一类辅助用房的使用频率最高。

3.4.1 厕所

厕所根据用途的不同，可分为专用厕所和公用厕所。

(1) 厕所设备和数量

厕所卫生设备以大便器、小便器、洗手盆、污水池为主。

大便器可分为蹲式与坐式。蹲式大便器卫生、易清洗，对学校、医院、办公楼、车站等使用频率较高的公共建筑适用；而坐式大便器适用于标准高、用人少或者老年人用的厕所，比如宾馆、敬老院等。

小便器分为小便斗、小便槽两种。如图 3-14 所示，是厕所设备及其组合的尺寸大小参考。

卫生设备的数量及小便槽的长度主要取决于使用人数、使用对象、使用特点。一般人流量大的建筑，如学校、医院、商场、车站等，卫生设备需相应增加，经过实际调查与经验总结，一般民用建筑厕所设备数量参考表，见表 3-3。

由于女性排队如厕的现象比较普遍，经调研，男女平均如厕的时间比例接近 1∶1.5，因此，在男女人数相当时，男女厕位的比例宜为 1∶1.5，在女性人数大于男性人数，或有大量人员集中使用的场所要增加女厕厕位配置的数量。

表 3-3 部分建筑厕所设备数量参考指标

建筑类型	男小便器/(人/个)	男大便池/(人/个)	女大便器/(人/个)	洗手盆	男女比例
体育馆	80	250	50	150	2∶1
影剧院	35	75	100	140	(2∶1)~(3∶1)
中小学	40	40	20	100	1∶1
火车站	80	80	50	150	2∶1
宿舍	20	20	15	15	按实际情况
旅馆	20	20	12	15	按实际情况

(2) 厕所的设计要求

厕所在进行平面设计时需符合下列要求：

① 在满足设备布置和人体活动需求前提下，做到布局紧凑，节省面积；

② 公共建筑卫生间使用人数较多，应有充足的天然采光与自然通风；居住、旅客房厕所使用人数较少，允许间接采光或无采光，但必须具备通风换气设施；

③ 卫生间位置设计应左右相邻、上下相对为佳，可避免上下水管道堵塞情况的出现；

④ 卫生间地点应较为隐蔽且方便达到；

⑤ 妥善处理防水排水等问题。

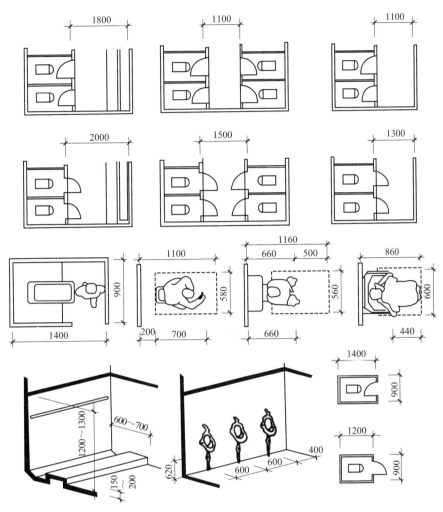

图 3-14 厕所设备布置

3.4.2 浴室和盥洗室

（1）浴室和盥洗室设备

浴室及盥洗室的主要设备有洗脸盆、洗脸槽、污水池、淋浴器或浴盆等，除此以外公共浴室还会布置有更衣室、挂衣钩、衣柜和坐凳等设备。在设计中，通常按使用人数来确定卫生器具的数量，见表3-4，同时还会综合考虑设备布置和人体活动所需空间的大小来布置房间。如图3-15、图3-16 所示，分别绘出了盥洗室卫生设备、淋浴设备及其组合尺寸。

表 3-4 浴室、盥洗室设备参考指标

建筑类型	男浴器	女浴器	洗脸盆或龙头	备注
旅馆	40人/个	8人/个	15人/个	根据男女比例设计
幼托	每班2个		每班2～8个	
宿舍	—	—	12人/个	一个脸盆折合600mm盥洗槽

（2）浴室和盥洗室的设计要求

遵循安全防滑、保障隐私、尺度适宜、便于保洁、除湿防锈的原则；

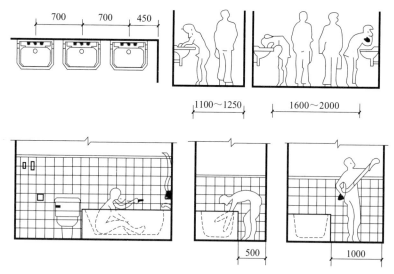

图 3-15 洗脸盆、浴盆设备及其组合尺寸

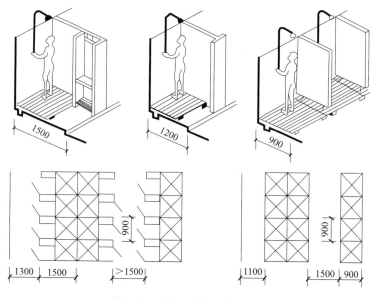

图 3-16 淋浴设备及其组合尺寸

浴室、盥洗室不宜直接布置在餐厅、食品加工、食品贮存、变配电等有严格卫生要求或防水防火要求用房的上层；

除本套住宅外，卧室、起居室、厨房和餐厅的直接上层也不应布置浴室、盥洗室；

通风和严寒地区的浴室、盥洗室宜设自然通风道；不符合自然通风道条件时，应采用机械通风降低湿度；

以上卫生设备配置的数量都应符合相关设计规范和标准的规定。

3.4.3 厨房

厨房的平面设计应使厨房具有良好的采光和通风条件，还需尽可能地在有限的空间内放置充足的储物装置，如吊柜。厨房的地面和墙壁应考虑防水和排水，便于清洁，厨房的平面和空间布置要符合操作流程，确保有足够的作业空间。

厨房可分为两类：一类为家用厨房，面积小而简洁；另一类为餐饮类厨房，面积大而工作烦琐，且对卫生要求较高。厨房的主要设备包括炉灶、灶台、水池、储藏设施和排烟装置等。通常情况下，厨房的布局一般为单排、双排、L形、U形四种（图3-17）。从使用效果来看，通常采用L形和U形布置居多，这两种布置可避免频繁转身和路径过长的缺陷。

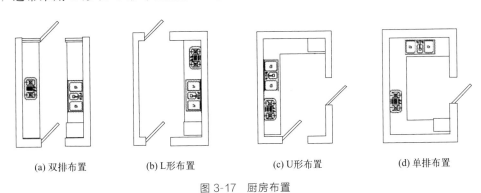

(a) 双排布置　　　(b) L形布置　　　(c) U形布置　　　(d) 单排布置

图 3-17　厨房布置

3.5　交通联系部分的平面设计

一幢建筑物除了有能够满足使用需求的各种房间外，还需要有一个能将各个房间和室内外连接在一起的交通联系部分。交通联系空间包括水平交通联系空间，如走廊或走道；垂直交通联系空间，如楼梯、电梯、坡道等；交通枢纽空间，如门厅和过厅。

在交通联系空间设计时，需满足以下要求：
(1) 交通线路简洁清晰，衔接便利；
(2) 良好的采光、通风、照明条件；
(3) 平时人流畅通无阻，应急时撤离快捷安全；
(4) 在符合使用要求的前提下，尽量节省交通面积和提高建筑物面积利用率；
(5) 采用恰当高度、宽度和形式，注重空间形象美化与简约。

3.5.1　走道

走道又称过道、走廊，主要用于连接同层中的各个房间，有时还兼具其他从属功能，比如可用作阅读、休闲、等候空间等。根据走道使用性质可分如下3种情况：
(1) 仅用于交通疏散而设置的走道，如办公楼、酒店、电影院、体育馆的安全走道等，都仅仅是为人流集散提供场所的，这类走道通常不得布置为他用。
(2) 以交通联系为主，兼有其他功能的走道，如教学楼走道兼课间活动场所，也可用来设置储物柜；医院走道兼人流通行及候诊，此类走道宽度及面积都需相应加大。
(3) 多功能综合使用走道，如展览馆、艺术中心的过道不仅布置了艺术展品以供观赏，还在过道设置了休息座椅供参观者休息。此类走道与单一功能的走道相比，需要进一步增加宽度和面积。

走道宽度主要根据人流通行、安全疏散、防火规范、走道性质、空间感受等因素综合考虑。专为人通行的走道宽度可以根据人流股数并结合门的开启方向进行考虑，通常一股人流通行宽度为 600～800mm，两股人流 1200～1600mm，三股人流 1800～2400mm。对于携带物品，或者有车流等兼有其他功能的走道，应结合实际使用功能和使用特点来确定走道的宽度。走道宽度除了满足上述通行要求外，还应符合防火规范关于安全疏散的规定。为适应人员通行和应急疏散需求，我国《建筑防火通用规范》（GB 55037—2022）规定学校、商店、办公楼等公共建筑的疏散走道、疏散楼梯和疏散出口的宽度不得小于表 3-5 所示各项指标。

表 3-5　疏散出口、疏散走道和疏散楼梯每 100 人所需最小疏散净宽　　　单位：m/100 人

建筑层数		建筑耐火等级或类型		
		一、二级	三级、木结构建筑	四级
地上楼层	1～2 层	0.65	0.75	1.00
	3 层	0.75	1.00	—
	≥4 层	1.00	1.25	—
地下、半地下楼层	埋深≤10m	0.75	—	—
	埋深>10m	1.00	—	—
	歌舞娱乐放映游艺场所及其他人员密集的房间	1.00	—	—

总而言之，普通民用建筑中通常采用的走道宽度有以下几种：在走道两侧布置房间时，学校为 2.10～3.00m，门诊部为 2.40～3.00m，办公楼为 2.10～2.40m，宾馆为 1.50～2.10m；只在走道一边安排房间时，其走道宽度需相应缩小。

走道长度要视建筑性质、耐火等级和防火规范而定。按照《建筑设计防火规范（2018年版）》（GB 50016—2014）的疏散要求，直通疏散走道最远处的房间疏散门到最近外部出口或者封闭楼梯间之间的距离必须控制在一定范围内，见表 3-6 和图 3-18 所示。

走道的采光与通风以天然采光、自然通风为主。外走道由于只在侧面布置房间，能取得较好的采光通风效果；而内走道由于两侧均布置有房间，若设计不恰当，将会导致采光条件差、自然通风不畅，故通常采用在走道尽头开窗，在楼梯间、门厅或者走道的两侧室内设置高窗的方法加以解决。

表 3-6　直通疏散走道的房间疏散门至最近安全出口的直线距离　　　单位：m

名称			位于两个安全出口之间的疏散门（L_1）			位于袋形走道两侧或尽端的疏散门（L_2）		
			一、二级	三级	四级	一、二级	三级	四级
托儿所、幼儿园、老年人照料设施			25	20	15	20	15	10
歌舞娱乐放映游艺场所			25	20	15	9	—	—
医疗建筑	单、多层		35	30	25	20	15	10
	高层	病房部分	24	—	—	12	—	—
		其他部分	30	—	—	15	—	—
教学建筑	单、多层		35	30	25	22	20	10
	高层		30	—	—	15	—	—
高层旅馆、展览建筑			30	—	—	15	—	—
其他建筑	单、多层		40	35	25	22	20	15
	高层		40	—	—	20	—	—

注：1. 建筑内开向敞开式外廊的房间疏散门至最近安全出口的直线距离可按本表的规定增加 5m。

2. 直通疏散走道的房间疏散门至最近敞开楼梯间的直线距离，当房间位于两个楼梯间之间时，应按本表的规定减少 5m；当房间位于袋形走道两侧或尽端时，应按本表的规定减少 2m。

3. 建筑物内全部设置自动喷水灭火系统时，其安全疏散距离可按本表的规定增加 25%。

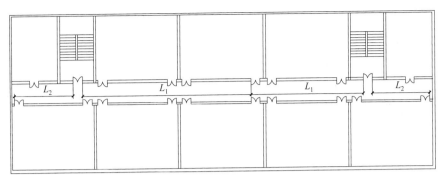

图 3-18 走道长度控制

3.5.2 楼梯

楼梯是建筑物中普遍使用的垂直交通联系设施，也是防火疏散的要道。楼梯设计包括：按照使用要求选择适当的形式与地点，根据人流通行量和防火疏散要求综合确定楼梯的宽度和数量。

（1）楼梯形式

楼梯形式分为单跑直楼梯、双跑直楼梯、曲尺形楼梯、双分转角楼梯、双跑平行楼梯、三跑楼梯、双分平行楼梯、弧形楼梯、交叉楼梯、剪刀楼梯和螺旋楼梯等，如图 3-19 所示。楼梯形式的选择主要根据建筑物性质、使用要求及空间造型等因素而定。

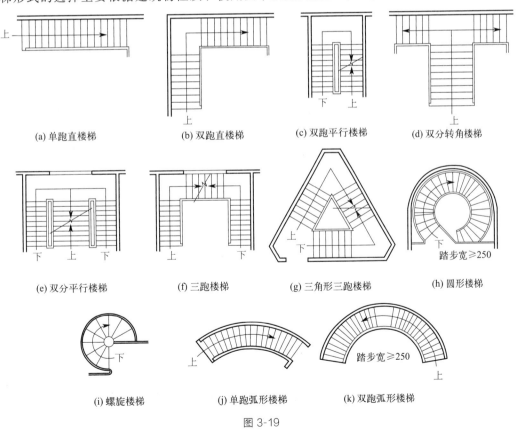

(a) 单跑直楼梯　(b) 双跑直楼梯　(c) 双跑平行楼梯　(d) 双分转角楼梯

(e) 双分平行楼梯　(f) 三跑楼梯　(g) 三角形三跑楼梯　(h) 圆形楼梯

(i) 螺旋楼梯　(j) 单跑弧形楼梯　(k) 双跑弧形楼梯

图 3-19

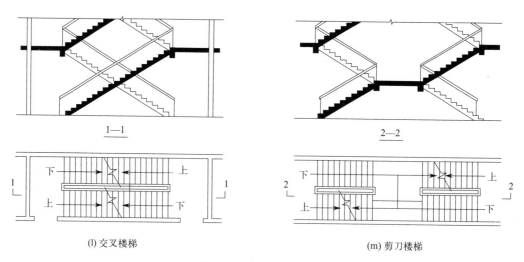

图 3-19 楼梯的平面形式

(2) 楼梯的平面位置

楼梯间的平面位置依据其使用性质和重要程度而有所不同。

民用建筑楼梯按其使用性质可分为主要楼梯、辅助楼梯、消防楼梯。

① 主要楼梯常布置在门厅内,既可丰富门厅空间造型又具有明显导向性;也可布置在门厅附近较明显的位置,如图 3-20 所示。

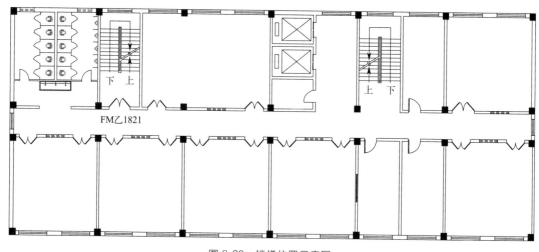

图 3-20 楼梯位置示意图

② 辅助楼梯多设置于建筑的次要入口周围,具有分担部分人流、与主要楼梯相配合疏散人流、安全防火等作用。

③ 消防楼梯多设置在建筑末端,且为开敞式。

除此之外,楼梯间位置还应满足防火规范。

(3) 楼梯宽度

楼梯宽度主要根据其使用性质、使用频率和防火疏散等要求共同确定。通常以每股人流宽度 $0.55+(0\sim0.15)$m 为准。各楼梯梯段宽度之和应符合防火规范规定的最小宽度校核

（表 3-5）。通常民用建筑楼梯的最小净宽度应满足两股人流标准，疏散楼梯的最小宽度不得小于 1100mm；对于室外疏散楼梯净宽度不小于 900mm。楼梯休息平台的宽度不能小于梯段的宽度。

（4）楼梯数量

楼梯数量应根据使用人数及防火规范要求来确定，必须满足关于走廊内房间门至楼梯间最大疏散距离限制，见表 3-7、图 3-21。一般而言，一幢公共建筑至少应设两部楼梯。对于使用人数少，总建筑面积小且除幼儿园、托儿所、医院以外的二、三层建筑，在符合表 3-8 的要求时，也可只设一部楼梯。

表 3-7 多层公共建筑房间门至外部出口或封闭楼梯间的最大距离　　单位：m

名称	位于两个外部出口或楼梯间之间的房间（L_1）			位于袋形走道两侧或尽端的房间（L_2）		
	耐火等级			耐火等级		
	一、二级	三级	四级	一、二级	三级	四级
托儿所、幼儿园	25(20)	20(15)	15	20(18)	15(13)	10
医院、疗养院	35(30)	30(25)	25	20(18)	15(13)	10
学校	35(22)	30(25)	25	22(20)	20(18)	10
其他民用建筑	40(35)	35(30)	25(20)	22(18)	20(18)	15(13)

注：1. 敞开式外廊建筑的房间门至外部出口或楼梯间的最大距离可按本表增加 5m。
2. 设自动喷水灭火系统的建筑物，其最大疏散距离可按本表规定增加 25%。
3. 表内括号内数值适用于非封闭楼梯间。

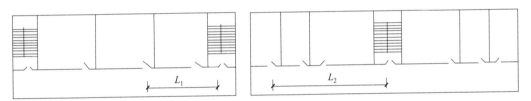

(a) 位于两个楼梯之间的房间　　(b) 袋形走廊尽端房间

图 3-21　疏散距离示意图

表 3-8　可设置一部疏散楼梯的公共建筑

耐火等级	最多层数	每层最大建筑面积/m^2	人数
一、二级	3 层	200	第二、三层人数之和不超过 50 人
三级	3 层	200	第二、三层人数之和不超过 25 人
四级	2 层	200	第二层人数之和不超过 15 人

3.5.3　电梯

高层建筑的发展使得电梯成为一种必不可少的垂直交通设施。电梯按其使用性质可分为客梯、货梯、客货两用电梯、消防电梯及杂物电梯五类。在决定电梯间位置和布置方式时应充分考虑以下几个方面的要求：

（1）电梯间需设置在人流聚集且明显之处，例如门厅和出入口周围。除此以外，电梯前的等候面积应充足，以避免出现拥挤和阻塞现象。

（2）根据防火规范规定，在电梯设计时，应配置辅助楼梯，以备在电梯故障或维修时使用。在设计时可将电梯与楼梯紧密联系，以便灵活运用，且利于安全疏散。

（3）电梯井道无需自然采光，故布局更加灵活，一般以人流交通便捷、顺畅为主。电梯等候厅人流集中，通常以天然采光和自然通风为佳。

电梯布置形式通常有对面式与单侧式两种，如图 3-22 所示。

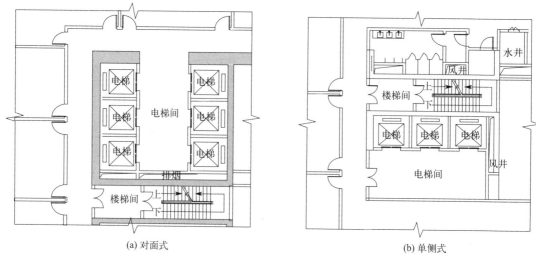

图 3-22 电梯布置形式

3.5.4 自动扶梯及坡道

自动扶梯是一种在一定方向上能大量、连续输送流动客流的装置。除了提供乘客一种既方便又舒适的上下楼层的运输工具外，自动扶梯还可引导乘客走一些既定路线，以引导乘客和顾客游览、购物，并具有良好的装饰效果。在具有频繁而连续人流的大型公共建筑中，如展览馆、商场、火车站、地铁站、航空港等建筑，可考虑将自动扶梯作为主要垂直交通工具，如图 3-23 所示。

图 3-23 自动扶梯

垂直交通联系部分除楼梯、电梯和自动扶梯外，还有坡道。室内坡道的特点是上下比较省力（楼梯的坡度在 30°~40°，室内坡道的坡度通常小于 10°），通行人流的能力几乎和平地相当（人群密集时，楼梯由上往下人流通行速度为 10m/min，坡道人流通行速度接近于平地的 16m/min），但是坡道的最大缺点是所占面积比楼梯面积大得多。一些医院为了病人上下和手推车通行的方便，可采用坡道；为儿童上下的建筑物，也可采用坡道；人流量集中的公共建筑，如大型体育馆的部分疏散通道，也可用坡道来解决垂直交通联系。

3.5.5 门厅与过厅

门厅是建筑的主要出入口，也是建筑交通系统中的枢纽，横向连接走道，竖向连接楼梯，是整个建筑的咽喉要道。根据建筑物使用性质不同，门厅有时还兼有其他功能要求，如办公大楼的门厅兼接待、会客、休息等功能；医院门厅集挂号、候诊、收费和取药于一体。因各种建筑物使用性质不同，门厅的大小、规模也不相同。

在门厅设计中，与所有交通联系部分的设计相同，其疏散出入安全同样具有重要意义。门厅对外出入口而言的总宽，应不少于通往该门厅的走道、楼梯宽度之和；人流相对聚集的公共建筑物，门厅对外出入口之宽，通常以每100人0.6m来计算。外门打开方式应为外开式，也可以使用弹簧门扇。

门厅面积主要依据建筑物使用性质、规模及质量标准等因素而定，在设计时可参照有关建筑类型的面积定额指标，见表3-9。

表3-9　部分建筑门厅面积设计参考指标

建筑类型	面积定额	备注
中、小学校	0.06～0.08m²/人	—
食堂	0.08～0.18m²/座	含洗手间、小卖部
综合医院	11m²/每日百人次	含衣帽间、询问处
旅馆	0.2～0.5m²/床	—
电影院	0.13m²/人	—

门厅布置形式一般分为对称式与非对称式两种，如图3-24所示。对称式门厅中轴线清晰，具有良好的秩序感。非对称式门厅内无显著轴线，布置灵活，室内空间的可变化性更大，在建筑设计中通常采用非对称式门厅。门厅交通组织形式如图3-25所示。

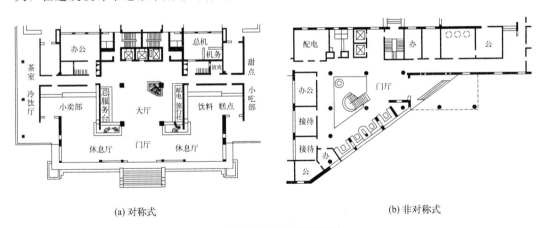

(a) 对称式　　　　　　　　　　　　(b) 非对称式

图3-24　门厅布置形式

门厅设计应满足以下要求：

（1）门厅是建筑的引导中心，在平面组合中应处于明显、居中和突出的位置，一般应面向主干道，使人流出入方便。

（2）门厅内部设计要有明确的导向性，同时交通流线组织要简捷通畅，减少人流相互干扰。人们进入大厅后，能较方便快速地寻找到各个走道口及楼梯口，并易于辨别这些走道或

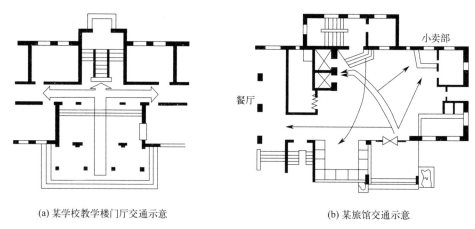

(a) 某学校教学楼门厅交通示意　　(b) 某旅馆交通示意

图 3-25　门厅交通组织形式

楼梯的主次。

(3) 门厅应具有良好的空间效果，如良好的采光、合适的空间比例。

(4) 门厅作为室内外的过渡空间，一般在入口处应设门廊、雨篷，供人们出入的暂时停留及雨雪天气张收雨具等之用，并可防止雨雪飘入室内，同时也能满足遮阳及建筑美观上的要求。

过厅一般设于走道与走道之间或走道与楼梯结合处，对交通人流起着缓冲作用并对交通路线起着转折和过渡作用。有时为增强走道采光、通风条件，还可将过厅布置于走道中间。

3.6　建筑平面组合设计

每一幢建筑物都由若干房间组合而成，房间在平面上的组合涉及很多因素，如基地环境、使用功能、物质技术、建筑美观、经济条件等。进行组合设计时，在熟悉各组成部分的基础上，要综合分析各种制约因素，分清主次，认真处理好各方面的关系，如建筑内部与总体环境的关系，建筑物内部各房间与整个建筑之间的关系等。前面已经着重分析了建筑物单个房间与交通联系部分的平面设计。建筑平面组合设计的任务，是将单个房间与交通联系部分组合起来，使之成为一个使用方便、结构合理、体型简洁、构图完整、造价经济及与环境协调的建筑物。

3.6.1　影响平面组合的因素

(1) 使用功能

不同的建筑有不同的功能要求。而一幢建筑物的合理性很大程度上取决于各个房间的平面组合。如教学楼设计中，虽然教室、办公室本身的大小、形状、门窗布置均满足使用要求，但它们之间的相互关系及走道、门厅、楼梯的布置若不合理，也会造成不同程度的干扰，如人流交叉、使用不便等。因此，使用功能是建筑平面组合设计的核心。

平面组合的优劣主要体现在合理的功能分区及明确的流线组织两个方面。

① 功能分区的合理性

合理的功能分区，即把建筑物的几个组成部分按照不同功能要求加以划分，并按其密切程度进行分类，使其划分清晰、衔接便捷。在分析功能关系时，常借助功能分析图来形象地表示各类建筑的功能关系及联系顺序。按照功能分析图将性质相同、联系密切的房间邻近布置或组合在一起，将使用中有干扰的部分适当分隔。这样，既满足联系密切的要求，又能创造相对独立的使用环境。

在具体的设计中，可以针对建筑物的不同功能特征从如下几方面加以分析：

a. 主次关系。根据使用性质和重要程度，建筑内的各个房间必然有主次之分，如图 3-26 所示。平面组合设计需分清主次，合理安排。如教学楼中，教室、实验室是主要使用房间；办公室、管理室、厕所等属于次要房间。居住建筑中的居室是主要房间，厨房、厕所、储藏室则是次要房间。商业建筑中的营业厅，影剧院中的观众厅、舞台皆属于主要房间。平面组合中，一般是将主要使用房间布置在朝向较好，靠近主要出入口，并具有良好的采光通风条件的位置，次要房间则可布置在条件相对较差的位置。

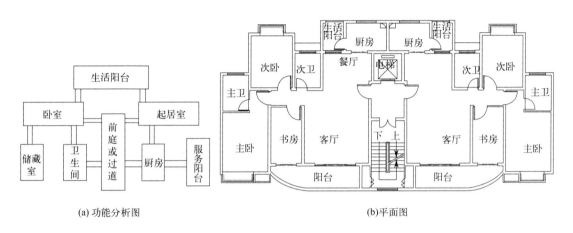

图 3-26 居住建筑房间的主次关系

b. 内外关系。各类建筑的组成房间中，有的对外联系密切，直接为公众服务；有的对内关系密切，供内部使用。在平面组合中，为正确处理功能分区的内外关系，一般将对外联系密切的房间布置在交通枢纽附近，使其位置明显便于对外的直接联系；将对内性较强的房间布置在较为隐蔽的地方，并使之靠近内部交通区域。如办公楼中的接待室、传达室是对外的，应布置在交通便捷、位置明显处。又如影剧院的观众厅、售票房、休息厅、公共厕所是对外的，而办公室、管理室、储藏室是对内的，应布置在次要入口处且较隐蔽处。某食堂房间的内外关系，如图 3-27 所示。

c. 联系和分隔。建筑的功能划分，首先是将具有相同用途或密切相关的房间进行合并，以便在进行平面组合时，能根据不同的功能区域间的总体关系进行综合考虑，并对各个房间或区域间的连接和分隔需求进行详细分析，从而确定平面组合中各个房间的合适位置。对功能关系的分析中，往往根据室内使用性质，比如"闹"和"静"、"洁"和"污"等所体现出的属性进行功能分区，使它们既相连，又互不相扰。如学校建筑，它可以被划分为教学活动、行政办公以及生活后勤等几个部分。在设计中，教师与学生之间的工作区域应划分明确，互不影响，也要考虑相互间的便捷性。有时使用性质均属于一个功能区的房间，在平面组合设计中却又需要有一定的分隔。如普通教室和音乐教室，两者都属于教学活动用房，但因为在音乐教室上课时，会对普通教室产生一定的声音干扰，所以在设计时需将其分隔开，如图 3-28 所示。

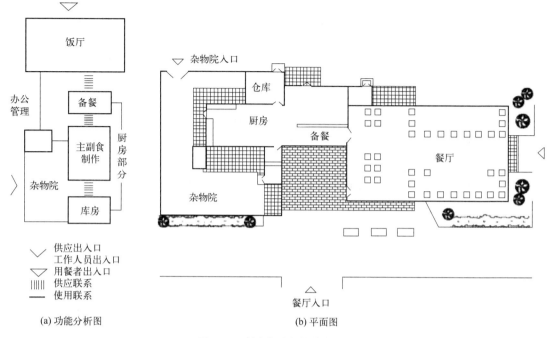

图 3-27 某食堂房间的内外关系

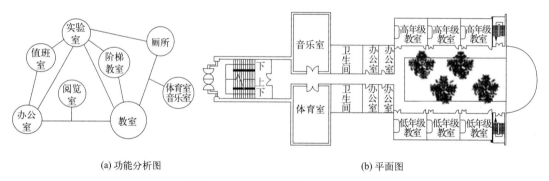

图 3-28 教学楼房间的联系与分隔

② 流线组织的明确性

民用建筑流线形式因使用性质的不同，主要分为人流和物流两种。为了使流线组织具有明确性，就要保证各种流线清晰明确、通畅合理、不迂回交叉。

在进行平面组合设计时，一般按照各个房间的流线顺序关系将其有机组合起来，同时还需利用公共人流交通路线作为主导线，不同属性的交通流线要清晰地隔开。如车站建筑中存在人流与物流的区别，人流既有询问、售票、候车、检票、进站台的上车流线，又有从站台通过检票出站的下车流线（图 3-29）。虽然某些建筑物在室内使用次序上并无严格要求，但也需合理布置房间人流通行面积，尽可能避免不必要的来回交叉或干扰。

（2）结构类型

建筑结构与材料是构成建筑物的物质基础，在很大程度上影响着建筑的平面组合。因此，平面组合在考虑满足使用功能要求的前提下，应选择经济合理的结构方案，并使平面组

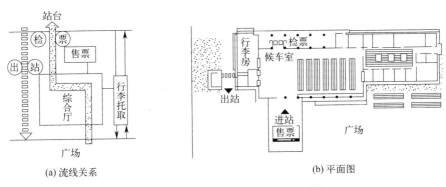

图 3-29 小型火车站流线关系及平面图

合与结构布置协调一致。

目前民用建筑常用的结构类型有三种，即混合结构、框架结构、空间结构。

① 混合结构

建筑物的主要承重构件有墙、柱、梁板、基础等，以砖墙和钢筋混凝土梁板的混合结构为最普遍。这种结构形式的优点是构造简单、造价较低，其缺点是房间尺寸受钢筋混凝土梁板经济跨度的限制，室内空间小，开窗也受到限制，仅适用于房间开间和进深尺寸较小、层数不多的中小型民用建筑，如住宅、中小学校、医院及办公楼等。图 3-30 为采用墙体承重的某门诊部平面图。

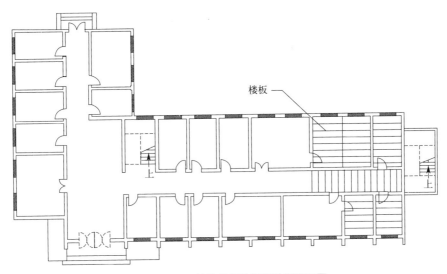

图 3-30 采用墙体承重的某门诊部平面图

② 框架结构

框架结构的主要特点是：承重系统与非承重系统有明确的分工，支承建筑空间的骨架如梁、柱是承重系统，而分隔室内外空间的围护结构和轻质隔墙是不承重的。这种结构形式强度高、整体性好、刚度大、抗震性好、平面布局灵活性大、开窗较自由，但钢材、水泥用量大、造价较高，适用于开间、进深较大的商店、教学楼、图书馆之类的公共建筑以及高层住宅等。

③ 空间结构

随着建筑技术、建筑材料和结构理论的进步，新型高效的结构有了飞速的发展，出现了各种大跨度的新型空间结构，如薄壳、悬索、网架等。这类结构用材经济、受力合理，并为解决大跨度的公共建筑提供了有利条件。

（3）设备管线

民用建筑中的设备管线主要包括给水排水、采暖、空气调节以及电气照明、通信等所需的设备管线，它们都占有一定的空间。在进行平面组合时，除应考虑一定的设备位置，恰当地布置相应的房间，如厕所、盥洗间、配电房、空调机房、水泵房等以外，对于设备管线比较多的房间，如住宅中的厨房、厕所，学校、办公楼中的厕所、盥洗间，旅馆中的客房卫生间、公共卫生间等，在满足使用要求的同时，应尽量将设备管线集中布置、上下对齐以方便使用，这样也有利施工和节约管线。

图 3-31 中旅馆卫生间成组布置，利用两个卫生间中间的竖井作为管道垂直方向布置的空间，管道井上下对齐，管线布置集中。

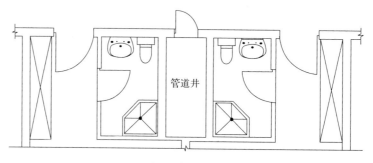

(a) 旅馆卫生间集中设置管道间

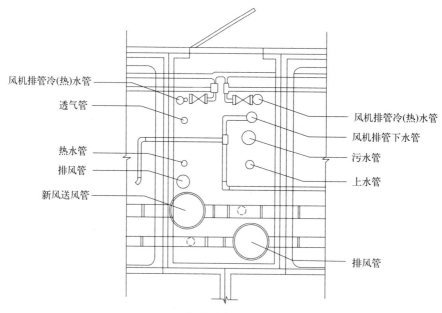

(b) 管道间内管道系统示意

图 3-31 旅馆卫生间成组布置

（4）建筑造型

建筑平面组合除受到使用功能、结构类型、设备管线的影响外，建筑造型在一定程度上也会影响平面组合。当然，造型本身与功能需求有关，它一般是内部空间的直接反映，但是，简洁、完整的造型要求以及不同建筑的外部性格特征又会反过来影响平面布局及平面形状。一般来说，简洁、完整的建筑造型无论对缩短内部交通流线，还是对于结构简化、节约用地、降低造价以及提高抗震性能等都是极为有利的。

3.6.2 平面组合的形式

建筑平面组合是指根据使用功能特点及交通路线的组织，将各个不同的房间组合在一起。平面组合形式大致可分为以下四种：

（1）走廊式组合

走廊式组合是指通过走廊将各个房间联系起来的组合方式，其特点是：房间沿走廊一侧或两侧并列布置，室内大门径直向走廊敞开，各房间之间通过走廊相连。这种组合方式多用于房间面积不大，同类房间较多的建筑中，如办公楼、学校、旅馆、宿舍等。

走廊式组合的优点有：使用空间与交通联系空间在空间上有明确划分，室内独立性强，房间天然采光和自然通风条件较好，结构简洁，施工方便等。根据房间与走廊之间的布置关系，走廊式的组合可以分为内廊式和外廊式（见图3-32）。

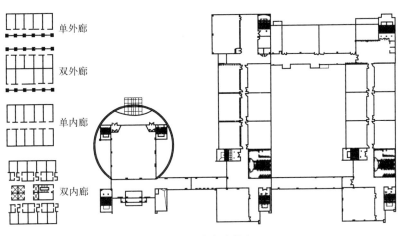

图 3-32　走廊式组合

① 内廊式组合：走廊的两侧都布置有房间，平面布置紧凑，外墙长度缩短，节省用地，有利于建筑节能，但常常有一侧房间朝向不好，且走廊采光通风较差，通常需要开设高窗或设置过厅以改善采光、通风条件。内廊式的组合有单内廊与双内廊之别，在双内廊的情况下，两条内廊之间的房间常常采光、通风条件不好，使用时需谨慎。

② 外廊式组合：只在过道的侧面布置房间，其特点与内廊式的特点相反。在外廊式组合中，北外廊（即走廊布置于北侧）房间日照条件较好，多用于居住建筑，但是敞亮的北外廊在冬天易受到寒风的影响，遇到雨雪天气，将影响通行安全。相反南外廊能起到遮阳的作用，多应用于学校的建筑设计，能避免教室眩光。

（2）套间式组合

套间式组合具有房间互相穿套的特点，不需要通过走廊进行联络。其具有平面布置结构紧凑、面积利用率高等特点；不足之处在于各个房间的运用灵活性、独立性有限，相互干扰大。展览类建筑往往按照展品所处的历史年代或展品分类排序，采用套间式的方式进行展厅布置，有利于强化展厅的顺序性和连续性。

（3）大厅式组合

大厅式组合以主体空间的厅堂为核心，其周围会安排其他辅助房间。这一组合形式具有主体空间突出，主从关系明确和房间之间关系密切等特征。

按功能要求，大厅式的平面组合也可以分成两类：

① 有视听要求的大厅，例如影剧院和体育馆。大厅基本处于密闭状态，采用人工照明、机械通风；大厅内部无柱子，视野开阔，其多为大跨度空间结构，即桁架结构，辅间设置于大厅四周，如图 3-33 所示。

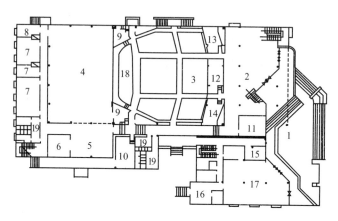

图 3-33　有视听要求的大厅式组合

1—平台；2—门厅；3—池座；4—舞台；5—侧台；6—道具；7—化妆；8—配电；9—耳光；
10—贵宾室；11—值班室；12—放映室；13—声控室；14—光控室；15—售票室；
16—办公室；17—商店；18—乐池；19—卫生间

② 无视听要求的大厅，往往指专供人流集散或者从事商业活动的厅堂，例如火车站、航空大商场、食堂等。这种建筑大厅通常允许在内部设置柱子，故可以组成多层大厅，如图 3-34 所示。

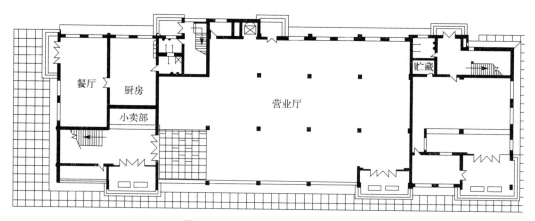

图 3-34　无视听要求的大厅式组合

（4）单元式组合

把各类关系密切的房间组合在一起构成一个相对独立的整体，称为单元。根据地形与环境特征，把一个或几个单元在水平或竖直方向重复结合起来成为一个建筑物，这种组合的方法叫作单元式组合。

单元式组合具有功能分区清晰，平面布局严谨，单元与单元间相互独立、互不干扰等优点。同时单元式组合的布置方式较为灵活，适用于各种地形，被广泛应用于住宅、幼儿园、学校、医院等民用建筑中（图3-35）。

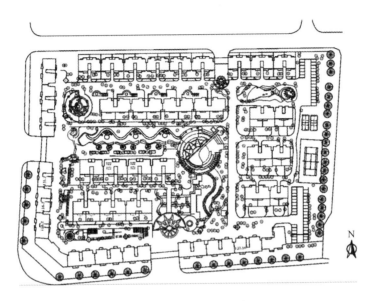

图3-35 单元式住宅组合

3.7 工业建筑平面设计

所谓工业建筑，是指为进行各类工业生产而建造的房屋，俗称厂房。工业建筑物既为生产产品服务，又要满足广大工人的生活需求。随着科学技术和生产力的不断发展，工业建筑物的类型也不断增加，同时工业生产工艺对工业建筑物提出的技术要求也更加复杂，故工业建筑在设计时既应符合坚固适用、工艺先进、经济合理的原则，又需按照生产工艺要求来对厂房平面、剖面、立面及细部进行处理，以营造一个优良的生产环境。

3.7.1 工业建筑平面设计要求

（1）符合生产工艺要求

生产工艺对于建筑的要求是指该建筑在使用功能方面的需求，其在工业建筑设计中起主导作用。工业建筑设计应从建筑面积、平面形状、柱距、跨度和剖面形式等方面设计厂房的高度及结构方案与构造措施，同时既要符合生产工艺，又要符合厂房机器设备安装、运行、运转、检修及其他需要。

（2）符合建筑技术

① 工业建筑的坚固性和耐久性要满足建筑使用年限的要求。由于厂房静荷载和活荷载较大，因此在建筑设计时要对其进行合理、经济的结构设计，使得厂房结构更加结实、

耐用。

② 建筑设计要使厂房更具通用性。由于科学技术的飞速发展，生产工艺的不断更新，生产规模会越来越大，故厂房应具有通用性，为其改建扩建预留充分的可能性。

③ 应严格遵守《厂房建筑模数协调标准》及《建筑模数协调标准》的规定，选择合理的厂房建筑参数（柱距、跨度、柱顶标高等），以采用规范、一般结构构件来实现设计标准化、生产工厂化、建设机械化，从而促进厂房建筑的工业化。

（3）符合建筑经济

① 在不损害环境以及满足防火和室内环境需求的前提下，把几个车间（不一定是单跨车间）合并为联合厂房，对于现代化的连续生产是极有利的。由于联合厂房的占地面积小，故外墙面积也相应缩小，这能使管网线路变短，运用灵活，适应工艺更新。

② 建筑物的层数对其经济性有重要影响。因此采用单层或多层厂房时，应根据工艺要求、工艺条件等因素来确定。

③ 合理缩小结构面积和增加使用面积。在保证产品质量的前提下，实现厂房使用面积的最大化和合理化。

④ 在不影响工厂牢固性、耐久性，满足生产操作和使用要求及施工速度的条件下，要尽可能地减少物料的耗用，从而减轻构件自重，降低建筑造价。

⑤ 设计方案应简单易行，采用配套结构体系和工业化施工方法，但必须与本地材料供应相结合。

（4）符合卫生和安全要求

① 既要有与生产工艺相适应的天然采光来确保厂房内工作的照度，还要有良好的自然通风。同时合理进行自然采光、自然通风的厂房建筑设计，可大幅度降低运行管理的成本。

② 设法消除生产余热、废气和有害气体，从而提供一个卫生工作环境。

③ 对于释放有害气体、有害辐射及有严重噪声的工厂，要采用净化、隔离、消声、隔声和其他措施来减轻或杜绝不必要的伤害。

④ 美化室内环境，重视厂房绿化和色彩处理，改善生产环境。

3.7.2 单层厂房平面设计

单层厂房平面与空间组合设计以工艺设计和工艺布置为前提，且其生产工艺在工业建筑设计中处于首要地位。单层厂房具有适应性强以及适用范围广的特点，尤其适用于工艺过程为水平布置，平面运输量大，使用重型设备的高大厂房和连续生产的多跨大面积厂房。

（1）厂房设计影响因素

在符合生产工艺要求的前提下，厂房的建筑设计需考虑其平面构成，使其平面更加规整合理、简洁明了，此外还需最大限度减少占地面积和简化构造，且利于节能。厂房设计要满足厂房建筑模数配合标准，使得构件生产达到工业化生产要求。对于厂区内的建筑群体、道路和绿化要有统一景观设计；对于厂房的体型、立面、色彩等应依据使用功能、结构形式而定；对于建筑材料需进行必要的建筑艺术处理，使之富有特色，并且与整个工厂景观和谐统一。

在设计单层厂房时，应该考虑如下几个方面：

① 生产工艺流程对平面设计的影响。厂房设计首先要符合生产工艺的要求，其次设计人员与工艺人员需紧密配合，熟练掌握相关工艺流程条件。生产工艺流程是指在工厂中对产品进行生产、处理、制造的过程，即生产原料按照生产所需要的步骤，通过生产设备和技术手段的生产加工，做成半成品或者成品的所有工序。各种厂房因其产品、规格、设备型号不同，其生产工艺流程也不同。

② 生产状况对平面设计的影响。由于厂房的不同属性，在生产操作中会产生各种生产状况，如污染环境，设备爆炸，发生火灾等情况，故厂房平面要以生产要求、生产者心理、生理卫生要求等为基础，并结合环境气候条件来设置厂房的采光和通风口，通常采用天窗的形式，改善厂房的采光通风条件。

③ 生产设备布局对平面设计的影响。厂房设计不仅要根据生产、运输设备进行布局，还要满足操作检修和以经济性为前提的要求，以确定空间尺度，选用柱网及结构形式。厂房的平面设计要追求厂房体型的简洁和构件种类的减少，合理利用厂房内、外空间，妥善安排生活辅助用房和布置各类管线、风口、操作平台、走道及各类安全设施。

④ 起重运输设备对平面设计的影响。起重运输设备在平面设计中的作用为输送原料、成品与半成品，故厂房应安装起重运输设备。起重运输设备会直接影响厂房的平面布局和平面尺寸，常见的起重运输设备有梁式起重机、桥式起重机、龙门吊以及其他类型的起重机。起重机的起重指标在决定其工作性质的同时，也会对厂房的平面结构和构造设计产生一定的影响。

厂房、厂区整体格局应符合安全、环保、规范等各项要求。

(2) 单层厂房平面形式（表3-10）

对单层厂房而言，若无特殊要求一般采用正方形、矩形和 L 形的平面形式。在面积相等的情况下，正方形周长最短，而平面形式愈趋近正方形，其墙体周长和面积之比愈小，这种平面形式既节能又节省面积，故设计单层厂房时，在生产工艺许可的情况下，建筑物外形宜为方形或近似方形。

表 3-10 平面形式与墙体周长

	正方形	矩形	L 形
平面形式	□	▭	L
面积	30.5m×30.5m=930.25m²	61m×15.25m=930.25m²	45.75m×15.25m+15.25m×15.25m=930.25m²
外墙周长	122m	152.5m	152.5m

除表3-10中所列三种平面形式外，根据生产工艺的要求，热加工厂房和某些需要进行隔离的厂房，可以采用 U 形平面和 E 形平面，如图3-36所示。这类厂房具有宽度较短，周长较长，房间采光通风条件较好的优点，但也存在结构复杂，不利于防震等缺点，故为了不造成损坏，需设置防震缝。但 U 形、E 形的平面因外墙较长，且造价和维修费较高，室内各类工程管线亦长等劣势，故只有当工艺需要时才会使用该平面形式。

（3）柱网的选取

由于骨架结构厂房以柱为主要承重构件，因此结构布置是厂房平面设计中最主要的内容之一，其要求是在平面上定位柱，即柱网的选取。

图 3-36　厂房的常用平面形式

柱沿厂房平面布置而成的网格叫柱网。柱网尺寸包括跨度和柱距两部分。如图 3-37 所示，柱子纵向定位轴线的间距称为跨度，横向定位轴线的间距称为柱距。选择柱网其实是对厂房跨度和柱距等参数进行选择，然后在此基础上，根据建筑和结构等设计原则，确定厂房跨度及柱距。在选取柱网时，应考虑下列因素：

① 符合生产工艺要求；

② 符合《厂房建筑模数协调标准》中的相关规定；

③ 尽可能增大柱网，从而增强厂房通用性；

④ 符合建筑材料、建筑结构及施工的技术性要求，同时尽量降低工程造价成本。

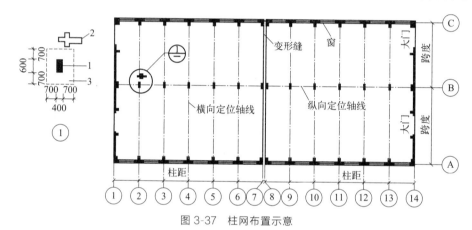

图 3-37　柱网布置示意
1—柱子；2—生产设备；3—柱基础轮廓

a. 影响跨度大小的主要因素

（a）生产设备尺寸及布置方式。设备体积大，所占用空间也大；设备布置方式的横、纵向均会影响跨度的大小；

（b）车间内的通道宽度。电瓶车、汽车、机车等各种水平运输设备与其他通道宽度要求不一致，对跨度大小也有一定影响；

（c）满足《厂房建筑模数协调标准》的要求。相关条款如下：当厂房跨度＜18m 时，应使用扩大模数为 30M（3000mm），也就是跨度宜取 9m、12m 和 15m 等大小系列。当跨度尺寸≥18m 时，以 60M 的模数递增，即跨度可取 18m、24m、30m、36m 等。

b. 确定柱距尺寸

柱距是指两根柱之间的纵向间距。从厂房结构上看，在实际应用中，对基础梁、吊车梁、联系梁以及屋面板等许多纵向构件的长度尺寸都有相关规定。根据我国设计、生产、运输、安装等方面经验，柱距一般采用 6m，称为基本柱距。

根据以上跨度、柱距方面的相关规定，国家已经发布了工业建筑全国通用构件的标准图集，以便对相关构件进行成型和匹配。

（4）扩大柱网的范围和优越性

现代工业生产的显著特点是生产工艺、生产设备和运输设备在不断地更新与变革，并且更新周期也在不断缩短。为适应这一转变，厂房需有相应的灵活性和通用性。这种通用性和灵活性，在厂房平面设计中主要体现在选择扩大柱网，即增大厂房的跨度与柱距，如采用柱网（跨度×柱距）为 12m×12m、15m×12m、18m×12m、24m×12m、18m×18m、24m×24m 等。

扩大柱网的优越性主要有以下几个方面：

① 能有效提高厂房面积利用率；

② 利于大型设备布置及产品输送。在现代工业厂房中，例如重型机械厂、飞机制造厂和火箭制造厂，其产品具有高大、笨重的特点，故柱网越大越好，更能适应生产设备布置以及产品组装运输的需要；

③ 能够增强厂房通用性，以及满足生产工艺变更和生产设备更新的需求；

④ 有助于增加吊车服务范围；

⑤ 可以在减少构件数量的同时加快施工进度。

3.7.3 多层厂房平面设计

单层厂房具有多方面的优势，但在某些有垂直运输或分层加工要求的工业厂房中需要使用多层厂房。随着科技进步，产品发展方向以精细化为导向，加工设备亦趋向于自控化、微型化和轻量化，这可以解决生产与设备荷载过大的问题，达到提高产量的效果。

（1）多层厂房的平面设计原则

① 符合生产工艺流程标准，合理解决层与层之间功能的协调问题。厂房平面布置要依据生产工艺流程、工段组合、交通运输、采光通风需求和生产中各项技术要求等全面确定。

② 选择经济合理的结构。多层厂房结构选择通常由专业人员进行，但因其需配合工艺布置、建筑处理、室内空间和室外造型等进行选择，故建筑师还应掌握相关基本知识，以达到在平面空间组合设计时全面考虑的目的。多层厂房承重结构按结构使用材料可分为钢结构、钢筋混凝土结构、混合结构 3 大类；按结构形式可分为梁板结构、无梁楼盖结构等，也有大跨度的桁架式框架结构。多层厂房与单层厂房的区别在于除底层外，多层厂房的设备荷载均在楼板上，故其结构柱网在尺寸上会受到较大约束。柱网的选用要符合工艺要求，结构上要经济合理。在楼板荷载允许时，多层厂房跨径越大，厂房在工艺布置上灵活性、通用性越强。

③ 合理解决厂房交通、运输及安全疏散等问题。多层厂房内部不仅存在横向的交通运输，而且为确保各层车间的连接，还加大了垂直交通运输的力度。在多层厂房设计中，由于各层垂直交通运输主要靠楼梯与电梯，故应先考虑设备的安装方式以及产品的运输方式。楼梯主要满足人的通行和疏散需求，电梯则满足人的通行、货物的运输以及车辆运送等方面的需要，故电梯间的位置应确保人货畅通、进出便捷，避免迂回运输，且货运电梯厅必须预留货物回转和堆放的空间，同时，多层厂房的人流、货流也应有独立出口。各生产类别厂房的疏散要求（用厂房内任意一点与最近安全出口之间的距离来度量），如表 3-11 所示。

表 3-11　厂房内任意一点到最近安全出口的距离　　　　　　　单位：m

生产类别	耐火等级	单层厂房	多层厂房	高层厂房	地下、半地下厂房或厂房的地下室、半地下室
甲	一、二级	30	25	—	—
乙	一、二级	75	50	30	—
丙	一、二级	80	60	40	30
丙	三级	60	40	—	

续表

生产类别	耐火等级	单层厂房	多层厂房	高层厂房	地下、半地下厂房或厂房的地下室、半地下室
丁	一、二级	不限	不限	50	45
	三级	60	50	—	—
	四级	50	—	—	—
戊	一、二级	不限	不限	75	60
	三级	100	75	—	—
	四级	60	—	—	—

多层厂房内的疏散楼梯、走道及门的宽度应按实际人数核算，其疏散宽度指标根据《建筑设计防火规范》规定，见表3-12。

表3-12 厂房内的疏散楼梯、走道和门的每100人最小疏散净宽度

厂房层数/层	1~2	3	≥4
最小疏散净宽度/（m/百人）	0.60	0.80	1.00

④ 重视功能分区，合理布置生产辅助用房。在多层厂房设计中，工艺流程对每道工序都进行了相关规定，在空间组合中，应在此基础上安排好各厂房（工部）之间的相互位置，避免物料运输过程中的迂回、来回交叉等不合理现象。多层厂房设计需综合考虑各个工段、厂房布局、生产设备运输量和建设用地具体情况等诸多因素，并由设计人员根据工艺流程进行设计，以此综合解决工艺与土建之间的矛盾，为设计的合理性、方案的超前性创造条件。

（2）生产工艺流程

生产工艺的流程布置在厂房平面设计中占主要地位，是厂房平面设计的主要依据。生产工艺的不同在很大程度上会影响多层厂房的平面布局及各层之间的关系。多层厂房的生产工艺流程布局可分为如下3种，如图3-38所示。

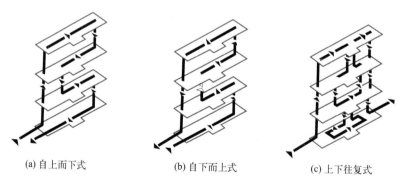

(a) 自上而下式　　　　(b) 自下而上式　　　　(c) 上下往复式

图3-38 三种类型的生产工艺流程

① 自上而下式

自上而下式的特点是将材料送至最高层后，按生产工艺流程由上到下逐级处理，最终成品会从最底层运出。这种方式常借助原料自重，能有效减少垂直运输设备。某些从事粒状、粉状材料处理的工厂，常采用此种布局。面粉加工厂和电池干法密闭调粉楼的生产流程就属于该类型。

② 自下而上式

自下而上式的特点是原料从最底层按照生产流程逐层向上处理加工，最后在顶层加工，得到成品。这种流程方式主要运用的情况有两种：其一，产品的加工流程需要由下而上进行，例如平板玻璃的制造，底层设置有熔化工段，依靠垂直辊道自下而上运转，在操作运行

中自然冷却形成平板玻璃；其二，某些企业所用的原材料以及部分重量较大的设备，或者需要配备吊车运输等，与此同时，生产流程又允许或者有必要把这些工段安排到最底层，其他工段按上述各层顺序排列，这样便形成一种较为合理的自下而上式工艺流程。轻工业类手表厂、照相机工厂或某些精密仪表厂生产流程均属此类形式。

③ 上下往复式

上下往复式是既有上也有下的一种混合布置方式。这种混合布置方式具有上下两种特点，能够满足不同场合的需求，适用范围更广。由于生产流程是往复的，必然会造成交通的复杂化，但其适应性较强，是常用的布局方式。

(3) 平面布置形式

平面布置形式一般可分为内廊式、统间式、混合式、套间式四种。

① 内廊式

内廊式中间为走廊，两侧布置有生产房间的办公、服务房间。这种布局适用于各个工部或各个室之间在生产中需要紧密联系，在生产时又互不干扰的工段。因此，每个生产工段都需要用隔墙隔开，以形成大小不等的客房，通过内廊连接，这就能满足某些具有恒温、恒湿、防尘、防震等特殊需求的工段。图 3-39 是一个光学仪器车间的情况，其集恒温恒湿为一体，不仅能减小保温墙体的厚度，还可以减少建筑造价。

图 3-39 内廊式平面布置

② 统间式

统间式中间只有承重柱，不设隔墙，该布局适用于生产工艺密切联系的场合，不宜隔成小间排列（见图 3-40），其更利于自动化流水线运行。在生产过程中，如有少量特殊工段需单独布置，可以对其集中处理，分别设置于车间一角或一端。

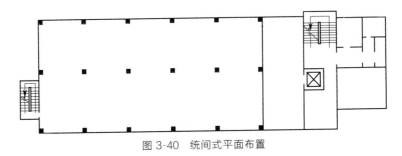

图 3-40 统间式平面布置

③ 混合式

混合式由内廊式与统间式混合布置而成。该布局针对不同生产特点与需求的厂房，把各种平面形式糅合在一起，构成一个有机的整体，更能满足生产工艺需求且灵活性较大，但此布置存在施工较烦琐，结构类型较难统一，易使剖面变得更复杂，且不利于防震等弊端。图 3-41 是天津的某个无线电厂，它由内廊式和统间式组合而成，为混合式平面形式。

④ 套间式

套间式是指穿过一个房间进入另一个房间的排列方式，或者是为了确保高精度生产（穿过低精度房间到高精度房间）的正常进行所采取的一种组合形式。

（4）柱网的选取

多层厂房中柱网受到楼层结构约束，其规模通常比单层厂房要小

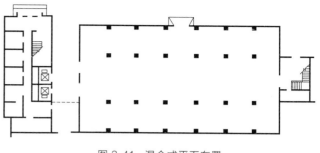

图 3-41 混合式平面布置

得多。依据多层厂房的工艺流程、平面布置及结构形式，可以采用内廊式柱网、等跨式柱网、对称不等跨式柱网和大跨度式柱网（图 3-42）。

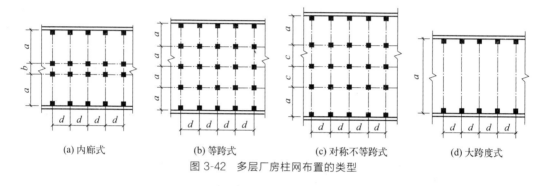

图 3-42 多层厂房柱网布置的类型

3.7.4 厂房总平面在厂房平面设计中的作用

一般的工厂以建筑物、构筑物为主。工厂总平面设计包括：根据全厂生产工艺流程、交通运输、卫生设施、防火规范、地形地质和建筑群体艺术等方面的情况，查明这些建筑物和构筑物的位置关系；合理安排人流和货流，忌交叉、迂回；布置多种工程管线；对厂区的垂直规划、绿化及美化的布置等。图 3-43 是某厂的总平面图。总图确定后，厂房个体设计平面形式须根据总图安排要求而定。

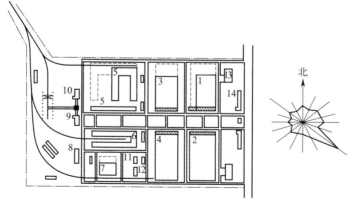

图 3-43 某机械制造厂总平面图

1—辅助车间；2—装配车间；3—机械加工车间；4—冲压车间；5—铸工车间；6—锻工车间；
7—总仓库；8—木工车间；9—锅炉房；10—煤气站；11—氧气站；12—压缩空气站；13—食堂；14—厂部办公楼

思考题

3-1 平面设计包含哪些基本内容？
3-2 进行房间设计时要考虑哪些因素？
3-3 确定房间面积大小时应考虑哪些因素？
3-4 房间尺寸指的是什么？确定房间尺寸应考虑哪些因素？
3-5 如何确定房间门窗数量、大小、具体位置？
3-6 辅助使用房间包括哪些房间？辅助使用房间设计应注意哪些问题？
3-7 交通联系部分包括哪些内容？如何确定楼梯的数量和宽度？
3-8 厂房平面设计的柱网如何确定？

第 4 章
建筑剖面设计

 学习目标

基本掌握建筑剖面设计的一般原理和方法，能运用相关知识进行建筑竖向空间的分析，熟悉建筑各部分高度和建筑层数的确定方法，了解建筑的剖面形式及其影响因素，掌握建筑空间组合的原则和方法。

4.1 概述

建筑剖面设计主要用于确定建筑物在垂直方向上的空间组合关系。建筑剖面设计是建筑设计完成过程中必不可少的重要环节，它与建筑平面设计相互联系、相互作用，限定了建筑物各个组成部分的三维空间尺寸，并对建筑物的造型及立面设计起到制约作用。通常，对于一些剖面形状比较简单，房间高度尺寸变化不大的建筑物，剖面设计是在平面设计完成的基础上进行的，如大多数住宅、普通教学楼、办公楼等。但对于那些空间形状比较复杂，房间高度尺寸相差较大，或者有夹层及共享空间的建筑物，就必须先通过剖面设计分析空间的竖向特性，再确定平面设计方案，以解决空间的功能性和艺术性问题，如体育馆、影剧院等。

4.2 建筑剖面设计的内容和要求

建筑剖面图表示的是建筑物在垂直方向上建筑各部分的组合关系，主要包括建筑的层高、层数、空间形式以及结构、构造关系、采光、通风的处理等等。建筑剖面图和平面图从两个不同的角度反映了建筑物内部的空间关系。平面图主要表现建筑空间内部水平方向上的问题，比如空间的长度、深度或宽度尺寸和关系，而剖面图主要表现建筑竖向空间的各种尺寸和处理方式，两个都涉及建筑的使用功能、周围环境、经济条件等内容。

建筑剖面设计要根据房间的功能要求确定房间的剖面形状，反映竖向空间的形式、尺寸和标高，还要反映出主要构件的形式、尺寸、位置和相互之间的关系，要综合考虑房屋各部分的组合关系、物质技术、经济条件和空间的艺术效果等方面的影响，既要适用又要美观，才能使设计更加完善、合理。建筑剖面设计的主要内容包括：

（1）确定房间的剖面形状。
（2）确定建筑物的层数和各部分的标高，比如层高、净高、室内外地面标高。
（3）进行建筑竖向空间的组合，分析空间的利用。
（4）进行建筑结构、构造关系的分析。
（5）分析天然采光、自然通风、屋面排水、保温、隔热等构造方案。

4.3 建筑剖面图的相关知识

4.3.1 建筑剖面图的概念

建筑剖面图是建筑内部空间在垂直方向的投影图，是建筑设计的基本语言之一，它与建筑的平面图是一一对应关系。剖面图的概念可以这样理解，即用一个假想的垂直于外墙轴线的切平面把建筑物切开，对切面以后部分的建筑形体作正投影图，如图 4-1 所示。在绘制建筑剖面图时，为了把切到的形体轮廓与看到的形体投影轮廓区别开来，切到的实体轮廓线用粗实线表示，如室内外地面线、墙体、楼梯板、楼面板、梁、屋顶内外轮廓线等。看到的投影轮廓用细实线表示，如门窗洞口的侧墙、空间中的柱子以及平行于剖切面的梁等。

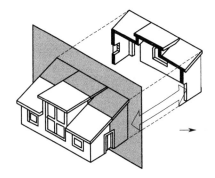

图 4-1 剖面图示意图

4.3.2 剖面图数量与剖切符号的画法

由于剖面图的轮廓及其表现内容均与剖切面的位置有关，根据不同的位置，剖面图又分为横剖面图与纵剖面图。简单的建筑可以只绘制 1 个剖面图，在复杂的建筑平面中，为了充分表现体型轮廓及空间高度上的变化情况，建筑物的剖面图一般不少于 2 个，横向、纵向各 1 个；对于大型复杂建筑可以绘制多个剖面。

剖切面的位置以剖切符号来表示，一律在首层平面上绘制剖切符号，用粗实线表示，长线表示剖切位置，短线表示剖视方向，剖切符号的编号宜采用阿拉伯数字，如图 4-2 所示。每个位置上的剖面图应与剖切符号的标注相对应，以方便识图。

剖切位置的选择。建筑物的剖切位置是根据建筑平面图来确定的，一般在平面组合中较为复杂或不易表达清楚的位置进行剖切，主要包括：①主要的出入口处、大厅、门厅；②楼梯间；③构造复杂处；④高差变化处。

4.4 剖面形状的确定

房间的剖面形状可以分为矩形和非矩形两类，房间的剖面形状主要根据使用要求和特点来确定，同时也要结合具体的物质技术、经济条件及特定的艺术构思考虑，使之既满足使用又能达到一定的艺术效果。房间的剖面形状除应满足使用要求以外，还应考虑结构类型、材

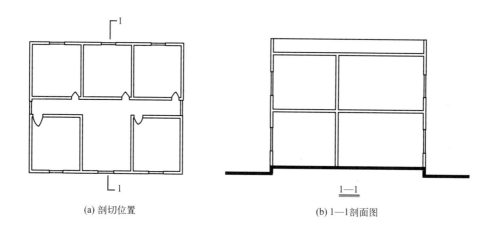

(a) 剖切位置　　　　　　　　(b) 1—1剖面图

图 4-2　剖切符号示意图

料及施工的影响。

4.4.1　使用要求

在民用建筑中，绝大多数的建筑只需满足一般功能要求，如住宅、学校、办公楼、旅馆、商店等。这类建筑房间的剖面形状多采用矩形。这是因为矩形剖面简单、规整，便于各房间在空间上的组合、结构布置、家具摆放，容易获得简洁完整的体型，同时施工方便。

对于某些有特殊功能要求的房间，则应根据使用要求选择适合的剖面形状，比如音乐厅、放映室、阶梯教室、体育场等。这类房间除平面形状、大小满足一定的视距、视角要求外，地面应有一定的坡度，以保证良好的视觉要求，让人们舒适、无遮挡地看清对象。

4.4.2　结构、材料和施工的影响

房间的剖面形状除了要满足使用要求外，还应该考虑结构类型、材料和施工的影响。长方形的剖面形状规整、简洁，有利于梁板式结构布置，同时施工也较简单。即使有特殊要求的房间，在能满足使用要求的前提下，也宜优先考虑采用矩形剖面，其视觉要求可以通过顶棚和地面装修来满足。

不同的结构类型对房间的剖面形状有一定程度的影响，大跨度建筑的房间剖面由于结构形式的不同而形成不同于混凝土结构的内部空间特征，比如一些大型体育馆采用大跨度的钢桁架形成独特的空间形状。

4.4.3　采光、通风的要求

进深不大的房间，采用侧窗进行采光和通风就能够满足室内空间卫生要求，但当房间的进深很大或者房间具有特殊要求时，采用侧窗不能满足要求，常常需要设置各种形式的天窗，这些天窗的设置对建筑剖面形状也有影响，如图 4-3 所示。

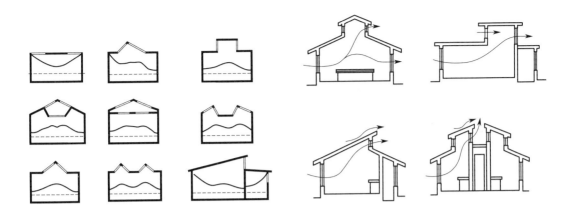

图 4-3 采光、通风对剖面形状的影响

4.5 各部分高度的确定

4.5.1 房间的净高与层高

房间的剖面设计,首先要确定房间的净高和层高。房间的净高是指从室内的楼地面到顶棚或其他构件底面(如大梁)之间的距离,净高应按照楼地面完成面至吊顶或楼板或梁底面之间的垂直距离计算。层高是指从房间楼地面的结构层表面到上一层楼地面结构层表面之间的距离(图 4-4)。层高的确定可依照房间净高和结构高度要求来确定,并采用以 100mm 为单位的基本模数或升或降。

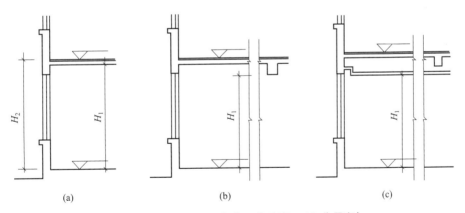

图 4-4 房间的净高和层高（H_1 为净高； H_2 为层高）

影响房间高度确定的主要因素包括以下几个方面:
(1) 室内使用性质和活动特点

房间的净高与室内使用人数的多少、房间面积的大小、人体活动尺度和家具布置等因素有关。如住宅建筑中的起居室、卧室,由于使用人数少、房间面积小,净高可以低一些,一般为 2.8m;但是集体宿舍中的卧室,由于室内人数比住宅居室稍多,又考虑到设置双层床铺的可能性,因此净高也稍高些,一般不小于 3.2m;学校的教室由于使用人数较多,房间面积更大，房间净高要高一些，一般不小于 3.6m。一些场所的房间在层高设计时还要充分考虑装饰吊顶的需求，比如商店营业厅常做吊顶装饰，需要为设备管线留出空间；公共建筑的大厅、门厅是接纳、分配人流和联系各部分的交通枢纽，高度可较其他房间适当提高，首层层高为 4.2～6.0m。

（2）采光、通风的要求

房间的高度应有利于天然采光和自然通风，以保证房间必要的学习、生活及卫生条件。室内光线的强弱和照度是否均匀，除了和平面中窗户的宽度及位置有关外，还和窗户在剖面中的高低有关。房间里光线的照射深度主要靠窗户的高度来解决，进深越大，要求窗户上沿的位置越高，即相应房间的净高也要高一些，如图 4-5 所示。公共建筑容纳人数较多的房间还必须考虑房间正常的气容量，房间的高度也会相应地增高，比如电影院等场所。

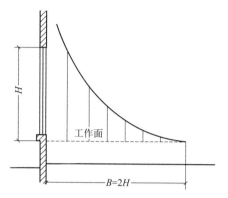

图 4-5　房间采光窗户高度与进深的关系

（3）结构高度及其布置方式的影响

从图 4-4 中可知，房间的净高比层高更小，主要是受到楼板层厚度和梁高度的影响。因此在满足房间净高要求的前提下，房间层高尺寸随楼板层和梁高度而变化。楼板愈厚，梁愈高，则需要的层高愈大，确定层高时，应考虑梁所占的空间高度。一般住宅建筑房间的开间和进深较小，多采用墙体承重，梁的高度较小，层高可以取得小一些。房间面积大的场所，比如大型商场，梁的高度较大，为使用方便，层高通常较大。

坡屋顶建筑的屋顶空间高，不做吊顶时可充分利用屋顶空间，房间层高一般比平屋顶建筑低。

（4）设备设置的要求

在民用建筑中，有些设备占据了部分房间的竖向空间，对房间的高度产生一定影响，如顶棚部分嵌入或悬吊的灯具，顶棚内外的一些空调管道、电气桥架、水管道等。尤其是大型公共空间要充分考虑设备管道在竖向上占据的层高，比如酒店的走廊通常需要布置各种设备管道，如果层高过小很容易导致后期使用不便。

（5）室内空间比例的要求

室内空间有长、宽、高三个方向的尺寸，确定房间层高时，要注意房间的高宽比例，给人以适宜的空间感。一般来说，面积大的房间高度需要高一些，面积小的房间层高可以适当降低。同时，不同的比例尺度往往给人不同的心理效果，高而窄的空间容易使人产生兴奋、激昂、向上的情绪，且具有严肃感。但过高就会令人觉得不亲切；宽而矮的空间使人感觉宁静、开阔、亲切，但过低又会使人产生压抑、沉闷的感觉。住宅建筑要求空间具有小巧、亲切、安静的气氛；纪念性建筑则要求高大的空间以造成严肃、庄重的气氛；大型公共建筑的休息厅、门厅要求具有开阔、博大的气氛。巧妙地运用空间比例的变化，使物质功能与精神感受结合起来，就能获得理想的效果。

（6）建筑经济效果

层高是影响建筑造价的一个重要因素。因此，在满足使用要求和卫生要求的前提下，适当降低层高可相应减小房屋的间距，节约用地，减轻房屋自重，改善结构受力情况，节约材料。

寒冷地区以及有空调要求的建筑，从减少空调费用、节约能源出发，层高也宜适当降低。

根据规范规定及使用要求来考虑最低净高。地下室、贮藏室、局部夹层、走道和房间的最低处的净高不应小于 2m。楼梯平台上部及下部过道处的净高不应小于 2m，梯段净高不应小于 2.20m。建筑常用的层高值见表 4-1。

表 4-1 各类建筑的常用层高值　　　　　　　　　　　　　　　　单位：m

房间名称	教室、实验室	风雨操场	办公、辅助用房	传达室	居室、卧室
中学	3.30～3.60	3.80～4.00	3.00～3.30	3.00～3.30	—
小学	3.20～3.40	3.80～4.00	3.00～3.30	3.00～3.30	—
住宅	—	—	—	—	2.70
办公楼	—	—	3.00～3.30	—	—
宿舍楼	—	—	—	—	2.80～3.30
幼儿园	3.00～3.20	—	—	—	3.00～3.20

净高的常用数值如下：

卧室、起居室大于等于 2.50m。办公、工作用房大于等于 2.70m。教学、会议、文娱用房大于等于 3.00m。走廊大于等于 2.10m。教室：小学为 3.10m，中学为 3.40m。幼儿园活动室为 2.80m，音体室为 3.60m。

4.5.2　窗台高度

窗台的高度一般与使用要求、家具及设备布置等有关。一般的窗台高度应满足人的活动行为，适应人的生理行为和心理行为。窗台过高，容易导致工作面照度不足，不能满足采光的基本要求，也限制了人望向室外的视线；窗台过低，二层以上的窗口在心理上会产生不安全感，限制人的活动行为。

大多数民用建筑的窗台高度通常取为 0.9～1.0m，高出工作面 0.1m 左右，这样既能保证工作面的照度，又低于人坐姿时的视点高度，方便向外观看。厕所、浴室的窗台一般为 1.8m；幼儿园建筑依据儿童身高尺度，窗台通常为 0.7m；公共建筑中的某些房间如餐厅、休息厅、娱乐场所、度假酒店的客房等，为了使室内阳光充足和便于人观赏室外景色，丰富室内空间，常常降低窗台高度，或采用落地窗。但必须注意，当临空的窗台高度小于 0.8m 或住宅窗台高度小于 0.9m 时，必须有安全防护措施，如安装栏杆等。

4.5.3　室内外地面高差

为了防止室外雨水流入室内导致墙身受潮，一般民用建筑常把室内地坪适当提高，以使建筑物室内外地面形成一定高差（图 4-6），但如果高差过大，室内外联系将很不方便。室内外的高差主要由以下因素确定：

（1）内外联系方便。建筑物室内外高差应方便联系，特别对于一般住宅、商店、医院等建筑，室外踏步的级数常不超过四级，即室内外地面高差不大于 600mm 为好。对于仓库一类建筑，为便于运输，在入口处常设置坡道，为不使坡道过长影响室外道路布置，室内外地面高差以不超过 300mm 为宜。

（2）防水、防潮要求。为了防止室外雨水流入室内，并防止墙身受潮，底层室内地面应高于室外地面，一般为 300mm 或 300mm 以上。对于地下水位较高或雨量较大的地区以及要求较高的建筑物，也应有意识地提高室内地面以防止室内过潮。

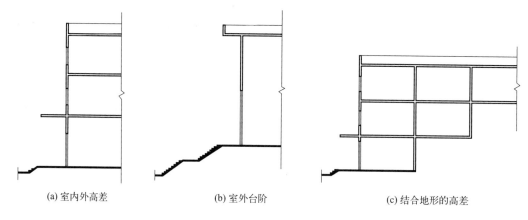

(a) 室内外高差　　　　(b) 室外台阶　　　　(c) 结合地形的高差

图 4-6　室内外高差的处理方法

（3）地形及环境条件。位于山地和坡地的建筑物，应结合地形的起伏变化和室外道路布置等因素，综合确定底层地面标高，使其既方便内外联系，又有利于室外排水和减少土石方工程量。

（4）建筑物性格特征。一般民用建筑如住宅、旅馆、学校、办公楼等，是人们工作、学习和生活的场所，应具有亲切、平易近人的感觉，因此室内外高差不宜过大。纪念性建筑除在平面空间布局及造型上反映出它独特的性格特征以外，还常借助室内外高差值，如采用高的台基和较多的踏步处理，以增强严肃、庄重、雄伟的气氛。

在建筑设计中，一般以底层室内地面标高为±0.000，高于它的为正值，低于它的为负值。

4.6　建筑高度的确定

影响确定房屋层数的因素很多，概括起来有以下几方面。

4.6.1　使用要求

住宅、办公楼、旅馆等民用建筑，人员不是十分密集，且室内空间高度较低，多由若干面积不大的房间组成，即使是灵活分隔的大空间办公室，其空间高度、房间荷载也不大。因此，这一类建筑可采用多层和高层结构形式，利用楼梯、电梯作为垂直交通工具。

对于托儿所、幼儿园等建筑，考虑到儿童的生理特点和安全问题，同时为便于室内与室外活动场所的联系，其层数不宜超过三层。医院门诊部为方便病人就诊，层数也以不超过三层为宜。

影剧院、体育馆等一类公共建筑都具有面积和高度较大、人流集中的特点，发生紧急情况时为了迅速而安全地进行疏散，宜建成低层。

4.6.2　建筑结构、材料和施工的要求

建筑结构形式和材料是影响建筑层数的主要因素。例如，一般混合结构的建筑，墙体多采用砖或砌块，自重大、整体性差，下部墙体厚度随层数的增加而增加，故常用于建造七层及七层以下的大量性民用建筑，如住宅、宿舍、中小学教学楼、普通办公楼等。钢筋混凝土

框架结构、框架-剪力墙结构、剪力墙结构及筒体结构等，由于抗水平荷载的能力较强，可用于建造高层或超高层建筑，如高层宾馆、高层办公楼、高层住宅等，其建造材料主要是钢及钢筋混凝土。而这些结构类型及所用材料不仅解决了高层建筑的结构体系和建筑材料问题，同时也解决了大空间、大跨度建筑的难题，如网架结构、薄壳结构、悬索结构等都是大跨度建筑的主要结构体系，适用于体育馆、影剧院等单层、低层大跨度建筑。表4-2、图4-7分别表示各种结构体系的适用层数及高层建筑的结构体系。此外，建筑的施工条件、起重设备、吊装能力以及施工方法等均对层数有所影响。

表4-2 各种结构体系的适用层数

体系名称	框架	框架剪力墙	剪力墙	框筒	筒体	筒中筒	束筒	带刚臂框筒	巨型支撑
适用功能	商业、娱乐、办公	酒店、办公	住宅、公寓	办公、酒店、公寓	办公、酒店、公寓	办公、酒店、公寓	办公、酒店、公寓	办公、酒店、公寓	办公、酒店、公寓
适用层数（高度）	12层（50m）	24层（80m）	40层（120m）	30层（100m）	100层（400m）	110层（450m）	110层（450m）	120层（500m）	150层（800m）

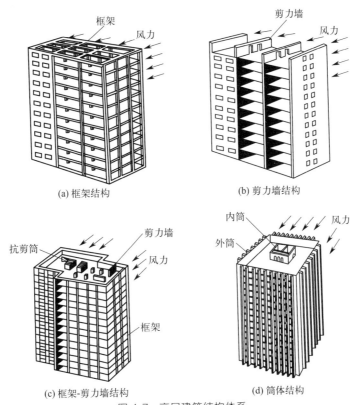

图4-7 高层建筑结构体系

4.6.3 建筑基地环境与城市规划的要求

房屋的层数与所在地段的大小、高低起伏变化有关。如在相同建筑面积的条件下，基地范围小，底层占地面积也小，相应层数也可能多一些；地形变化陡，从减少土石方、布置灵活考虑，建筑物的长度、进深不宜过大，从而建筑物的层数也可相应增加。

此外，确定房屋的层数也与建筑设计的其他部分一样，不能脱离一定的环境条件。特别是在城市街道两侧、广场周围、风景园林区等，必须重视建筑与环境的关系，做到与周围建筑物、道路、绿化等协调一致，要符合各地区城市规划部门对整个城市面貌的统一要求。

4.6.4 建筑防火要求

按照《建筑设计防火规范（2018年版）》的规定，建筑物层数应根据不同建筑的耐火等级来决定。如一、二级的民用建筑物，原则上层数不受限制；三级的民用建筑物，允许层数为1～5层（表4-3）。

表4-3 民用非高层建筑的耐火等级、层高和面积

耐火等级	最多允许层数	防火分区的最大允许建筑面积/m²	备注
一、二级	不限	2500	（1）体育馆、剧院的观众厅，展览建筑的展厅，其防火分区最大允许建筑面积可适当放宽； （2）托儿所、幼儿园的儿童用房和儿童游乐厅等儿童活动场所不应超过三层或设置在四层及四层以上楼层或地下、半地下建筑（室）内
三级	5	1200	（1）托儿所、幼儿园的儿童用房和儿童游乐厅等儿童活动场所、老年人建筑和医院、疗养院的住院部分不应超过两层或设置在三层及三层以上楼层或地下、半地下建筑（室）内； （2）商店、学校、电影院、剧院、礼堂、食堂、菜市场不应超过两层或设置在三层及三层以上楼层
四级	5	600	学校、食堂、菜市场、托儿所、幼儿园、老年人建筑、医院等不应设置在二层

4.7 建筑空间的组合与利用

建筑空间的组合就是根据内部使用要求，结合基地环境等条件，将各种不同形状、大小、高低的空间组合起来，使之成为使用方便、结构合理、体型简洁且美观的整体。

4.7.1 建筑空间的组合方式

空间组合方式的选择是建筑剖面设计中最为重要的内容，应根据使用性质和使用特点进行合理的垂直分区，做到分区明确、流线清晰、合理利用空间。设计人员在进行剖面组合方式设计时，首先要考虑各类房间的高度，同时也要考虑剖面的形状，另外，每个房间都有不同的使用要求，各个房间的结构布置也有很大不同，因此这些因素都要考虑在内。建筑剖面设计中的空间剖面组合实际上，可以采用单一形式，也可以采用混合的方式。不同类型的建筑通常采取不同的组合方式。

（1）以大空间为主体的空间组合

有的建筑如影剧院、体育馆（图4-8）等，虽然有多个空间，但其中有一个空间是建筑的主要房间，其面积和高度都比其他房间大得多。空间组合常以大空间（比赛大厅、观众厅、演出厅等）为中心，在其周围布置小空间（运动员休息室、更衣室、设备用房以及其他辅助空间），或将小空间布置在大厅看台下面，充分利用看台下的结构空间。这种组合方式应处理好辅助空间的采光、通风以及运动员、工作人员的交通问题。

（2）以小空间为主体的空间组合

有些建筑类型以小空间为主，但由于功能要求还需布置少量大空间，如教学楼中的阶梯教室、办公楼中的报告厅、商住楼中的营业厅等。这类建筑在空间组合中常以小空间为主形

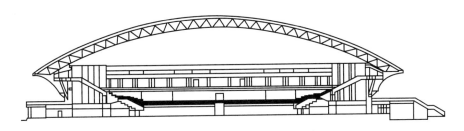

图 4-8 某体育馆剖面

成主体,将大空间附建于主体建筑旁,从而不受层高与结构的限制;或将大小空间上下叠合起来,分别将大空间布置在顶层或一、二层,如图 4-9 所示。

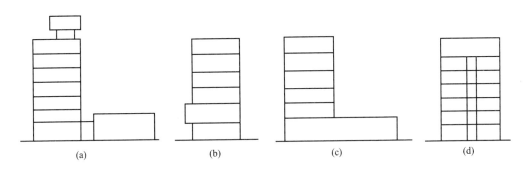

图 4-9 大小、高低不同的空间组合

(3) 综合性空间组合

有的建筑为了满足多种功能的要求,常由若干大小、高低不同的空间组合起来形成多种空间的组合形式。如文化宫建筑中有较大空间的电影厅、餐厅、健身房等,同时又有阅览室、门厅、办公室等房间。又如图书馆建筑中的阅览室、书库、办公用房等在空间要求上也不一致。对于这一类复杂空间的组合不能仅局限于一种方式,要综合采用多种组合方式才能满足功能需求和艺术性要求。

(4) 错层式空间组合

当建筑物内部出现高低差,或由于地形的变化使房屋几部分空间的楼地面出现高低错落现象时,可采用错层的处理方式使空间取得和谐统一。

比如教学楼、办公楼、酒店等,为了丰富门厅空间变化并得到合适的空间比例,常将门厅地面降低,以踏步或楼梯联系各层楼地面,如图 4-10 所示。室外地形起伏变化造成建筑几部分楼地面高低错落,可以随地形变化灵活地进行错落布置,利用楼梯解决高差,如图 4-11 所示。

4.7.2 建筑空间的利用

通常情况下,高度相同或者是使用性能比较类似的房间都可以进行空间上的组合,比如教室、实验室。如果建筑房间的高度非常接近,而且使用性能也非常类似,为了能够使得建筑房屋设计更加的合理有效,并且方便施工,设计人员可以在不影响室内功能的前提下,对这些房间高差加以调整,使其基本上一致,进而能够进行组合。充分利用建筑物内部的空间,实际上

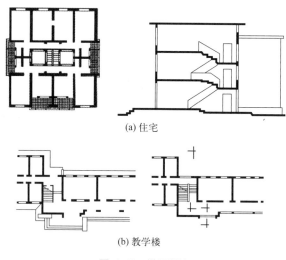

图 4-10 错层做法

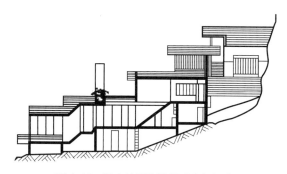

图 4-11 顺应地形的错层式空间组合

是在建筑占地面积和平面布置基本不变的情况下，起到了扩大使用面积、节约投资的效果。同时，如果处理得当还可以改善室内空间比例，丰富室内空间。例如教学楼平面设计中，由于平面结构布置时是从这些房间功能要求（要求它们组合在一起）上考虑的，因此应把它们调控为同一高度，而阶梯教室一般被放置于平面的一端，由于和普通教室的高度相差较大，故采用单层剖面并附属于教学楼；体育馆比赛大厅、图书馆阅览室、宾馆大厅等，常采用在大厅周围布置夹层空间的方式，以达到充分利用室内空间及丰富室内空间效果的目的。

建筑空间的利用涉及建筑的平面设计和剖面设计，剖面设计主要是对竖向的空间利用进行设计，在不影响主体空间的基础上增加可利用的空间，还可以丰富空间的层次，因此，最大限度地合理利用空间扩大使用面积是空间组合的重要内容。

（1）夹层空间的利用

有些建筑内部空间大小很不一致，如体育馆的比赛大厅、候机楼的候机大厅等，它们的空间高度都很大，因此可采用在这些大空间中设夹层的方法形成空间，作为辅助用房或其他功能性用房，这样既能提高大厅的利用率，又可改善室内空间的艺术效果，如图 4-12 所示。

（2）房间上部空间的利用

房间上部空间主要指除了人们日常活动和家具布置以外的空间。住宅建筑中，上部空间的利用比较常见，如在上部空间设置搁板、吊柜等，可有效增加储藏空间，如图 4-13 所示。

图 4-12 夹层空间的利用

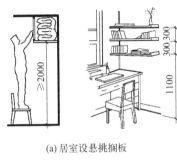

(a) 居室设悬挑搁板　　　　(b) 居室设吊柜　　　　(c) 厨房设吊柜

图 4-13 房间上部空间的利用

（3）结构空间的利用

建筑结构构件（比如墙体）往往会占用较多的室内空间，如果能够结合建筑结构形式及特点，对结构构件的间隙加以利用，就能争取到更多的室内空间，如利用坡屋顶的山尖部分，可以设置搁板、阁楼等。

（4）走道及楼梯间空间的利用

民用建筑的走道面积和宽度一般都较小，但却与其他房间的高度相同，空间浪费较大，设计时可以利用走道上部空间布置设备管道及照明线路。室内楼梯的底层休息平台下，至少有半层的高度，楼梯下部空间可作家具布置处理，如开敞的置物架或储藏柜等。民用建筑中还可通过降低楼梯间首层平台下地面标高和增加第一梯段高度的方法来增加平台下的净空高度，进而将其改造为辅助用房或储藏室，如图 4-14 所示。

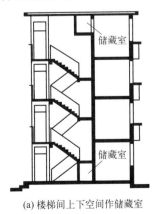
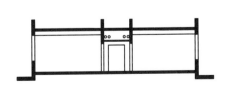

(a) 楼梯间上下空间作储藏室　　　　(b) 走道上空作技术层

图 4-14 走道及楼梯间空间的利用

思考题

4-1 如何确定房间的剖面形状？试举例说明。

4-2 什么是层高、净高？确定层高与净高应考虑哪些因素？试举例说明。

4-3 房间窗台高度如何确定？试举例说明。

4-4 室内外地面高差由什么因素确定？

4-5 确定建筑物的层数应考虑哪些因素？试举例说明。

4-6 建筑空间组合有哪几种处理方式？

4-7 建筑空间的利用有哪些处理手法？

第 5 章
建筑体型和立面设计

 学习目标

基本掌握建筑造型的基本原则和方法，了解建筑体型与立面设计的主要内容与特点，掌握形状原理和形式构图的一般知识。了解建筑体型与立面设计的影响因素，掌握建筑经典形式的构图法则，了解建筑美学规律。

5.1 概述

建筑是技术与艺术的结合，不仅要满足人们生产、生活等物质功能的要求，而且要满足人们精神文化方面的要求。为此，不仅要赋予它功能实用属性，同时也要追求外观造型美观。建筑的美观主要通过体型及外部造型的艺术处理来体现，也涉及建筑的内部空间布局，而其中建筑物的外观形象是人们对建筑的第一印象，对人的精神感受上产生的影响尤为深刻。

建筑体型和立面设计是整个建筑设计的重要组成部分，能够反映建筑物内部的空间特征，但不等同于对内部空间设计的简单加工处理，并且应当与建筑平面、剖面设计同时进行，贯穿整个建筑设计过程。在方案设计初始阶段，应在使用功能、物质技术条件等的制约下按照美学原则，考虑建筑体型及立面的雏形。随着设计不断深入，在平面、剖面设计的基础上对建筑外部形象从总体到细部反复进行推敲，达到形式与内容的统一，这是建筑体型和立面设计的基本方法。

每一幢建筑物都具有自己独特的形象，建筑的美观问题在一定程度上反映了社会的文化生活、精神面貌、时代特征和经济发展情况。但建筑形象还要受到不同地域的自然条件、社会条件、不同民族的生活习惯和历史文化传统等因素的影响，反映出特定的历史时期、特定的民族和地域特征。不同类型的建筑对艺术方面的要求不同，具有纪念性、象征性、标志性的建筑，其形象和艺术效果常常起着决定性的作用。建筑的这种物质和精神的双重功能属性，使建筑的体型与立面设计显得十分重要。

5.2 体型和立面设计的影响因素

（1）使用功能

不同功能要求的建筑，具有不同的内部空间组合特点，而室内空间与外部形象又往往是不可分割的有机整体，建筑的外部体型和立面应该表现出建筑室内空间的要求，并充分表现建筑物的不同特征，达到形式与内容的辩证统一。建筑的外部形象若能充分地反映出内部的空间特征，那么该建筑具备了强烈的可识别性，即形式随从功能。

采用适当的建筑艺术处理方法来强调建筑的个性，使其更为鲜明、突出，有效地区别于其他建筑。如图 5-1(a) 所示的住宅建筑，体型上进深较小，立面上常以较小的窗户和入口、分组设置的楼梯和阳台反映住宅建筑的特征。图 5-1(b) 所示的教学楼，室内采光要求高，人流出入较多，立面上高耸明亮，窗户排列有致。商业建筑中采用大面积的玻璃陈列橱窗，排列宽敞明亮的窗户，适宜的人流入口，体现了商业建筑热闹繁华的建筑立面特征，如图 5-1(c) 所示。影剧院建筑通过封闭空间的观众厅、舞台和休息厅等部分的体量组合和虚实对比表现出建筑的明朗、轻快、活泼的特征，如图 5-1(d) 所示。

(a) 住宅建筑

(b) 学校教学楼

(c) 商业建筑

(d) 影剧院建筑

图 5-1　不同建筑结构的外形特征

（2）审美需求

建筑体型和立面设计中的美学原则，是指建筑构图的基本规律，例如均衡与稳定、主从与重点、对比与协调、比例与尺度、韵律与节奏等，这些基本原则，不仅适用于单体建筑的外部，而且同样适用于建筑内部空间处理和总体布局。建筑风格具有时代性和地域性，在一定程度上体现并符合建筑功能，任何建筑都是功能与形式的统一体。建筑具有历史和文化属性，标志性建筑更是时代、国家和民族的象征。建筑的外观形象要充分考虑其承载的精神和审美方面的要求，如图 5-2 所示。

图 5-2　古代宫殿建筑

（3）技术条件

建筑不同于一般的艺术品，它必须使用大量的材料和一定的技术并通过适宜稳定的结构形式等手段才能建成。因此，建筑体型及立面设计必然在很大程度上受到物质技术条件的制约，并反映结构、材料和施工的特点。

建筑是运用大量的建筑材料，通过一定的技术手段建造起来的，在很大程度上受到物质和技术条件的制约。可以说，没有将建筑构思变成物质现实的物质基础和工程技术，就谈不上建筑艺术。建筑体型和立面设计要符合工程技术逻辑，与建筑的结构形式、材质构造相配合，从而创造出技术与艺术相融合的建筑作品。

结构形式不同，会导致建筑体型和立面设计的根本性变化。不同受力特点，反映在体型和立面上也截然不同。例如，砌体结构，由于外墙要承受结构的荷载，立面开窗需要避开传力路线，开窗的自由度受到严格的限制，因而其外部形象就显得呆板厚重；框架结构由于其外墙不承重，则可以开大窗或带形窗，外部形象就显得开敞、轻巧；空间结构不仅为大型活动提供了理想的使用空间，同时各种形式的空间结构又赋予建筑极富感染力的独特外部形象。图 5-3、图 5-4 所示是不同结构类型形成的建筑外部形象。

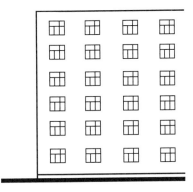

图 5-3 混合结构

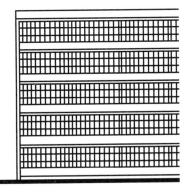

图 5-4 框架结构建筑

适宜的空间大小能为各种室内活动提供理想的使用空间，而独特的空间结构能让建筑更具感染力，使建筑物的体型和立面设计能够结合材料的力学性能和结构特点，具有更好的表现力，如图 5-5 所示为各种空间结构的建筑形象。

(a) 折板结构

(b) 双曲面薄壳结构

(c) 网架穹窿薄壳结构

(d) 悬索结构

图 5-5 各种空间结构的建筑形象

各种不同的施工技术对建筑体型和立面设计也有一定的影响，如滑模建筑、升板建筑、盒子建筑等各种建筑采用了工业化施工方法，具有不同的特征。此外，不同材料的运用，在很大程度上会影响建筑作品的外观效果，如石墙与砖墙，两者表现的艺术效果明显不同；玻璃幕墙建筑和石墙建筑等给人带来不同的观感和体验。

（4）城市规划和环境条件

建筑本身就是构成城市空间和环境的重要因素，它不可避免地要受到城市规划、基地环境的一些制约，位于城市街道和广场的建筑物，一般由于用地紧张，受城市规划约束较多，建筑造型设计要密切结合城市道路、基地环境、周围原有建筑物的风格及城市规划部门的要求等。

位于自然环境中的建筑要因地制宜，结合地形起伏变化使建筑高低错落，层次分明并与环境融为一体。如著名美国建筑师赖特设计的流水别墅，建于幽雅的山泉峡谷之中，造型多变，高低悬挑的钢筋混凝土平台纵横错落、互相穿插，凌跃于奔泻而下的瀑布之上，建筑与山石、流水、树林的巧妙结合使建筑融于环境之中。

（5）适应社会经济条件

建筑物的总体规划、建筑空间组合、材料选择、结构形式、施工组织和维修管理等都应考虑经济因素。对于各种不同类型的建筑物，应根据其不同规模、性质、重要程度以及地区特点等因素，执行国家规定的建筑标准，完成相应的经济指标，在建筑用材、结构类型和内外装修等方面根据标准进行选择，防止材料的浪费。同时，也要防止片面节约，盲目追求低标准导致功能不合格、建筑形象破坏和建筑物频繁维修等费用的增加。

建筑外形的艺术美并不是以投资的多少来决定的。只要充分发挥设计者的主观能动性，在一定的经济条件下，巧妙地运用专业技术手段和创新思想，同样可以保障建筑物的安全性、观赏性和经济性。

5.3　建筑体型与立面的构图方法

建筑构图技法的相关理论和总结通常称为建筑构图原理，或者建筑构图理论。从广义上讲，建筑构图原理是建筑理论的一部分，它研究建筑作品形式构成的客观规律，建筑历史发展过程中形成的构图因素、构图手法、构图规律及运用方法。其目的在于，促使我们合理地、现实地、科学地完成建筑设计任务。

（1）统一与变化

统一与变化是形式美的根本规律，形式美的韵律、节奏、主从、对比、比例、尺度等是统一与变化在各方面的体现。统一与变化是缺一不可的，建筑有统一而无变化会让人感到呆板、单调、不丰富；无统一而有变化，会使建筑显得杂乱、烦琐、无秩序。创造美的建筑需要掌握如何恰当地运用统一与变化形式美的基本法则。建筑统一与变化有以下几种基本手法：

① 以简单的几何形体求统一

任何简单的几何形体都具有一种必然的统一性，如圆柱体、圆锥体、长方体、正方体、球体等，这些形体也常常用于建筑。因为它们的形状简单，很容易取得统一。如我国古代的天坛、园林建筑中的亭台常以简单的几何形体给人以明确统一的印象。又如美国西格拉姆大厦，以简单的几何形体获得高度统一、稳定的效果。

② 主从分明，以陪衬求统一

复杂体量的建筑根据功能的要求常包括有主要部分和从属部分，在外形设计中，恰当地处理好主要与从属、重点与一般的关系，使建筑形成主从分明，以次衬主的关系，就可以加强建筑的表现力，取得完整统一的效果。

③ 以协调求统一

建筑应该具有统一性，包括建筑的单体和建筑的群体，从整体视觉上都应具有协调统一的形象，这是人们对建筑体型和立面评价的原则。当前有些建筑单体或群体所塑造的形象之所以不那么完美动人，而充满了不完整感，杂乱无章感，相互矛盾冲突感，彼此不呼应、离散感等等，很大程度上是因为忽视或违背了建筑协调统一的规律。

（2）均衡与稳定

均衡主要研究建筑物各部分前后左右的轻重关系，并使建筑形象给人以安定、平衡的感觉。在建筑构图中，均衡与力学的杠杆原理是有一定联系的。建筑设计中根据均衡中心位置的不同，又可分为对称式均衡和非对称式均衡。对称式建筑是绝对均衡的，以中轴线为中心并加以强调，两侧对称容易取得完整统一的效果，给人以雄伟、端庄、肃穆等心理感受，适用于办公、纪念性等建筑；非对称式均衡将建筑外形处理成不对称的，它的均衡中心是利用建筑体量的错落、建筑形体的虚实变化、建筑立面材质和色彩的不同实现的。如图5-6和图5-7所示。

稳定一般是指建筑物上下之间的轻重关系，由底部向上逐渐缩小的建筑易获稳定感。而随着科技的进步和人们审美观点的发展变化，利用新材料、新结构，上大下小的体型经过合理的设计同样可以达到稳定的效果。

图5-6　上海环球金融中心
（对称式的均衡与稳定）

图5-7　奥黛丽·艾玛斯馆
（非对称式的均衡与稳定）

（3）比例与尺度

比例是指长、宽、高三个方向的大小关系，建筑物从整体到局部、局部到细部之间都存在着一定的比例关系。例如，整个建筑的长、宽、高之比；各房间长、宽、高之比；立面中的门窗与墙面之比；门窗本身的高、宽之比等。在建筑设计中，要注意把握建筑物及其各部分的相对尺寸关系，比如大小、长短、宽窄、高低、粗细、厚薄、深浅、数量等，适宜的尺寸比例关系能给人以美的感受。

尺度是指建筑物的整体或局部给人的视觉大小和实际大小之间的关系。在设计中，人们常常以人或与人体活动有关的不变因素如门、台阶、栏杆、扶手、踏步等作为比较标准，得到体现建筑物整体与局部的正确尺度感。正确的尺度和协调的比例，是立面完整统一的重要方面之一。

（4）韵律与节奏

韵律是指在建筑构图中有组织的变化和有规律的重复，这种变化与重复能形成以条理性、重复性、连续性为特征的有节奏的韵律感，给人以美的感受。在建筑造型中，常用的韵律手法有连续的韵律、渐变的韵律、起伏的韵律、交错的韵律，如图 5-8 至图 5-11 所示。建筑物的体型、门窗、墙柱等的形状、大小、色彩、质感的重复和有组织的变化，都可以形成韵律来加强和丰富建筑形象。

图 5-8 连续的韵律

图 5-9 渐变的韵律

图 5-10 交错的韵律

图 5-11 起伏的韵律

（5）对比

建筑造型中的对比具体表现在体量的大小、高低、形状、方向、线条曲直、横竖、虚实、色彩、质地、光影等，如图 5-12 和图 5-13 所示。在同一因素之间通过对比、衬托，就能产生不同的形象效果。在建筑设计中恰当地运用对比的强弱也是取得统一与变化的有效手段。

图 5-12 虚实对比

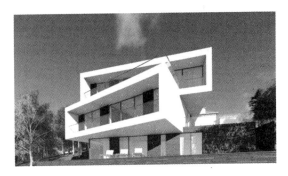
图 5-13 凹凸对比

5.4 建筑体型设计

建筑体型是指建筑物的轮廓形状,它反映了建筑物总体的体量大小、组合方式以及比例尺度等。在进行建筑平面和空间组合设计时,应根据建筑功能、环境条件和结构布置,对房屋体型做适当处理,使体型组合主次分明、比例恰当,各部分体量交接明确、简洁明了,外形轮廓高低起伏、富有变化,整体布局均衡稳定,既统一又有变化。建筑体型主要分为单一体型、单元组合体型、复杂体型。

5.4.1 体型组合方式

(1) 单一体型

单一体型是指将复杂的内部空间组合在一个体型中,整体建筑物基本上是一个完整的、简单的几何形体。平面形式多采用正方形、矩形、圆形、三角形、多边形、风车形和 Y 形等单一几何形状。这类体型的建筑特点是体型单一、轮廓鲜明、简洁大方,没有明显的主次关系和组合关系,给人以统一完整且强烈鲜明的印象,如图 5-14 所示。

(2) 单元组合体型

单元组合体型是将几个独立体量的单元按一定方式组合起来,一般民用建筑如住宅、学校、医院等常采用单元组合体型。这类体型的建筑特点是组合灵活,能够结合基地大小、形

图 5-14 法国卢浮宫

状、朝向、道路走向、地形起伏变化,建筑单元可随意增减,高低错落,可形成一字形、锯齿形、台阶式等体型。

(3) 复杂体型

复杂体型是由两个以上的简单体量组合而成的体型,适用于功能关系复杂的建筑物。由于复杂体型存在着多个体量,体量与体量之间相互协调与统一时应着重主次关系,组合时运用体量的大小、形状、方向、高低、曲直等方面的对比突出主体,主从分明,巧妙结合以形成有组织、有秩序、又不杂乱的完整统一体。在进行复杂体型设计时,还应注意各体量之间

的相互协调统一，遵循构图规律。复杂体型一般可分为对称和不对称两种。

① 对称式。对称式复杂体型的特点是平面具有明确的建筑轴线和主从关系，主要体量和主要出入口一般都设在中轴线上。这种组合方式常给人以比较严谨、庄重、匀称和稳定的感觉。一些纪念性建筑、行政办公建筑或要求庄重一些的公共建筑常采用这种组合方式，如图 5-15 所示。

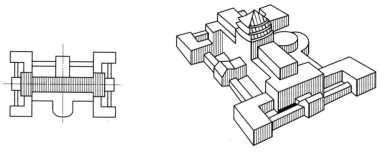

图 5-15　中国美术馆

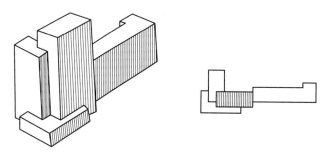

图 5-16　不对称式复杂体型

② 不对称式。不对称式复杂体型的特点是平面显著的轴线关系，根据功能要求将体量、形状、方向、高低、曲直各不相同的体量组合在一起，布置比较灵活，给人以生动、活泼的感觉，如图 5-16 所示。

5.4.2 体型的转折与转角处理

体型的组合往往受到所处地形和位置的影响，如在十字、丁字或任意转角的路口或地带布置建筑物时，为了创造较好的建筑形象及环境景观，必须对建筑物进行转折或者转角处理，实现与地形环境的协调。转折与转角的处理应顺自然地形，充分发挥地形环境优势，合理进行总体布局。

根据功能和造型的需要，转折地带的建筑体型常采用主附体结构，以附体陪衬主体、主从分明；也可采取局部体量升高以形成塔楼的形式，以塔楼控制整个建筑物及周围道路，使交叉口、主要入口更加醒目，如图 5-17 所示。

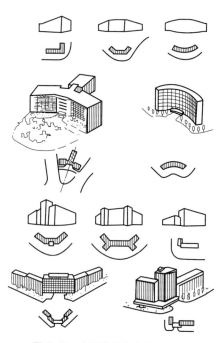

图 5-17　体型的转折与转角处理

5.4.3 体量的联系与交接

体型组合中各体量之间的交接如何，直接影响建筑物的外部形象。在组合设计中，常采用直接连接、咬接及走廊和连接体连接的交接方式，如图 5-18 所示。

（1）直接连接：在体型组合中，将不同体量的面直接相连，称之为直接连接。此种方式具有体型分明、简洁、整体性强的优点，常用于在功能上要求各房间联系紧密的建筑，如图 5-18(a)。

（2）咬接：各体量之间相互穿插，体型较复杂，组合紧凑，整体性较强，较直接连接容易获得整体的效果，是组合设计中较为常用的一种方式，如图 5-18(b) 所示。

（3）走廊和连接体连接：此方式具有各体量之间相对独立又相互联系的特点，走廊的开敞或封闭、单层或多层，常随不同功能、地区特点及创作意图而定，体型给人以轻快、舒展的感觉，如图 5-18(c)、(d)。

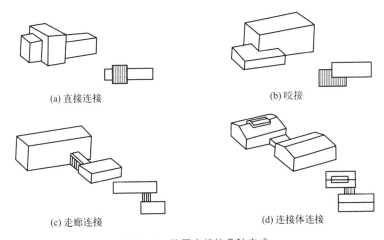

图 5-18　体量交接的几种方式

思考题

5-1　影响建筑体型及立面设计的因素有哪些？
5-2　建筑构图中，尺度的含义是什么？通常有哪些尺度的处理方法？
5-3　建筑体型组合有哪几种方式？
5-4　简要说明建筑立面的具体处理手法。
5-5　建筑立面图的绘制应注意哪些问题？

第 2 篇
建筑构造

第 6 章
建筑构造概述

 学习目标

了解建筑物的分类和影响建筑构造的因素,理解建筑构造的任务和设计原则,掌握民用建筑的构造组成,熟悉工业建筑的构造组成。

6.1 建筑构造的研究对象与任务

建筑构造是研究建筑物的组成及各组成部分的构造原理和方法的学科,具有很强的实践性和综合性,是建筑设计不可分割的一个部分。对任一建筑物进行拆分,不难发现,建筑物是由基础、柱子、梁和屋顶等诸多构件按一定的空间逻辑关系组合而成的。根据建筑物的使用性质,可将建筑物分为民用建筑、工业建筑和农业建筑。其中,民用建筑又分为居住建筑和公共建筑;工业建筑包含工业厂房和仓库等;农业建筑包含种子库、拖拉机站和饲养牲畜用房等。按建筑物的使用功能,通常可将建筑物分为生产性建筑(工业建筑、农业建筑等)和非生产性建筑(民用建筑)。本章主要对民用建筑和工业建筑部分进行介绍。

建筑构造的任务是针对拟建建筑物的功能、造型、材料性质、结构形式和施工方法等要求,结合该建筑物所在地的地形地质、技术经济、气候特征等条件,综合运用建筑物理、建筑力学、建筑结构、建筑材料、建筑施工以及建筑经济等相关方面的知识,设计符合适用、安全、经济、绿色、美观和合理的构造方案,并以此作为施工图设计和节点详图绘制等的依据。

6.2 民用建筑与工业建筑的构造组成

建筑物的构造组成可按空间位置和构件主要功能等进行划分。

按空间位置,以室外地面为界,可将建筑物分为上部结构和下部结构。上部结构由水平结构体系和竖向结构体系组成,其中,水平结构体系由各层的楼盖和顶层的屋盖组成,一方面承受楼、屋面的竖向荷载并将竖向荷载传给竖向结构体系,同时将作用在各层处的水平力传递和分配给竖向结构体系;竖向结构体系又称抗侧力结构体系,主要承受由楼、屋盖传来的竖向力和水平力并传给下部结构。下部结构主要由地下室和基础组成,其作用是将上部结构传来的力传给天然地基或人工地基。

按构件主要功能，可将建筑物主要分为承载结构和围护结构。其中，承载结构主要由基础、墙体（柱）、屋盖和楼梯等组成，以承受作用在建筑物上的荷载；围护结构主要由门窗、女儿墙、非承重隔墙等组成，起到维护安全、保温、隔声和防水等作用。

6.2.1 民用建筑的构造组成

民用建筑主要由基础、墙（柱）、楼板层、地坪层、屋顶、楼（电）梯、门窗等几部分组成，如图6-1所示。

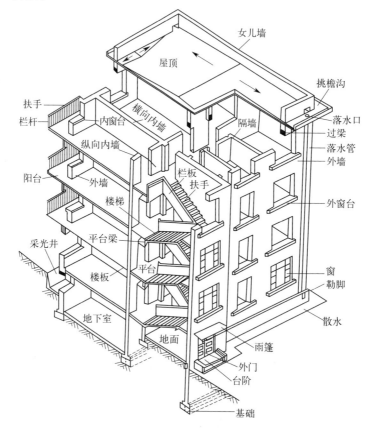

图6-1 民用建筑的构造组成

（1）基础

基础是房屋底部与地基接触的承重构件，承受着建筑物的全部荷载，并将这些荷载连同自身自重一起传给下面的土层（地基）。因此，要求基础必须具备坚固性、稳定性和可靠性，同时应能抵御地下各种因素的侵蚀。

（2）墙（柱）

墙是建筑物竖直方向的承重构件和围护构件。作为承重构件，墙承受着建筑物由屋顶或楼板层传来的荷载，并将这些荷载传给基础。作为围护构件，外墙起着抵御自然界各种因素（温度、湿度、风、雨和雪等）对室内的侵蚀作用，内墙起着分隔房间、美化和装饰室内环境的作用。

（3）楼板层

楼板层是建筑物水平方向的围护构件和承重构件。楼板层将建筑物分隔为上下空间，承受作用其上的家具、设备、人体、隔墙等荷载及楼板自重,并将这些荷载传给墙或柱。作为楼板层,其也起着对墙(柱)的水平支撑作用,以此来增加墙(柱)的稳定性。楼层必须具有足够的强度和刚度,根据上下空间的特点,楼层还应具有耐磨、隔声防噪、防潮防水等功能。

(4)地坪层

地坪层是建筑物底层房间与土层相接触的构件,它承受底层房间内的荷载,并将其传给地基。地坪层应具有一定的强度和刚度,并应具有耐磨、防潮防水、保温等功能。不同的地坪层,其应具备的功能不一定相同。

(5)屋顶

屋顶是建筑物顶部的围护构件和承重构件。作为承重构件,屋顶需承受作用其上的全部荷载,并将这些荷载传给墙或柱;作为围护构件,需抵御自然界的雨、雪、风、太阳辐射等对建筑物的侵袭。因此,屋顶除应具备足够的强度、刚度以及耐久性外,还应具有防潮防水、保温隔热、隔声防噪等功能。

(6)楼(电)梯

楼(电)梯是多层建筑的垂直交通设施,方便人们平时上下楼层以及紧急状态时起通行和疏散的作用。楼(电)梯应具有足够的通行能力,具备防水和防滑功能,同时符合坚固、稳定、耐磨和安全等要求。

(7)门窗

门和窗均属于围护构件,具有通行人流、分隔房间和通风采光等作用,要求能保温、隔热、隔声和防风防雨等。

6.2.2 工业建筑的构造组成

工业建筑主要由屋盖结构、吊车梁、柱子、基础、外墙围护系统和支撑系统等几部分组成,以单层工业厂房为例,如图6-2所示。

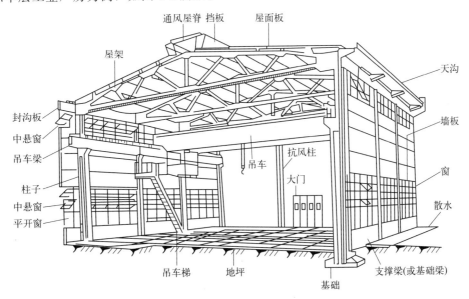

图6-2 工业建筑(单层工业厂房)的构造组成

(1) 屋盖结构

包括屋面板、屋架（或屋面梁）及天窗架、托架等。屋面板直接铺在屋架或屋面梁上，承受其上面的荷载，并传给屋架或屋面梁。屋架（屋面梁）是屋盖结构的主要承重构件，屋面板上的荷载、天窗荷载都要由屋架（屋面梁）承担，屋架（屋面梁）搁置在柱子上。

(2) 吊车梁

吊车梁安放在柱子伸出的牛腿上，它承受吊车自重、吊车较大起重量以及吊车刹车时产生的冲切力，并将这些荷载传给柱子。

(3) 柱子

柱子是厂房的主要承重构件，它承受着屋盖、吊车梁、墙体上的荷载以及山墙传来的风荷载，并把这些荷载传给基础。

(4) 基础

承担作用在柱子上的全部荷载，以及基础梁上部分墙体荷载，并将荷载传给地基，一般以独立基础为主。

(5) 外墙围护系统

包括厂房四周的外墙、抗风柱、墙梁和基础梁等。这些构件所承受的荷载主要是墙体和构件的自重以及作用在墙体上的风荷载等。

(6) 支撑系统

支撑系统包括柱间支撑和屋盖支撑两大部分，其作用是加强厂房结构的空间整体刚度和稳定性，主要传递水平风荷载以及吊车产生的冲切力。

6.3 影响建筑构造的因素

当建筑物投入使用后，会受到多种因素的作用，可能对其耐久性和稳定性等造成影响。为提高建筑物对外界各种影响的防御能力，延长使用寿命，在进行建筑构造设计时，须充分考虑各种影响建筑构造的因素，提出合理的构造方案，以降低各影响因素所带来的不良影响，使其能够更好地满足使用功能的要求。影响建筑构造的因素大致可分为如下几方面：外力作用、自然因素、人为因素和其他因素。

(1) 外力作用

作用在建筑物上的外力称为荷载。荷载的大小是结构设计的主要依据，也是结构选型的重要基础，它决定了构件的尺寸和用料，而构件的选材、尺寸、形状等又和构造密切相关。忽视外力的作用极易影响建筑物结构的稳定性。因此在确定建筑构造方案时，应考虑外力的影响。

荷载有静荷载（如建筑物的自重）和动荷载之分。动荷载又称活荷载，如人流、家具、设备、风、雪以及地震荷载等，其中风荷载对高层建筑的影响不可忽视，尤其是在沿海地区，风力往往是影响高层建筑水平荷载的主要原因。此外，我国有五大地震带，分布广阔，地震力是目前对建筑物影响最大也最严重的一种因素。因此，在进行构造设计时，应根据该建筑物所在地的实际情况予以设防。

(2) 自然因素

① 气候条件的影响

我国幅员辽阔，各地区气候差异较大，如南方炎热潮湿的气候环境，易影响建筑构件强度和耐久性；而北方寒冷，地基和建筑构件易受冻害影响。此外，太阳辐射、风、雨、雪、霜等都是影响建筑物功能和构件质量的重要因素，如图6-3所示，如建筑物构件因热胀冷缩而开裂，出现渗水、漏水甚至破坏的情况。

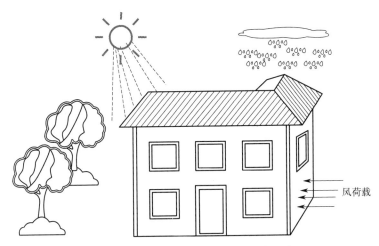

图6-3 影响建筑物功能和质量的气候因素

为防止气候变化对建筑物构件造成破坏，保证建筑物的正常使用，往往在建筑构造设计时，对各有关部位采取必要的防范措施，如防潮、防水、保温、隔热和设变形缝等。为了使建筑构造设计适应我国的气候条件，做到因地制宜，《民用建筑热工设计规范》（GB 50176—2016）中给出了建筑热工设计的5个一级区划和对应的设计原则，详见表6-1。

表6-1 建筑热工设计一级区划和设计原则

区划名称	建筑设计原则	代表城市
严寒地区	必须充分满足冬季保温要求，一般可不考虑夏季防热	哈尔滨、呼和浩特、乌鲁木齐
寒冷地区	应满足冬季保温要求，部分地区兼顾夏季防热	北京、西安、拉萨、喀什
夏热冬冷地区	必须满足夏季防热要求，适当兼顾冬季保温	重庆、武汉、上海、南京
夏热冬暖地区	必须充分满足夏季防热要求，一般可不考虑冬季保温	广州、南宁、福州、海口
温和地区	部分地区应考虑冬季保温，一般可不考虑夏季防热	昆明、大理、贵阳、西昌

② 工程地质条件的影响

工程所在地区与建筑工程有关的地质环境各项因素的综合称为工程地质条件。其中所指的因素包括：地层的岩性、地质构造、水文地质条件、地表地质作用、地形地貌等等，这些因素涉及土体的承载能力、建筑物的稳定性、地下水对建筑材料的不利作用和建筑物抗震等方面，如湿陷性黄土在浸水后出现不均匀沉陷会对地基及建筑物造成破坏，地下水位较高时可能导致地下室底板上浮等工程问题。因此，针对工程地质对建筑物的影响问题，须根据建筑物所在地的具体工程地质条件，采用技术经济均合理的方法和措施对地基进行加固设计和建筑物结构抗震设计。

（3）人为因素

人们所从事的生产、生活等活动，往往会对建筑物造成一定的影响，如机械振动、化学腐蚀、爆炸、火灾和噪声等，都属于人为因素。

因此，在进行建筑构造设计时，必须针对各种可能存在的因素，从构造上采取隔振、防腐、防爆、防火、隔声等相应的措施，以此来避免建筑物及其使用功能遭受不必要的破坏和影响。

(4) 其他因素

① 鼠虫害的影响

老鼠以及蚂蚁在一定程度上也会对建筑物的某些构件、部件造成危害。如老鼠对墙体甚至室内物件的影响，白蚁对木结构建筑的影响等。对此，须引起重视，并采取相应的防护措施和办法。

② 物质技术条件的影响

物质技术条件是实现建筑设计的物质基础和技术手段，是使建筑物由图纸付诸实践的根本保证。建筑材料、建筑结构、建筑设备和施工技术等物质技术条件是构成建筑的基本要素之一，建筑构造受其影响和制约。随着建筑业的发展，新材料、新技术和新工艺的不断出现，建筑构造要解决的问题越来越多、越来越复杂。建筑构造设计应充分考虑物质技术条件，适应新材料、新技术的发展变化。

③ 经济条件的影响

经济条件是影响建筑构造的重要因素。脱离经济因素的建筑设计只能是纸上谈兵，难以付诸实施。建筑设计应根据建筑物的等级与国家指定的相应的经济指标，结合建造者本身的经济实力来进行。建筑构造作为建筑设计不可分割的一部分，必须重点考虑其经济效益。因此，在确保工程质量的前提下，既要降低建造过程中的材料、能源和劳动力消耗，以降低造价，又要有利于降低使用过程中的维护和管理费用，根据建筑物的不同等级和质量标准，选择与之相匹配的经济合理的材料和构造方式。

④ 使用性质的影响

不同使用性质的建筑对于围护结构构造有着不同的要求。通常情况下，要求建筑围护结构具有保温隔热、防潮防水、隔声防噪、防火等性能，但对于具有特殊使用要求的建筑来说，则应根据其使用性质不同而进行特殊的设计。

6.4 建筑构造设计原则

影响建筑构造的因素较多，往往受多因素共同影响。在开展建筑构造设计时，总体须符合坚固实用、技术适宜、经济合理和美观大方的基本原则，结合建筑物的实际使用需求，分清主次进行构造设计。具体地，建筑构造设计须满足如下几项原则。

(1) 必须满足建筑使用功能要求

由于不同建筑物的使用性质和所处环境及条件不同，对不同建筑物的构造设计就有不同的要求。如在北方等严寒、寒冷地区，要求建筑在冬季能够起到保温的效果；在南方等炎热地区，要求建筑在夏季能够起到通风、隔热的效果；要求有良好声音环境的建筑物则要考虑吸声、隔声的要求。因此，为了满足使用功能的需要，在进行构造设计时，必须结合有关技术知识，进行合理的设计，以便选择、确定最合理的构造方案。

(2) 必须有利于结构安全

建筑物除根据荷载大小、结构的要求确定构件的必要尺寸外，对一些零散构、配件的设计，如阳台、楼梯的栏杆、顶棚、墙面和地面装修、门窗与墙体的结合以及抗震加固等，都必须在构造上采取必要的措施，以确保建筑物使用时的安全。

(3) 必须适应建筑工业化的需要

为了提高建设速度，改善劳动条件，保证施工质量，在构造设计时，应大力推广先进技术，选用各种新型建筑材料，采用标准设计和定型构件，为构、配件的生产工厂化、现场施工机械化创造有利条件，以适应建筑工业化的需要。

(4) 必须讲求建筑经济的综合效益

在建筑构造设计中，应考虑建筑物整体的经济效益问题。既要注意降低建筑造价，减少材料的资源消耗，又要有利于降低长期运行、维修和管理的费用，考虑其综合的经济效益。另外，在提倡节约、降低造价的同时，还必须保证工程质量，绝不能为了追求效益而偷工减料，粗制滥造。

(5) 必须注意美观

构造方案的处理是否精致和美观，都会影响建筑物的整体效果。因此，构造方案在进行处理时，还应考虑其造型、尺度、质感、色彩等艺术和美观问题。

 思考题

6-1 按使用性质可将建筑物划分为哪几类？
6-2 民用建筑和工业建筑的主要构造组成分别有哪些？
6-3 影响建筑构造的主要因素有哪些？
6-4 建筑构造的设计原则有哪几项？

第 7 章
基础与地下室

学习目标

了解地基与基础的关系、地基的分类、地下室的类型，理解影响基础埋深的因素，熟悉基础设计的要求，掌握常用地基的处理方法，基础的类型及适用条件。

7.1 地基与基础

7.1.1 地基与基础的关系

基础是建筑物埋在地下的承重构件，是建筑物的重要组成部分（图 7-1）。一般说来，基础可分为两类：浅基础和深基础。通常把埋置深度在 5m 以内的基础称为浅基础，埋置深度在 5m 以上的基础称为深基础。基础承受建筑物的全部荷载，将这些荷载连同自身自重传递给下面的土层，即地基。

地基是支承基础的土层和岩体，由持力层和下卧层组成，并不属于建筑物的组成部分。其中，持力层是直接承受建筑物荷载的土层，下卧层是持力层下面的不同土层。地基承受建筑物荷载的应变和应力随土层深度的增加而减小，当土层的深度达到一定程度时，应力与应变可以忽略不计。地基分为天然地基和人工地基两大类。

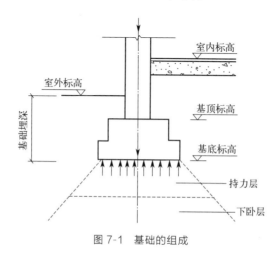

图 7-1 基础的组成

(1) 天然地基

天然地基是指具有足够强度,无需人工加固与改良就能够承受荷载,可直接在其上修建房屋的天然土层地基。一般可直接作为天然地基的有岩石、碎石土、砂土和黏性土等。

(2) 人工地基

人工地基是指土层较差或土层良好但无法承受建筑物荷载,需要事先对其进行加工或改良,从而提高承载能力,使其最终满足荷载需求的地基。地基处理的原理:将土由松变实,将土的含水率由高变低。常用的地基处理方法见表7-1。

表7-1 常用的地基处理方法

分类	方法	适用范围
碾压法、夯实法	机械碾压法、重锤夯实法、平板振动法等	适用于处理碎石土、砂土、粉土、低饱和黏土、杂填土等,对饱和性黏土应慎重使用
换土法、垫层法	砂(石)垫层法、碎石垫层法、灰土垫层法、矿渣垫层法、加筋土垫层法等	适用于处理地基表层软弱土和暗沟、暗塘等软弱地基
深层密实法	振冲挤密、沉桩振密、灰土挤密、砂桩、石灰桩、爆破挤密、强夯置换等	适用于碎石土、砂土、素填土、杂填土、低饱和度的粉土和黏性土;强夯置换适用于软弱土
排水固结法	堆载预压法、真空预压法、降水预压法、电渗排水法等	适用于处理厚度较大的饱和软土和冲积土地基,但对于厚的泥炭层要慎重对待
胶结法	注浆、深层搅拌、高压旋喷等	适用于处理岩基、砂土、粉土、淤泥质土、砂质黏土、黏土和一般人工填土层等

7.1.2 基础的埋置深度

基础的埋置深度是指室外设计地面到基础底面的垂直距离,又称基础的埋深(图7-2)。基础的埋置深度不宜小于0.5m(岩石地基除外),基础顶面一般应至少低于设计地面0.1m。

影响基础埋深的有如下因素:

(1) 工程地质条件及作用在地基上荷载的大小和性质

选择基础的埋置深度时,应选择厚度均匀、压缩性小、承载能力强的土层作为持力层,并且尽量浅埋。在满足地基的稳定性和变形要求,且上层地基的承载能力大于下层地基时,宜采用上层地基作为持力层。当地基的土质较差,承载能力较弱时,一般会将基础进行深埋,或进一步针对不同情况具体加工处理。

(2) 水文地质条件

有地下水存在时,基础尽量埋置在最高水位线以上。地下水会对某些土层的承载能力产生影响,如黏性土在地下水的水位上升时,土中黏土矿

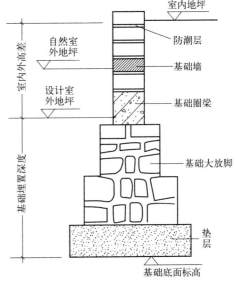

图7-2 基础的埋置深度

物会吸水发生膨胀,从而降低土层的强度;在水位降低时,地基会产生沉降。所以为了避免此类情况的发生,或避免进行特殊防水处理,以降低造价,基础的埋深应在最高水位线之上。

(3) 建筑物的自身构造

当建筑物自重较大时，为保证其稳定性，应将基础深埋；当建筑物设有地下室时，基础必须深埋。

(4) 相邻建筑物的基础埋深

一般情况下，新建建筑的基础埋深应小于相邻建筑的基础埋深，并且需考虑新建建筑所加荷载对原有建筑产生的不利作用。必要情况下，新建建筑的基础埋深须大于原有建筑的基础埋深，那么新建建筑的基础须与原有建筑的基础保持一定距离，或采取一定的措施。

(5) 地基土层的冻胀深度

一般情况，基础应埋在土层的冻结深度以下0.2m（即冰冻线以下0.2m）。因为，当地基埋在冻胀土层之中，冬季寒冷时，基础会因土层冻胀力而拱起，等天气回暖时，冻土解冻，基础又会下陷。

7.2 基础的类型

浅基础按结构形式分为墙下条形基础、柱下独立基础、联合基础、柱下条形基础、柱下交叉条形基础、筏形基础和箱形基础等几种类型。按所用材料的性能可分为无筋扩展基础（刚性基础）和钢筋混凝土扩展基础。

深基础主要包括桩基础、沉井基础、沉箱基础和地下连续墙等几种类型。

7.2.1 按基础的结构形式分类

(1) 墙下条形基础

建筑物上部结构采用墙体进行承重时，基础会沿墙身设置为长条形，称为条形基础。条形基础沿着墙身为连续的带形，也称带形基础。如果地基条件较好，且基础的埋置深度相对较浅时，墙承式建筑一般多用条形基础，以此传递连续的条形荷载，如图7-3所示。

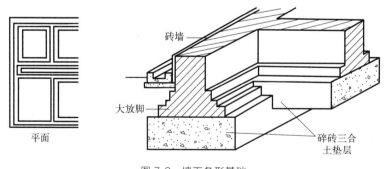

图7-3 墙下条形基础

(2) 柱下独立基础

独立基础呈独立的矩形块状，其形状主要有阶梯形、杯形、锥形等。独立基础主要用于柱下。当建筑物的上部采用框架结构、单层排架、门架结构等骨架时或基础埋深较深时，可采用独立基础，如图7-4所示。

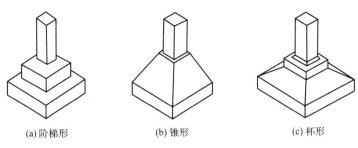

图 7-4 柱下独立基础

(3) 联合基础

联合基础主要指相邻两柱公共的钢筋混凝土基础,也称为双柱联合基础,如图 7-5 所示。适用于两个柱下独立基础间距较小或柱靠近建筑边界,出现荷载偏心过大或基地面积不足的情况。此外,也可用于调整相邻两柱的沉降差或两柱相向倾斜等情况。

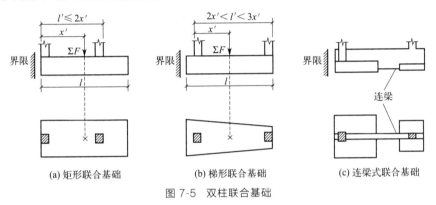

图 7-5 双柱联合基础

(4) 柱下条形基础

当地基较软、柱荷载或地基压缩性分布不均,柱下独立基础可能产生较大的不均匀沉降,可将同一轴线上柱下独立基础连成一个整体,形成柱下条形基础,如图 7-6 所示。它的抗弯刚度较大,有调整不均匀沉降的能力。当建筑物的上部采用框排架结构进行承重时,采用柱下单向条形基础。

(5) 柱下交叉条形基础

当地基软弱且在两个方向分布不均时,需要基础在两个方向都具有一定的刚度来调整不均匀沉降,可在柱网纵横两个方向分别布置条形基础,做成十字形的柱下交叉条形基础,又称作十字带形基础,如图 7-7 所示。

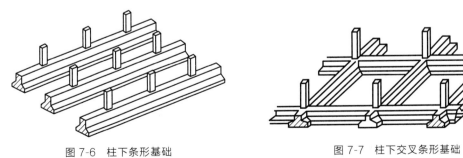

图 7-6 柱下条形基础　　　　　　　　图 7-7 柱下交叉条形基础

(6) 筏形基础

当柱下交叉条形基础底面积占建筑物平面面积的比例较大，或者建筑物在使用上有要求时，可以在建筑物的柱、墙下方做一块形状像筏子的基础，即筏形基础，又称满堂基础，如图7-8所示。筏形基础由于底面积较大，可减小基底压力，同时也可提高地基土的承载力，增强基础的整体性，调整不均匀沉降。当建筑物的上部荷载较大，且地基的承载能力较弱时，可选用筏形基础。筏形基础可分为平板式筏形基础和梁板式筏形基础，前者板的厚度较大，结构简单，后者板的厚度较小，结构复杂。

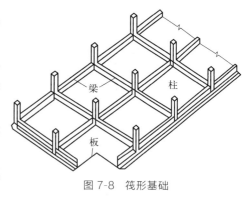

图7-8 筏形基础

(7) 箱形基础

箱形基础是由钢筋混凝土的底板、顶板和若干纵横墙共同组成空心箱体的整体结构，如图7-9所示。箱形基础的空间刚度较大，有利于抵抗地基的不均匀沉降，一般适用于地基较软的重型建筑和楼层较高的建筑，在进行构造设计时，通常与地下室结合考虑，其地下空间可用作人防空间、设备间、库房、商店及污水处理间等。

(8) 桩基础

桩基础由桩和桩顶上的承台组成，通过承台将上部比较大的荷载传到深层较坚硬的地基中，一般高层建筑使用较多，如图7-10所示。按受力情况，桩基础分为端承桩和摩擦桩；按制作方法，桩基础分为预制桩和灌注桩。当地基软弱土层的厚度大于5m，基础无法埋入软弱土层内时，或人工处理软弱土层困难且不经济时，多采用桩基础。

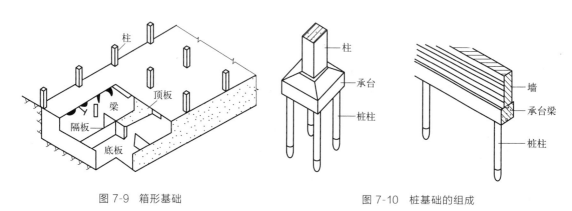

图7-9 箱形基础　　　　　图7-10 桩基础的组成

7.2.2 按基础的使用材料分类

(1) 无筋扩展基础

无筋扩展基础又称刚性基础，是由砖、毛石、混凝土（或毛石混凝土）、灰土、三合土等材料组成的，无需装配钢筋的墙下条形基础或柱下独立基础。如图7-11所示，建筑的上部荷载传到基础的压力按一定的传力角度分布，该传力角度称为刚性角，不同材料的刚性角不同。刚性基础受刚性角限制，刚性角必须在规定的抗压范围内。刚性基础通常用于压缩性较小的地基或承载力较好的建筑中。

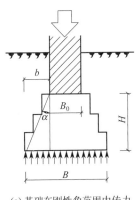
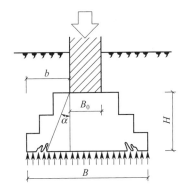

(a) 基础在刚性角范围内传力　　　　(b) 基础地面宽度超过刚性角范围而破坏

图 7-11　刚性基础

（2）钢筋混凝土扩展基础

钢筋混凝土扩展基础通常简称扩展基础，包括墙下钢筋混凝土条形基础（图 7-12）和柱下钢筋混凝土独立基础（图 7-13）。这类基础的抗弯和抗剪性能良好，可在竖向荷载较大、地基承载力不高以及承受水平力和力矩荷载等情况下使用。与无筋基础相比，其基础高度较小，因此更适宜在基础埋置深度较小时使用。

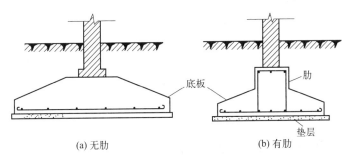

(a) 无肋　　　　(b) 有肋

图 7-12　墙下钢筋混凝土条形基础

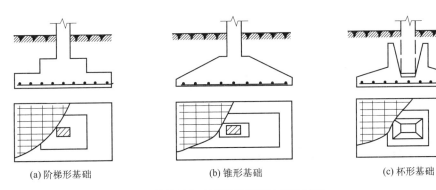

(a) 阶梯形基础　　　　(b) 锥形基础　　　　(c) 杯形基础

图 7-13　柱下钢筋混凝土独立基础

7.3　基础的设计要求

基础是建筑结构至关重要的一个组成部分。在设计基础时，必须根据各种情况综合考虑建筑的场地和地质条件，结合造价、工期、施工条件等要求，合理选择方案。

建筑物由上部结构、基础、地基三部分组成。在进行基础设计时，应根据这三部分相辅相成的作用，从整体概念出发，全面加以考虑，选出更为合理的基础设计方案。

(1) 具有足够的强度、刚度和耐久性

基础作为建筑物最下部的承重构件，必须具有足够的强度、刚度和稳定性才能保证建筑物的承载能力符合安全要求。同时，基础下面的地基也应具有足够的强度和刚度并满足变形要求，以保证建筑物不会因地基的沉降影响正常使用。此外，还应对经常承受水平荷载作用的高耸结构和高层建筑，以及建造在斜坡上或边坡附近的建筑物地基进行承载力计算，并验算其稳定性。

(2) 满足设备管线安装要求

许多设备的进出管线（如水、电和煤气）需在室外地面下一定标高进入或引出建筑物。这些设备管线在进入建筑物后，一般从管沟通过，管沟一般沿内外墙布置，或从建筑物的中间通过。基础在遇到设备管线穿越的部位时（如基础与管线交叉），必须预留管道孔，避免因建筑物的沉降对这些管线产生不良剪切作用。管道孔的大小应考虑基础沉降的因素，留有足够的余地，可以通过预埋金属套管、特制钢筋混凝土预制块等来制作管道孔。

(3) 满足经济要求

一般情况下，基础工程的造价占建筑物总造价的20%左右。在进行建筑物基础设计时，应尽量选择合理的上部结构、构造方案和基础形式，以减少材料的消耗，并满足安全、合理和经济的要求。具体来说，上部结构方面可以采取的措施有简化建筑物体型、控制建筑物长高比、合理布置墙体和设置沉降缝等；构造方案方面可以采取的措施有减轻建筑物自重、设置圈梁和基础梁等；基础在满足条件下尽量选择经济合理的浅基础。

7.4 地下室及其防潮防水构造

7.4.1 地下室及其分类

地下室是建筑物位于室外地坪线与基础之间的室内空间，如图7-14所示。充分利用该空间，可以节约建设用地。具体来讲，地下室可用作车库、商场、健身房、家庭影院、设备房和储藏间（如酒窖）等。对于高层建筑，常利用深基础（如箱形基础）建造一层或多层地下室，既可以增加使用面积，又能节省基础回填土部分的费用。

地下室按使用性质可分为普通地下室和防空地下室；按空间高度可分为全地下室和半地下室，其中全地下室低于室外地坪的高度超过该室内空间高度的1/2，半地下室低于室外地坪部分的高度为该室内空间高度的1/3～1/2；按使用结构材料可分为砖混结构地下室和钢筋混凝土结构地下室。

7.4.2 地下室防潮防水构造

由于地下室、地下采光井所处位置的特殊性，其墙体和底板长期受到土体中的潮气、地表水和地下水的侵蚀。归纳起来，水对地下室的影响主要有渗透作用、腐蚀作用。因此，必须采

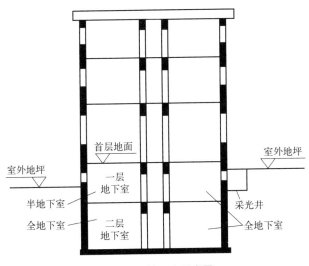

图 7-14 地下室示意图

取有效的防水防潮设计以保证地下室在使用时不受潮、不渗漏。如忽视防潮、防水设计或处理不当会导致墙面受潮发霉，抹灰脱落，影响使用，严重的还会危及地下室的使用和建筑的耐久性。由于地下室防水属于隐蔽工程，后期维护补救很不方便。设计人员必须根据地下水的分布特点和存在状况以及工程要求，在地下室的设计中采取相应的防潮、防水措施。

(1) 地下室防水等级和设防要求

地下室的防水等级标准按结构允许渗漏水量的多少划分为 4 级，其防水构造应根据工程性质、使用功能、结构形式、环境条件、材料及有关地质水文资料，确定防水的等级和防水设防要求，详见表 7-2。

表 7-2 防水等级标准及适用范围

级别	标准	适用范围
一级	不允许渗水,结构表面无湿渍	人员长期停留的场所;因少量湿渍会使物品变质、失效的贮物场所及严重影响设备正常运转和危及工程安全运营的部位;极重要的战备工程、地铁车站
二级	不允许漏水,结构表面可有少量湿渍。工业与民用建筑:总湿渍面积不应大于总防水面积(包括顶板、墙面、地面)的 1/1000;任意 $100m^2$ 防水面积上的湿渍不超过 2 处,单个湿渍的最大面积不大于 $0.1m^2$	人员经常活动的场所;在有少量湿渍的情况下不会使物品变质、失效的贮物场所及基本设备正常运转和工程安全运营的部位;重要的战备工程
三级	有少量漏水点,不得有线流和漏泥砂;任意 $100m^2$ 防水面积上的漏水或湿渍点数不超过 7 处,单漏水点的最大漏水量不大于 2.5L/d,单个湿渍的最大面积不大于 $0.3m^2$	人员临时活动的场所;一般战备工程
四级	有漏水点,不得有线流和漏泥砂;整个工程的平均漏水量不大于 $2L/(m^2 \cdot d)$,任意 $100m^2$ 防水面积上的平均漏水量不大于 $4L/(m^2 \cdot d)$	对渗漏水无严格要求的工程

(2) 地下室的防潮构造

如果地下水的常年水位和最高水位都在地下室地坪标高以下 [如图 7-15(a) 所示]，地下水不能直接浸入地下室，墙和地坪仅受土层中毛细管水和地面水下渗的影响，这时地下室只需做防潮处理。其构造要求是墙体须采用水泥砂浆砌筑，且灰缝饱满。若地下水位较高

[如图 7-15(b) 所示]，在外墙外侧设置垂直防潮层，在墙外表面先抹一层 20mm 厚水泥砂浆找平层，涂刷一道冷底子油（用煤油稀释后的沥青）和两道热沥青。

另外，地下室所有的墙体须设两道水平防潮层，一道设置在地下室地坪附近，另外一道设置在室外地面附近，如图 7-16 所示。

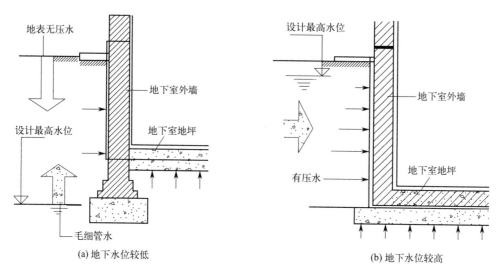

图 7-15 地下水对地下室的影响

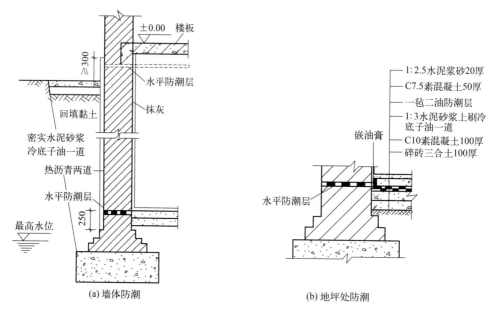

图 7-16 地下室的防潮构造

（3）地下室的防水构造

地下室的防水构造措施通常有卷材防水、防水混凝土和涂膜防水等几种。

① 卷材防水构造

防水卷材是一种柔性防水层，是用沥青胶将几层卷材粘贴在地下室结构基层的表面上形成的多道防水层。它具有良好的韧性和防水性，能适应结构振动和微小变形，并能抵抗酸碱盐等溶液的侵蚀，但卷材吸水率大、机械强度低、耐久性差，发生渗漏后难以修补。因此，卷材防水层适用于地下室变形较小的情况。目前，常用的防水卷材有高聚物改性沥青卷材（如 APP 卷材和 SBS 卷材，注：热熔型 SBS 卷材已被限制和禁止使用）、合成高分子卷材（如三元乙丙橡胶卷材、氯化聚乙烯卷材和 PVC 卷材等）和冷胶料加衬玻璃布防水等。

地下室若采用卷材防水方案，防水卷材一般铺贴在地下室外墙外表面（即迎水面），称为外防水，其构造如图 7-17 所示。外防水卷材防水层按照铺贴方式和防水结构的施工顺序，分为外防外贴构造和外防内贴构造。其中，外防外贴是在垫层上先铺好底板卷材防水层，进行混凝土底板与墙体施工，待墙体模板拆除后，再将卷材防水层直接铺贴在墙面上，然后砌筑保护墙；外防内贴是在垫层四周先砌保护墙，然后将卷材防水层铺贴在垫层与保护墙上，最后进行混凝土底板与墙体施工。

外防内贴和外防外贴相比，优点是卷材防水层施工较简单，底板与墙体防水层可一次铺贴完成，不必留接槎，施工占地面积小；缺点是结构不均匀沉降对防水层影响大，易出现漏水现象，当竣工后出现漏水修补较困难。

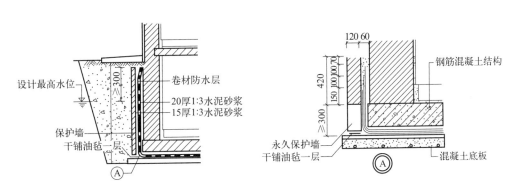

图 7-17 地下室卷材防水构造

② 防水混凝土构造

防水混凝土是一种刚性防水层，通常采用钢筋混凝土材料，以满足地下室地坪与墙体的结构和防水要求。地下室防水混凝土构造，如图 7-18 所示。其防水原理是通过调整混凝土的配合比或掺入外加剂等方法，来提高混凝土本身的密实性和抗渗性，使其具有一定防水能力。防水混凝土具有取材容易、施工简单、工期短、耐久性好和工程造价低等优点。

防水混凝土有普通防水混凝土和掺外加剂防水混凝土两类。其中，普通防水混凝土的配制和施工与普通混凝土相同，不同的是采用不同的集料级配（即不同粒径的骨料），提高水泥砂浆的含量，使砂浆能充满骨料间隙，以提高混凝土的密实性和混凝土自身的防水

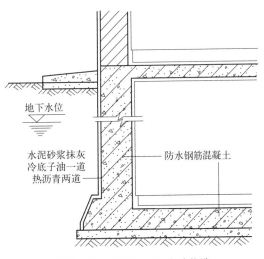

图 7-18 地下室防水混凝土构造

性能；掺外加剂防水混凝土是指在混凝土中加入引气剂、减水剂或密实剂等。常用的外加防水剂主要有氯化铝、氯化钙、木质磺酸钙、三乙醇胺和三氯化铁等。

③ 涂膜防水构造

涂膜防水一般用于地下室的防潮，在防水构造中一般不单独使用。在新建防水钢筋混凝土结构中，涂膜防水应做在迎水面作为附加防水层，加强防水和防腐能力。对已建防水（含防潮）建筑，涂膜防水可做在外围护结构的内侧（即背水面），作为补漏措施。

 思考题

7-1 什么是基础，什么是地基，地基与基础是怎样的关系？

7-2 影响基础埋深的因素有哪些？

7-3 浅基础的类型有哪些，深基础类型有哪些？

7-4 基础的设计要求有哪些？

7-5 地下室的类型有哪些？

7-6 简述地下室防水等级、标准及适用范围。

第8章 墙 体

 学习目标

了解墙体的作用和类型、墙体功能要求、砌体墙构造材料、幕墙的类型和作用、隔墙的类型及作用、隔断的类型以及防火墙的构造要求，理解墙体构造设计要求，熟悉砖墙的组砌方式，掌握墙体结构的布置方式、砌体墙的细部构造。

8.1 墙体的基本概念及构造设计要求

墙体是建筑物的重要组成构件，在建筑物中起着承重、围护、分隔和装饰等作用，同时还具有保温、降噪和隔热等功能。墙体的重量占建筑物总重量的30%～45%，其造价占建筑物总造价的30%～40%。此外，对不同建筑物，或同一建筑物不同位置、作用和功能，墙体均有不同的设计要求。因此，在工程设计中，需合理地选择墙体材料、结构方案和构造做法。

8.1.1 墙体的作用

墙体在建筑中的作用主要有如下4个方面：

（1）承重作用：承重墙体既要承受建筑物自重、人及设备等荷载，还要承受自然界的风荷载和地震作用等，并将这些荷载传递到基础。

（2）围护作用：墙体作为围护结构，可抵御自然界风、雨和雪的侵袭，防止太阳辐射和噪声的干扰，以及室内热量散失，起隔热、隔声和保温的作用。

（3）分隔作用：墙体将建筑物室内与室外空间分开，并将建筑物内部分隔成若干个房间和空间。

（4）装饰作用：装修墙面，满足室内外装饰和使用功能等要求。

8.1.2 墙体的类型

（1）按墙体所处位置及方向分类

墙体按其所处位置的不同分为外墙和内墙。外墙是位于建筑物四周的墙体，也称外围护墙，起着划分室内外空间的作用，且具有保温、隔声、隔热和遮风挡雨等保护墙内空间环境不受外界影响的作用。内墙是建筑物内部墙体的统称，主要起分隔房间和空间的作用。

墙体按其走向可分为横墙和纵墙。横墙是沿建筑物短轴方向布置的墙,横墙按其位置可细分为内横墙和外横墙,外横墙又称为山墙。纵墙是沿建筑物长轴方向布置的墙,纵墙也可分为内纵墙和外纵墙。建筑物屋顶的矮墙称为女儿墙。同一面墙上的窗与窗或门与窗之间的墙称为窗间墙,窗洞口以下的墙体称为窗下墙。不同位置的墙体名称如图 8-1 所示。

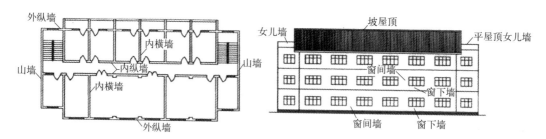

图 8-1 不同位置的墙体名称

（2）按墙体所用材料分类

墙体按所用材料主要分为砖墙、石墙、土墙、钢筋混凝土墙和其他墙。

① 砖墙：用砖和砂浆砌筑的墙。

② 石墙：用块石和砂浆砌筑的墙。

③ 土墙：用土坯和黏土砂浆砌筑的墙,或模板内填充黏土夯实而成的墙。

④ 钢筋混凝土墙：用钢筋混凝土现浇或预制的墙为钢筋混凝土墙。

⑤ 其他墙：组合墙、各种幕墙、用工业废料制作的砌块砌筑的砌块墙。

（3）按墙体受力情况分类

墙体根据结构受力情况不同,可分为承重墙和非承重墙。

承重墙是直接承受上部楼板和屋顶所传来荷载的墙。

非承重墙是不承受上部荷载的墙,包括自承重墙、隔墙、填充墙和幕墙等。其中,自承重墙仅承受自身墙体的重量,并将自重传给基础；隔墙是指起分隔作用,并将自重传递给楼板层或附加小梁的墙体；填充墙是指位于框架梁柱之间的墙体；幕墙是指悬挂于框架梁柱外侧起围护作用的墙体,其自重由其连接固定部位的梁柱承担。需要指出的是,外部的填充墙和幕墙虽不承受上部楼板层和屋顶的荷载,却承受风荷载和地震作用力。

（4）按墙体施工方法分类

根据施工方法的不同,墙体分为叠砌墙、板筑墙和装配式板材墙。

叠砌墙包括实砌砖墙、空斗墙和砌块墙等,是由各种材料制作的块材（如黏土砖、空心砖、灰砂砖、石块和小型砌块等）用砂浆等胶结材料砌筑而成的墙,也叫块材墙。

板筑墙是指在施工时,先在墙体部位竖立模板,然后在模板内夯筑或浇筑材料捣实而成的墙体。如夯土墙、灰砂土筑墙以及滑模、大模板施工的混凝土墙体等。

装配式板材墙是指在预制厂生产的墙体板材构件,运到施工现场后进行机械安装形成的墙体,包括板材墙、组合墙和幕墙等。特点是机械化程度高、施工速度快和工期短等。

（5）按墙体构造分类

墙体按构造方式不同,可分为实体墙、空体墙和组合墙,如图 8-2 所示。

实体墙是指由烧结普通砖、石块或其他实体块材等单一材料与砂浆砌筑而成的墙体。

空体墙也是指由单一材料（如空斗墙、空心砌块或空心板墙等）和砂浆砌筑而成的墙体。

组合墙是指由两种以上材料组合而成的墙体。其主体结构一般为烧结普通砖或钢筋混凝土，墙体内外侧采用复合轻质保温材料，常用的有充气石膏板、水泥聚苯板、水泥珍珠岩、石膏聚苯板以及目前为满足建筑节能要求的聚苯板和挤塑板等。组合墙体的质量轻、导热系数较小，可用于有节能要求的建筑墙体当中。

(a) 实体墙　　　　(b) 空体墙　　　　(c) 组合墙

图 8-2　墙体按构造分类

8.1.3　墙体结构布置方式与承重方案

墙体结构布置方式主要指承重结构的布置。建筑的墙体结构布置方式通常有墙承重和骨架承重两种。

常用的骨架承重方式为框架承重结构，传力方式是由框架梁承担墙体和楼板的荷载，再经由框架柱传递到基础，最后传递至地基，如图 8-3 所示。框架承重结构中墙体不承受荷载，称为框架充填墙。它只起围护和分隔空间的作用。

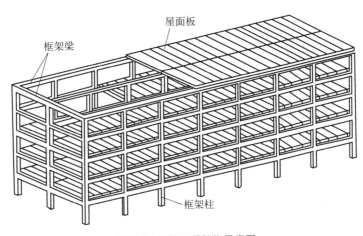

图 8-3　框架承重结构示意图

墙承重方式是由墙体承受屋顶和楼板的荷载，并连同自重一起将竖向荷载传至基础和地基的承重方式。在地震区墙体还可能受到水平地震作用的影响。不同的承重方式在抵抗水平地震作用方面有不同的要求。

墙承重方式的墙体承重方案主要有：横墙承重、纵墙承重和双向承重三种体系，如图 8-4 所示。

（1）横墙承重体系。承重墙体主要由垂直于建筑物长度方向的横墙组成，如图 8-4(a) 所示。楼面荷载依次通过楼板、横墙和基础传递给地基。由于横墙起主要承重作用且间距较

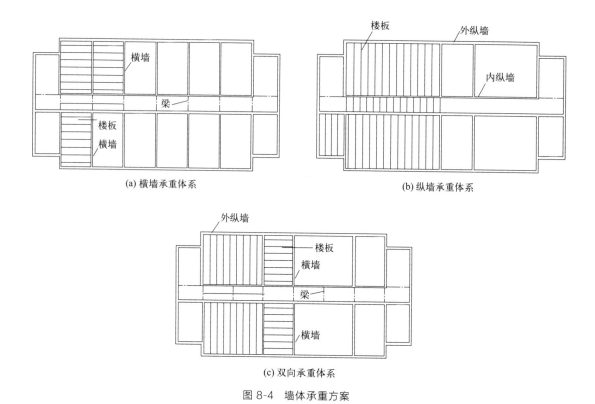

图 8-4 墙体承重方案

密,建筑物的横向刚度较强,且整体性较好,对抗风力、地震作用和调整地基不均匀沉降有利,但是建筑空间组合不够灵活。纵墙只承担自身的重量,主要起围护、隔断和连接的作用,因此对纵墙上开门、窗限制较少。这种布置方式适用于房间的使用面积不大,墙体位置比较固定的建筑,如住宅、宿舍和旅馆等。

(2)纵墙承重体系。承重墙体主要由平行于建筑物长度方向的纵墙组成,承受楼板或屋面板荷载,如图 8-4(b)所示。楼面荷载依次通过楼板、梁、纵墙和基础传递给地基。其特点是内外纵墙起主要承重作用,室内横墙的间距可以增大,建筑物的纵向刚度强而横向刚度弱。为了抵抗横向水平力,应适当设置承重横墙,与楼板一起形成纵墙的侧向支撑,以保证房屋空间刚度及整体性的要求。此方案空间划分较灵活,适用于空间使用上要求有较大空间、墙位置在同层或上下层之间可能有变化的建筑,如教学楼中的教室、阅览室和实验室等,但对在纵墙上开门窗的限制较大。相对横墙承重体系来说,纵墙承重体系中纵墙由于长度相对较大,因此刚度较差,板材料用量也较多。

(3)双向承重体系。即纵横墙承重体系,承重墙体由纵横两个方向的墙体混合组成,如图 8-4(c)所示。双向承重体系在两个方向抗侧力的能力都较好。国内几次大地震后的震害调查表明,在砖混结构多层建筑物中,双向承重体系的抗地震能力比横墙承重体系和纵墙承重体系都好。此方案建筑组合灵活,空间刚度较好,适用于开间、进深变化较多的建筑,如医院和实验楼等。

8.1.4 结构及抗震要求

(1)强度要求。强度是指墙体承受荷载的能力。砖墙是脆性材料,变形能力小,如果层数过多，重量就大，砖墙可能破碎和错位，甚至被压垮，因而应验算承重墙或柱在控制截面处的承载力。特别是地震区，房屋的破坏程度随层数增多而加重，因而烈度和地震加速度对房屋的高度及层数有一定的限制，《建筑抗震设计规范（2016年版）》(GB 50011—2010)中对此有相应的规定。

（2）刚度要求。墙体作为承重构件，应满足一定的刚度要求。一方面构件自身应具有稳定性，同时地震区还应考虑地震作用对墙体稳定性的影响，对多层砖混房屋一般只考虑水平方向的地震作用。

墙、柱高厚比是指墙、柱的计算高度与墙厚的比值。高厚比越大构件越细长，其稳定性越差。高厚比必须控制在允许值以内。允许高厚比限值是综合考虑了砂浆强度等级、材料质量、施工水平和横墙间距等诸多因素确定的。为满足高厚比要求，通常在墙体开洞口部位设置门垛，在长而高的墙体中设置壁柱，如图 8-5 所示。

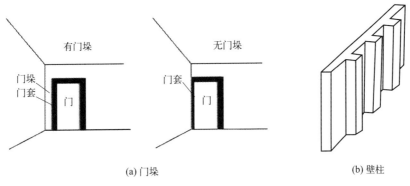

图 8-5　门垛与壁柱

抗震设防地区，为了增加建筑物的整体刚度和稳定性，在多层砖混结构房屋的墙体中，还需设置贯通的圈梁和钢筋混凝土构造柱，如图 8-6 所示，使之相互连接，形成空间骨架，加强墙体抗弯、抗剪能力，使墙体在破坏过程中具有一定的延伸性，减缓墙体出现酥碎破坏现象。

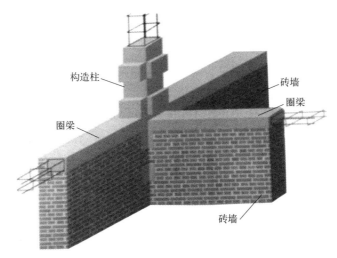

图 8-6　圈梁及构造柱

在地震烈度为 7～9 度的地区内，应设置防震缝。在此区域内，当建筑物高差在 6m 以上，或建筑物有错层，且楼板错层高差较大，或者构造形式不同，承重结构的材料不同时，一般在水平方向会有不同的刚度，因此这些建筑物在地震的影响下，有不同的振幅和振动周期，假如房屋不同刚度的部分相互连接在一起，地震时就会产生裂缝、断裂等现象，因此应设防震缝，将建筑物分为若干体型简单、结构刚度均匀的独立单元。

8.1.5 墙体功能方面的要求

墙体作为围护构件，应具有保温、隔热、隔声、防火和防潮等功能要求。

(1) 外墙保温与隔热

① 提高外墙保温能力。外墙分隔建筑物室内外，无论是在寒冷的冬天，还是在炎热的夏天，为保证室内生活和工作的舒适性，要求外墙有保温和隔热的功能。

为提高外墙的保温和隔热功能，一般有4种做法：

a. 适当增加外墙厚度，延缓热传导过程，达到保温和隔热的目的。但这种做法会导致材料用料和结构自重增加，并减少建筑使用空间。

b. 利用空气导热系数低的特点，选用孔隙率高、导热系数小且密度较低的轻质多孔材料做外墙，如空心砖、加气混凝土等。但这些材料通常强度较低，承载能力小，多用于框架结构的外墙。

c. 采用多种材料的组合墙，如墙体内外侧采用复合轻质保温材料，或将保温材料布置在墙体中间，如图8-7所示，此做法可同时解决墙体保温隔热和承重问题。

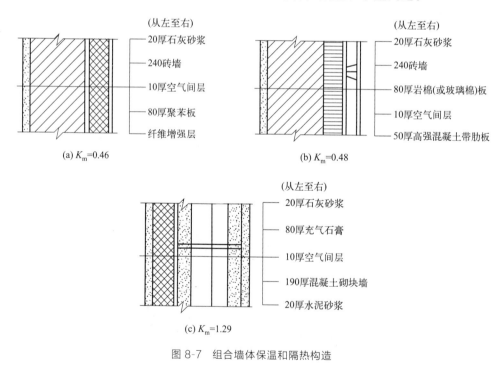

图 8-7 组合墙体保温和隔热构造

K_m——传热系数，$W/(m^2 \cdot K)$

d. 冷桥局部保温处理。对于因结构需要嵌入到外墙上的冷桥构件，如钢筋混凝土梁、柱、圈梁和过梁等，这些部位的导热系数比墙体大，应采取局部保温措施，如图8-8所示。

② 防止外墙中出现凝结水。冬季室内温度通常高于室外，由于生活用水和人体呼吸等

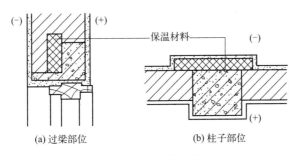

图 8-8 墙体局部保温构造

原因,室内形成高湿环境,湿空气接触外墙后容易在墙体内形成凝结水,加上水的导热系数较大,从而会降低外墙的保温能力。为避免外墙中出现凝结水,可在外墙靠室内一侧设置隔蒸汽层,以阻止水蒸气进入墙体。隔蒸汽层常用卷材、防水涂料或防水薄膜等柔性材料,如图 8-9 所示。

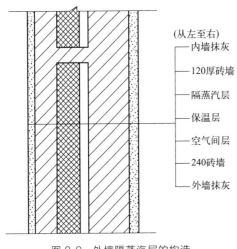

图 8-9 外墙隔蒸汽层的构造

③ 防止外墙出现空气渗透。墙体材料中的微小孔隙或者材料收缩等产生的贯通缝隙,会使外墙出现空气渗透的现象,从而导致室内外热量交换,降低了外墙的保温效率。为了防止外墙出现空气渗透,可采取以下措施:(a)选择密实度高的墙体材料;(b)墙体内外加抹灰层;(c)加强构件间的密封处理等。

④ 提高外墙隔热效率。在炎热的夏季,阳光辐射强烈,热量通过外墙传入室内。因此,要求外墙应具有足够的隔热能力,可以选用热阻大、重量大的材料做外墙或外墙隔热层,其中隔热层布置在外墙靠室外侧。同时,也可以将光滑、平整和浅色的材料(如铝箔隔热膜、反光涂料等)布置在外墙靠室外侧,以提高对太阳的反射能力,提高外墙的隔热效率。

此外,还可以在外墙靠室外侧布置光伏板(即光伏幕墙),充分利用太阳能,将外墙设计为一个集/散热器,可用来调节外墙与光伏幕墙间的空气温度、室内温湿度等,相应提高了外墙的保温和隔热效率。

(2)隔声要求

噪声严重影响人们的生产、生活和学习,因此,对建筑物墙体有一定的隔声要求。《声环境质量标准》(GB 3096—2008)和《建筑环境通用规范》(GB 55016—2021)将声环境功能区划分为五种类型,并明确了对应环境区域的噪声限值:

① 0 类声环境功能区:指康复疗养区等特别需要安静的区域,环境噪声限值为昼间 50 分贝,夜间 40 分贝。

② 1 类声环境功能区:指以居民住宅、医疗卫生、文化教育、科研设计、行政办公为主要功能,需要保持安静的区域,环境噪声限值为昼间 55 分贝,夜间 45 分贝。

③ 2 类声环境功能区:指以商业金融、集市贸易为主要功能,或者居住、商业、工业

混杂，需要维护住宅安静的区域，环境噪声限值为昼间60分贝，夜间50分贝。

④ 3类声环境功能区：指以工业生产、仓储物流为主要功能，需要防止工业噪声对周围环境产生严重影响的区域，环境噪声限值为昼间65分贝，夜间55分贝。

⑤ 4类声环境功能区：指交通干线两侧一定距离之内，需要防止交通噪声对周围环境产生严重影响的区域，包括4a类和4b类两种类型。4a类为高速公路、一级公路、二级公路、城市快速路、城市主干路、城市次干路、城市轨道交通（地面段）、内河航道两侧区域；4b类为铁路干线两侧区域。环境噪声限值为昼间70分贝，夜间4a类55分贝、4b类60分贝。

为保证建筑室内使用要求，不同类型的建筑具有相应的噪声控制标准，墙体主要隔离由空气直接传播的噪声。对墙体一般采取以下措施：

① 加强墙体的缝隙的密封处理；

② 增加墙体密实性及厚度，避免噪声穿透墙体及墙体振动；

③ 采用有空气间层或多孔性材料的夹层墙，提高墙体的减振和吸声能力。

此外，在条件允许的情况下，可利用垂直绿化进行降噪。

（3）其他方面的要求

① 防火要求：选择燃烧性能和耐火极限符合防火规范规定的材料。在较大的建筑中应设置防火墙，把建筑分成若干区段，以防止火灾蔓延。根据防火规范，一、二级耐火等级建筑，防火墙最大间距为150m，三级为100m，四级为60m。

② 防水防潮要求：对卫生间、厨房、实验室等有水的房间及地下室的墙应采取防水防潮措施。选择良好的防水材料以及恰当的构造做法，保证墙体的坚固耐久性，使室内有良好的卫生环境。

③ 建筑工业化要求：在大量性民用建筑中，墙体工程量占相当大的比重。同时劳动力消耗大，施工工期长。因此，建筑工业化的关键是墙体改革，必须改变手工生产及操作，提高机械化施工程度，提高工效、降低劳动强度，并应采用轻质高强的墙体材料，以减轻自重、降低成本。

8.2 砌体墙构造

砌体墙是用砂浆等胶结材料将建筑块材（砖、砌块和石材）组砌而成的墙体，如砖墙、砌块墙及石墙等。

8.2.1 砖墙

砖墙由砖和砂浆两种材料组成，它具有保温、隔热、隔声、防火及防冻等性能和一定的承载能力；施工方面操作简单，不需要大型设备，广泛应用在民用建筑中。但其也存在缺点：施工速度慢、劳动强度大、自重大、占面积大、黏土用量大。

（1）砖墙材料

① 砖

砖的种类很多。按组成材料分，有黏土砖、灰砂砖、页岩砖、煤矸石砖、水泥砖及各种工业废料砖，如粉煤灰砖、炉渣砖等；按外形分，有实心砖、多孔砖和空心砖等；按制作工艺分有烧结砖、蒸压砖等。常用砖的种类及规格见表8-1。

表8-1 常用砖的尺寸规格　　　　　　　　　　　　　　　单位：mm

类别	名称	规格（长×宽×厚）
实心砖	烧结普通砖	主砖规格：240×115×53
		配砖规格：175×115×53
	蒸压粉煤灰砖	240×115×53
	蒸压灰砂砖	实心砖：240×115×53
空心砖		空心砖：240×115×(53,90,115,175)
	烧结空心砖	290×190(140)×90
		240×180(175)×115
多孔砖	烧结多孔砖	P型：240×115×53
		M型：190×190×90

黏土砖有烧结普通砖和烧结多孔砖，以黏土为主要原料，经成型、干燥及焙烧而成。烧结普通砖分为烧结黏土砖、烧结页岩砖、烧结煤矸石砖和烧结粉煤灰砖。由于烧结黏土砖需消耗大量的土地资源和能源，用黏土实心砖砌筑的外墙保温性能差，不利于建筑的节能和环保，因此已逐步禁止使用。烧结多孔砖的孔洞率一般不小于15%，其孔的尺寸小而数量多，主要用于承重部位。砖的强度等级是依据其抗压强度来确定的，分为MU30、MU25、MU20、MU15和MU10，共五级，单位为N/mm^2。

② 砂浆：砂浆是砌体的黏结材料。它将砌块黏结成整体，并将砌块之间的空隙填实，便于将上层砌块所承受的荷载逐层均匀地传至下层砌块，以保证砌体的强度。

砌筑墙体用的砂浆有水泥砂浆、石灰砂浆和混合砂浆3种。水泥砂浆由水泥、砂加水拌和而成，属于水硬性材料，强度高，适用于潮湿环境下的砌体砌筑。石灰砂浆由石灰膏、砂加水拌和而成，属气硬性材料，强度不高，常用于砌筑次要民用建筑中地面以上的墙体。混合砂浆由水泥、石灰膏、砂加水拌和而成，其强度较高，和易性和保水性较好，多用于砌筑地面以上的砌体。砂浆的强度等级是依据其抗压强度来确定的，有M15、M10、M7.5、M5和M2.5五个等级。

(2) 砖墙的组砌方式

砖墙的组砌方式是指砖块在砌体中的排列方式。在砖墙组砌中，把砖的长方向垂直于墙面砌筑的砖叫丁砖，把砖的长方向平行于墙面砌筑的砖叫顺砖，每排列一层砖则称为一皮，上下皮之间的水平灰缝称横缝，左右两块砖之间的垂直缝称竖缝。砖墙可根据砖块尺寸和数量采用不同的排列，砖块间布满砂浆，组合成各种不同的墙体。

标准砖的规格为53mm×115mm×240mm（厚×宽×长），如图8-10所示，以10mm为一道灰缝（砖间砂浆层）估算，砖厚加灰缝：砖宽加灰缝：砖长为1：2：4。因此，通常认为一皮砖的厚度是60mm；砖墙的厚度是240mm。普通砖墙的厚度有半砖墙（12墙）、3/4砖墙（18墙）、一砖墙（24墙）和一砖半墙（37墙）等，常见的墙体厚度见表8-2，其中12墙和18墙常用作非承重墙。

表8-2 墙厚名称及尺寸

墙厚名称	通称	实际尺寸/mm	墙厚名称	通称	实际尺寸/mm
半砖墙	12墙	115	一砖半墙	37墙	365
3/4砖墙	18墙	178	两砖墙	49墙	490
一砖墙	24墙	240	两砖半墙	62墙	615

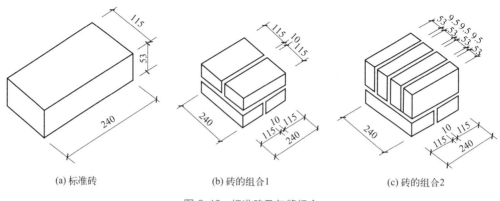

图 8-10 标准砖及灰缝组合

砖墙砌筑原则遵循横平竖直、错缝搭接、灰浆饱满和厚薄均匀，即组砌时要求砂浆饱满，横平竖直，并应注意错缝搭接，使上下砖的垂直缝交错，以保证砖墙的整体性。如果垂直缝在一条线上，即形成通缝，在荷载作用下，会使墙体稳定性和强度降低。当外墙面做清水墙时组砌还应考虑墙面图案美观。实体墙常用的组砌方式有全顺砌法（半砖墙）、一顺一丁、梅花丁（丁顺相间）、全丁砌法及两平一侧（3/4 砖墙）等，如图 8-11 所示。

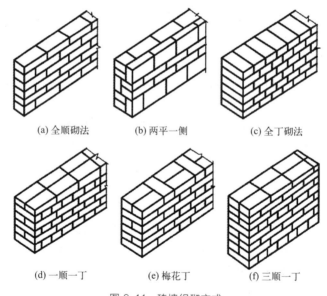

图 8-11 砖墙组砌方式

（3）砖墙的细部构造

墙体既是承重构件，又是围护构件，并与多种构件密切相关。为保证墙体的耐久性，满足其使用功能要求及墙体与其他构件的连接，应在相应的位置进行细部构造处理，主要包括：门窗过梁、窗台、勒脚、墙身防潮、散水、明沟和墙身加固等。

① 门窗过梁

当墙体上开设门窗洞口时，为了承受洞口上部砌体传来的各种荷载，并把这些荷载传给洞口两侧的墙体，常在门窗洞口上设置横梁，该梁称为门窗过梁。过梁是承重构件，其种类较多，可根据洞口跨度和洞口上的荷载大小进行选择。常见的过梁有砖拱过梁、钢筋砖过梁和钢筋混凝土过梁等。

a. 砖拱过梁

砖拱过梁有平拱和弧拱两种，如图 8-12 所示。平拱过梁的做法是将立砖和侧砖相间砌筑，使灰缝上宽下窄，砖对称向两侧倾斜，相互挤压形成拱，并承担荷载作用。平拱的高度不小于 240mm，灰缝上部宽度不大于 20mm，下部宽度不小于 5mm，拱两端下部伸入墙内 20～30mm，中部起拱高度约为跨度 L 的 1/50，跨度 L 最大可达 1.2m。砌筑砂浆强度等级不低于 M5，砖强度等级不低于 MU10。弧拱的跨度稍大。

砖拱过梁节约钢材和水泥，但施工麻烦，整体性差，不宜用于地震区，有集中荷载或振动荷载作用，以及地基不均匀沉降处的建筑。

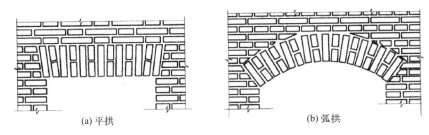

图 8-12 砖拱过梁

b. 钢筋砖过梁

钢筋砖过梁是在门窗洞口顶部的砖缝里配置钢筋，形成可以承受荷载的加筋砖砌体。钢筋直径 6mm，12 墙布置 2～3 根，24 墙布置 4 根，放在洞口上部的砂浆层内，砂浆层为 30mm 厚的 1∶3 水泥砂浆，也可以将钢筋放在第一皮砖和第二皮砖之间，钢筋两边伸入支座的长度不小于 240mm，并加弯钩。用 M5 水泥砂浆砌筑钢筋砖过梁，高度不少于 5 皮砖，且不小于门窗洞口宽度的 1/4，如图 8-13 所示。适用于跨度不大于 2m，且上部无集中荷载或墙身为清水墙的洞口上。

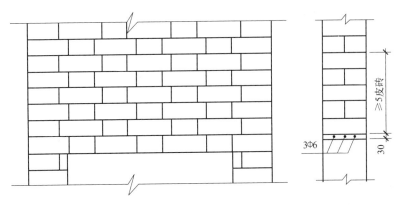

图 8-13 钢筋砖过梁

c. 钢筋混凝土过梁

钢筋混凝土过梁，坚固耐用，施工简便。当门窗洞口较大或洞口上部有集中荷载时应用。钢筋混凝土过梁有现浇和预制两种，梁宽与墙厚相同，梁高及配筋由计算确定。为了施工方便，梁高应与砖皮数相适应，常见梁高有 60mm、120mm、180mm 和 240mm。梁两端支承在墙上的长度每边不少于 240mm。过梁断面形式有矩形和 L 形，如图 8-14 所示。矩形多用于内墙和混水墙，L形多用于外墙和清水墙。在寒冷地区，为了防止过梁内壁产生冷凝水，可采用L形过梁或组合式过梁。

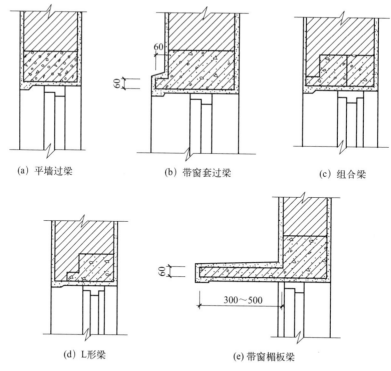

图 8-14 钢筋混凝土过梁

在采用现浇钢筋混凝土过梁的情况下，若过梁与圈梁或现浇楼板位置接近时，则应尽量合并设置，同时浇筑。这样，既节约模板、便于施工，又增强了建筑物的整体性。因此，在有些框架结构的填充墙中，常常将窗洞口开至框架梁底面处，即用框架梁兼作过梁。此外，在炎热多雨地区，常从过梁上挑出300～500mm宽的窗楣板，能同时起到防雨和遮挡部分阳光的作用。

② 窗台

窗洞口的下部应设置窗台。窗台根据窗子的安装位置可分为外窗台和内窗台。

a. 外窗台

当室外雨水沿窗扇向下流淌时，为避免雨水聚积窗下侵入墙身和沿窗下槛向室内渗透污染室内，常在窗下靠室外一侧设置一泄水构件，这就是外窗台。外窗台应向外形成一定坡度，以利排水。

外窗台有悬挑窗台和不悬挑窗台两种，如图8-15所示。悬挑窗台常采用顶砌一皮砖或将一皮砖侧砌并悬挑60mm的方式，也可采用预制混凝土窗台。窗台表面用1:3水泥砂浆抹面做出坡度，挑砖下缘做滴水线，或用成品滴水线（PVC或铝合金材料），雨水沿滴水槽下落。由于悬挑窗台下部容易积灰，在风雨作用下很容易污染窗台下的墙面，影响建筑物的美观。因此，在设计中大部分建筑物都设计为不悬挑窗台，利用雨水的冲刷洗去积灰。

按材质可分为砖窗台、混凝土窗台两种：

（a）砖窗台：砖窗台应用较广，有平砌挑砖和侧砌挑砖两种做法，挑出尺寸大多为

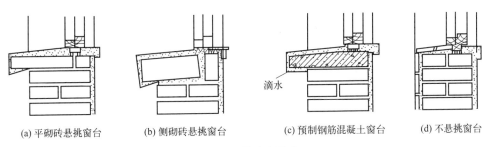

图 8-15 外窗台形式

60mm,其厚度为 60~120mm。窗台表面抹 1∶3 水泥砂浆,并应有 10% 左右的坡度,挑窗台下做滴水槽或斜抹水泥砂浆,引导雨水垂直下落不致影响窗下墙。

(b) 混凝土窗台:混凝土窗台一般是现场浇筑而成的。混凝土窗台易形成"冷桥"现象,不利于结构的保温和隔热。

b. 内窗台

内窗台在室内一侧,又称窗盘。设置内窗台是为了排除窗上的凝结水以保护室内墙面,以及存放物品、摆放花盆等。内窗台的做法常见以下两种:

(a) 水泥砂浆抹灰窗台一般在窗台上表面抹 20mm 厚的水泥砂浆,并应突出墙面 5mm 为好。

(b) 窗台板对于装修要求较高而且窗台下设置暖气片的房间,一般采用窗台板。窗台板可以用预制水泥板或水磨石板,装修要求特别高的房间还可以采用硬木板或天然石板。

③ 勒脚

勒脚是外墙接近室外地面的墙脚部分。勒脚起着保护墙身和美化建筑物立面的作用,由于砌体墙本身存在很多微孔,极易受到地表水和土中水的渗入,致使墙身受潮冻融破坏,饰面发霉、脱落;另外,偶然的碰撞,雨、雪的侵蚀,也会使勒脚损坏。

勒脚的做法、高度和色彩等应结合设计要求的建筑造型,选用耐久性高、防水性能好的材料,并在构造上采取防护措施。勒脚高度一般不小于室内外高差,至少 250mm 高,现在大多将其提高至底层窗台处。

勒脚类型有石砌勒脚、抹灰勒脚和贴面勒脚等,常用构造做法如图 8-16 所示。

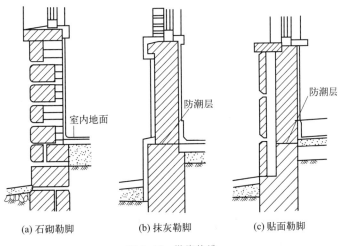

图 8-16 勒脚构造

a. 石砌勒脚采用条石、蘑菇石、混凝土等坚固耐久的材料代替砖砌外墙，高度可砌筑至室内地坪或按设计要求更高处，可用于潮湿地区建筑、高标准建筑或有地下室的建筑。

b. 抹灰勒脚可采用20mm厚1∶3水泥砂浆抹面，1∶2水泥石子浆（根据立面设计确定水泥和石子种类及颜色），或采用其他有效的抹面处理，如水刷石、干粘石或斩假石等。为保证抹灰层与砖墙黏结牢固，施工时应清扫墙面、洒水湿润，并可在墙上留槽使灰浆嵌入，形成咬口。

c. 贴面勒脚可用人工石材或天然石材贴面，如水磨石板、陶瓷面砖、花岗石、大理石等。贴面勒脚耐久性强，装饰效果好，多用于标准较高的建筑。

④ 墙身防潮

墙体底部接近土体部分易受土体中水分的影响而受潮，从而影响墙身，如图8-17所示。

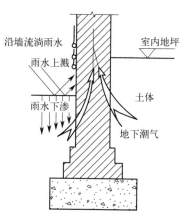

为防止土壤中的无压水渗入墙体，需要在靠近室内地面处设防潮层，有水平防潮层和垂直防潮层两种。

a. 防潮层的位置

防潮层的位置与所在墙体及地面的情况有关，如图8-18所示。

（a）当室内地面垫层为混凝土等密实材料时，水平防潮层的位置应设在垫层范围内，低于室内地坪60mm处，同时还应至少高于室外地面150mm，防止雨水溅湿墙面。

图8-17 墙身受潮示意图

（b）当室内地面垫层为透水材料时（如炉渣、碎石等），水平防潮层的位置应与室内地面平齐或高于室内地面60mm。

（c）当内墙两侧地面出现高差时，对墙面不仅要求按地坪高差的不同设置两道水平防潮层，而且为了避免高地坪房间（或室外地面）填土中的潮气侵入低地坪房间的墙面，有高差部分的竖直墙面也要采取防潮措施，在土壤一侧的墙面设垂直防潮层。

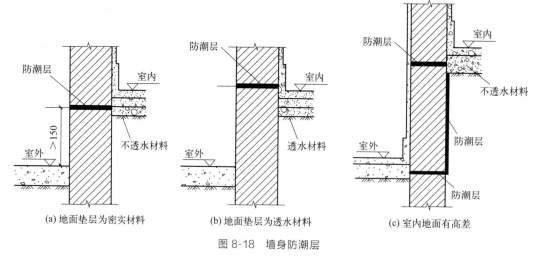

图8-18 墙身防潮层

b. 水平防潮层的构造做法

按使用的材料不同，墙身水平防潮层有卷材防潮层、防水砂浆防潮层和细石钢筋混凝土防潮层等做法，如图8-19所示。

 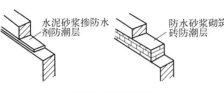 

(a) 卷材防潮层　　　　　　(b) 防水砂浆防潮层　　　　　(c) 细石钢筋混凝土防潮层

图 8-19　墙身水平防潮层构造

（a）卷材防潮层。先用 10～15mm 厚 1∶3 水泥砂浆找平，再铺卷材，卷材宽度比墙厚大 10～20mm，卷材间的搭接长度不小于 70mm。卷材应具有一定的韧性、延伸性和良好的防潮性能，但卷材防潮层的整体性较差，对抗震不利，不宜用于有抗震要求的建筑中。目前，从环保和健康角度考虑，沥青卷材和丙纶卷材已被禁止和限制使用。

（b）防水砂浆防潮层。在需要设置防潮层的位置铺设 20～30mm 厚的防水砂浆层，或用防水砂浆砌筑 2～4 皮砖做防潮层。防水砂浆是在 1∶2 的水泥砂浆中，加入 3%～5% 的防水剂配制而成的。防水砂浆能克服卷材防潮层的缺点，故较适用于抗震地区和一般的砖砌体中，但砂浆开裂或不饱满时会影响防潮效果，不宜用于地基有不均匀沉降的建筑物。

（c）细石钢筋混凝土防潮层。在 60mm 厚的细石混凝土中配 3Φ6～3Φ8 钢筋形成防潮带，或结合地圈梁的设置形成防潮层，这种防潮层抗裂性能好，且能与砌体结合为一体，适用于整体刚度要求较高的建筑。

c. 垂直防潮层

具体做法是在两道水平防潮层之间靠近土壤的垂直墙面上，先抹 15～20mm 厚的水泥砂浆找平，再铺设卷材或涂抹防水砂浆。

⑤ 散水和明沟

为便于将地面雨水排至远处，防止雨水对建筑物基础侵蚀，常在外墙四周将地面做成向外倾斜的坡面，这一坡面称为散水。

明沟是设置在外墙四周的排水沟，将水有组织地导向集水井，然后流入排水系统。

a. 散水的构造做法。按材料分有素土夯实砖铺、块石、碎石、三合土、灰土和混凝土散水等。宽度一般为 600～1000mm，厚度为 60～80mm，坡度一般为 3%～5%。当屋面排水为自由落水时，散水宽度至少应比屋面檐口宽出 200mm，但在软弱土层，湿陷性黄土层地区，散水宽度一般应大于 1500mm，且超出基底宽 200mm。由于建筑物的自沉降、外墙勒脚与散水施工时间的差异，在勒脚与散水交接处，应留有缝隙，缝内填沥青砂，以防渗水。散水构造，见图 8-20。为防止温度应力及散水材料干缩造成的裂缝，散水整体面层应在长度方向每隔 6～12m 做一道伸缩缝并在缝中填沥青砂。

b. 明沟的构造做法。明沟按材料分，有混凝土明沟、石砌明沟和砖砌明沟，如图 8-21 所示。当屋面为自由落水时，明沟的中心线应对准屋顶檐口边缘，沟底纵坡坡度为 0.5%～1%，以保证排水通畅。明沟适用于年降雨大于 900mm 的地区。

⑥ 墙身加固

墙体受到集中荷载以及地震作用等因素影响，致使墙体强度和稳定性有所降低时，须考虑对墙体采取加固措施。

a. 增设壁柱和门垛。当墙体的窗间墙上出现集中荷载而墙厚又不足以承受其荷载，或当墙体的长度和高度超过一定限度并影响墙体稳定性时（如 240mm 厚，长度超过 6m），通

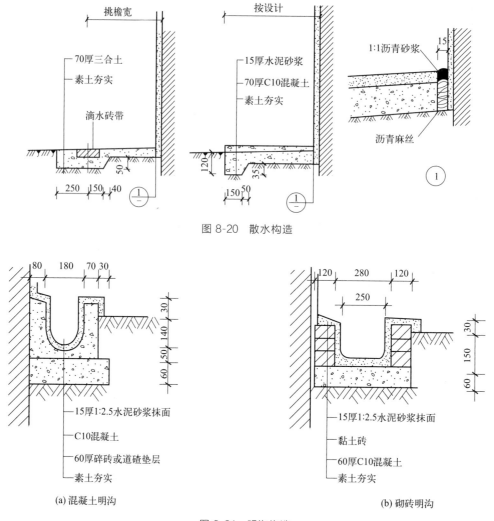

图 8-20 散水构造

图 8-21 明沟构造

常在墙身局部适当位置增设凸出墙面的壁柱来提高墙体刚度。壁柱的尺寸应符合块材规格，通常壁柱突出墙面半砖或一砖，考虑到灰缝的错缝要求，丁字形墙段的短边伸出尺度一般为 130mm 或 250mm。壁柱凸出墙面的尺寸一般为 120mm×370mm、240mm×370mm、240mm×490mm 等。

当在墙上开设门洞且门洞开在纵横墙交接处时，为了便于门框的安装和保证墙体的稳定性，须在门靠墙转角部位一边设置门垛，门垛长度一般为 120mm 或 240mm，宽度同墙厚。

b. 增设圈梁。圈梁是沿外墙四周、内纵墙及部分横墙设置在同一水平面上的连续闭合的梁。其作用是配合楼板提高建筑物的空间刚度及整体性，增强墙体的稳定性，减少由于地基不均匀沉降而引起的墙身开裂。对抗震设防区，设置圈梁，与构造柱形成骨架，可以提高墙身抗震力。

圈梁应设置在楼（层）盖之间的同一标高处，或紧靠板底的位置及基础顶面和房屋檐口处。当墙高度较大，不满足墙刚度和稳定性要求时，可在墙的中部加设一道圈梁，对于地震区建筑，圈梁设置要求如表 8-3 所示。

表 8-3 圈梁的设置要求

圈梁设置及配筋		抗震设防烈度		
		6、7度	8度	9度
圈梁设置	沿外墙及内纵墙	屋盖处及每层楼盖处设置	屋盖处及每层楼盖处设置	屋盖处及每层楼盖处设置
	沿内横墙	同上,屋盖处间距不应大于7m,楼盖处间距不应大于15m;构造柱对应部位	同上,屋盖处沿所有横墙,且间距不应大于7m,楼盖处间距不应大于7m;构造柱对应部位	同上,各层所有内横墙
最小配筋	纵筋	4Φ10	4Φ12	4Φ14
	箍筋	Φ6@250	Φ6@200	Φ6@150

圈梁的类型有钢筋砖圈梁和钢筋混凝土圈梁两种。

(a) 钢筋砖圈梁。设置在楼层标高的墙身上,在砌体灰缝中加入钢筋,梁高 4~6 皮砖,宽度同墙厚,钢筋不宜少于 6Φ6,分上下两层布置,水平间距不宜大于 120mm,砂浆强度等级不宜低于 M5,如图 8-22 所示。

(b) 钢筋混凝土圈梁。钢筋混凝土圈梁的宽度可与墙厚相当,高度一般不小于 120mm,常见的高度为 180mm 和 240mm,如图 8-23 所示。当墙厚大于 240mm 时,其宽度可为墙厚的 2/3。钢筋混凝土圈梁在墙身的位置,外墙圈梁一般与楼板相平,内墙圈梁一般在板下。

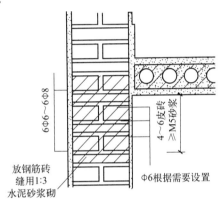

图 8-22 钢筋砖圈梁

当圈梁遇到门窗洞口而不能闭合时,应在洞口上部设置一道不小于圈梁截面的附加圈梁。附加圈梁与圈梁的搭接长度应不小于两梁高差的 2 倍,亦不小于 1m。但在抗震区,圈梁应完全闭合,不得被洞口截断。

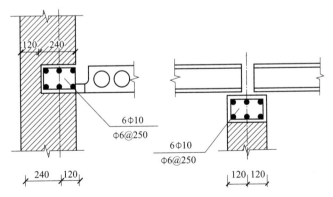

图 8-23 钢筋混凝土圈梁

c. 增设构造柱。构造柱是从构造角度考虑设置在墙身中的钢筋混凝土柱,如图 8-24 所示。其位置一般设在建筑物的外墙四角、内外墙交接处、楼梯间和电梯间四角以及较长的墙体中部、较大洞口两侧。作用是将圈梁及墙体紧密连接,形成空间骨架,增强建筑物的刚度,提高墙体的抗震能力,使墙由脆性变为延性较好的结构,做到裂而不倒。

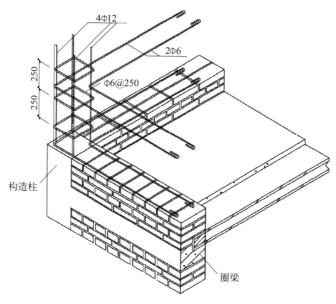

图 8-24　钢筋混凝土构造柱

对于不同层数和抗震设防烈度的砖墙体建筑，构造柱设置要求详见表 8-4。

表 8-4　砖墙构造柱设置要求

房屋层数				设置的部位	
6 度	7 度	8 度	9 度		
四、五	三、四	二、三	一	楼、电梯间四角，楼梯斜梯段上下端对应的墙体处； 外墙四角和对应转角； 错层部位横墙与外纵墙交接处； 大房间内外墙交接处； 较大洞口两侧	隔 12m 或单元横墙与外纵墙交接处； 楼梯间对应的另一侧内横墙与外纵墙交接处
六	五	四	二		隔开间横墙（轴线）与外墙交接处； 山墙与内纵墙交接处
七	≥六	≥五	≥三		内墙（轴线）与外墙交接处； 内墙局部较小墙垛处； 内纵墙与横墙（轴线）交接处

构造柱的构造要求如下：

(a) 构造柱的最小断面为 240mm×180mm，最小配筋为主筋 4Φ12，箍筋（Φ6）间距不宜大于 250mm，且在柱上下端应适当加密；

(b) 构造柱与墙连接处应砌成马牙槎；

(c) 构造柱的下部应伸入地梁内，无地梁时应伸入室外地坪下 500mm 处，构造柱的上部应伸入顶层圈梁，以形成封闭的骨架；

(d) 为加强构造柱与墙体的连接，应沿墙高每隔 500mm 放置由 2Φ6 水平钢筋和 Φ4 分布钢筋点焊组成的拉结网片，或 Φ4 点焊钢筋网片，且每边伸入墙内不少于 1m。

8.2.2　砌块墙

砌块墙是指利用预制厂生产的块材所砌筑的墙体。其优点是采用胶凝材料并能充分利用工业废料和地方材料加工制作，且制作方便，施工简单，不需要大型的起重运输设备，具有较好的灵活性，符合我国节能环保及墙体改革的要求。

(1) 砌块的材料

砌块的材料有混凝土、加气混凝土、各种工业废料、粉煤灰、煤矸石和石碴等。砌块规格、类型不统一，但使用以中、小型砌块和空心砌块居多，如图8-25所示。

在选择砌块规格时，首先必须符合《建筑模数协调标准》的规定；其次砌块的型号愈少愈好；另外砌块的尺度应考虑生产工艺条件，施工和起吊的能力以及砌筑时错缝、搭接的可能性；最后要考虑砌体的强度、稳定性和墙体的热工性能等。

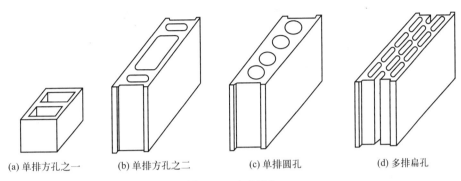

(a) 单排方孔之一　　(b) 单排方孔之二　　(c) 单排圆孔　　(d) 多排扁孔

图8-25　空心砌块

小型砌块，分实心砌块和空心砌块，其外形尺寸多为190mm×190mm×390mm。辅助块尺寸为90mm×190mm×190mm和190mm×190mm×190mm，空心砌块一般为单排孔。

中型砌块，也有空心砌块和实心砌块之分，其尺寸根据各地区使用材料的力学性能和成型工艺确定。在满足建筑施工和其他使用要求的基础上力求形状简单、细部尺寸合理，空心砌块有单排方孔、单排圆孔和多排扁孔等形式。空心砌块常见的尺寸为180mm×630mm×845mm、180mm×1280mm×845mm、180mm×2130mm×845mm（厚×长×高），实心砌块的尺寸为240mm×280mm×380mm、240mm×430mm×380mm、240mm×580mm×380mm、240mm×880mm×380mm（厚×长×高）。不同孔型的混凝土空心砌块的构造尺寸见表8-5。

表8-5　不同孔型混凝土空心砌块尺寸

项目	孔型		
	单排孔	单排圆孔	多排孔
空心率/%	50～60	40～50	35～45
壁厚 d/mm	25～35	25～30	25～35
肋距/mm	106～128	$d+30$～40	—

(2) 砌块的组合与砌体构造

砌块的组合是根据建筑初步设计做砌块的试排工作，即按建筑物的平面尺寸、层高，对墙体进行合理的分块和搭接，以便正确选定砌块的规格、尺寸。在设计时，不仅要考虑大面积墙面的错缝、搭接，避免通缝，而且还要考虑内、外墙的交接、咬砌，使其排列有致。此外，应尽量使用统一规格的主要砌块，使其占砌块总数的70%以上。

① 砌块墙体的划分与砌块的排列

砌块墙体划分时应考虑：a.排列整齐，考虑建筑物的立面要求及施工方便。b.保证纵横墙搭接牢固，以提高墙体的整体性。砌块上下搭接至少上层盖住下层砌块1/4长度。若为对缝须另加铁件，以保证墙体的强度和刚度。c.尽可能少镶砖，必须镶砖时，则尽可能对称分散布置。

墙面砌块的排列方式多依起重能力而定。小型砌块多为人工砌筑。中型砌块的立面划分与起重能力有关,当起重能力在 0.5t 以下时可采用多皮划分,当起重能力在 1.5t 左右时可采用四皮划分。

② 砌块墙的构造

砌块墙和砖墙一样,在构造上应增强其墙体的整体性与稳定性。

a. 砌块墙拼接。在中型砌块的两端一般设有封闭式的包浆槽,在砌筑或安装时,必须使竖缝填灌密实,水平缝砌筑饱满,保证连接。一般砌块采用 M5 级砂浆砌筑,灰缝厚一般为 15~20mm。当垂直灰缝大于 30mm 时,须用 C20 细石混凝土灌实。在砌筑过程中出现局部不齐时,常以普通黏土砖填嵌。

中型砌块砌体应错缝搭接,搭缝长度不得小于 150mm,小型砌块要求对孔错缝,搭缝长度不得小于 90mm,当搭缝长度不足时,应在水平灰缝内增设 Φ4 的钢筋网片,如图 8-26 所示。砌块墙体的防潮层设置同砖砌体,同时,应以水泥砂浆做勒脚抹面。

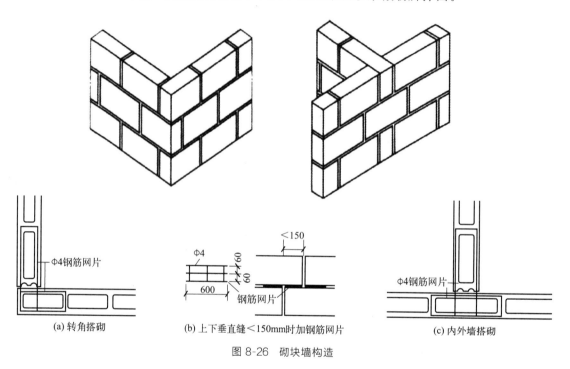

图 8-26 砌块墙构造

b. 过梁与圈梁。过梁既起连系梁和承受门窗洞孔上部荷载的作用,同时又是一种调节砌块。为加强砌块建筑的整体性,多层砌块建筑应设置圈梁。当圈梁与过梁位置接近时,往往将圈梁和过梁一并考虑。不同抗震烈度圈梁设置要求,见表 8-6。圈梁有现浇和预制两种,其中现浇圈梁整体性强。

表 8-6 不同抗震烈度圈梁设置要求

墙类	烈度		
	6、7 度	8 度	9 度
外墙和内纵墙	屋盖处及每层楼盖处	屋盖处及每层楼盖处	屋盖处及每层楼盖处
内横墙	同上,屋盖处间距不应大于 4.5m,楼盖处间距不应大于 7.2m;构造柱对应部位	同上,各层所有横墙,且间距不应大于 4.5m;构造柱对应部位	同上,各层所有横墙

c. 构造柱。为加强砌块建筑的整体刚度和变形能力，常在外墙转角和必要的内、外墙交接处设置构造柱。构造柱多利用空心砌块上下孔洞对齐，在孔中配置不小于 2Φ12 钢筋分层插入，并用 C20 细石混凝土分层填实，如图 8-27 所示。构造柱与圈梁、基础须有可靠的连接，这对提高墙体的抗震能力十分有利。

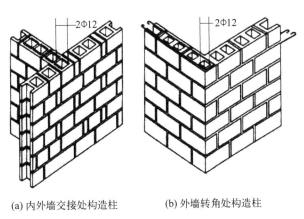

(a) 内外墙交接处构造柱　　(b) 外墙转角处构造柱

图 8-27　砌块墙构造柱

8.3　幕墙

幕墙是骨架结构的外围护墙。它悬挂于骨架结构上，承受着风荷载，并通过连接固定体系将其自重和风荷载传递给骨架结构。同时，幕墙还控制着光线、空气和热量等的内外交流，能够防止雨水、尘土、噪声和虫害等的影响。

幕墙是现代公共建筑中一种常见的外墙形式，如上海佘山世茂洲际酒店、中央电视台总部大楼、湖州喜来登温泉度假酒店和银河 SOHO 等均是幕墙建筑的典型代表。它具有装饰效果好、质量轻和安装速度快等特点。但幕墙会产生光反射，在建筑密集区易造成光污染，在设计时需要考虑环境条件。

幕墙按施工方式分，有现场组装式和预制单元式两种。现场组装式通常是将条状型材和板材用螺钉或卡具在现场逐渐组装起来的幕墙。预制单元式是将条状型材和板材在工厂组装成预制组装单元或预制整体单元后，再运到工地进行安装。

幕墙按材料分玻璃幕墙、金属幕墙和石材幕墙等类型。

8.3.1　玻璃幕墙

玻璃幕墙是由金属构件与玻璃板组成的建筑外围护结构。它可以将天空漂亮的景色反射成为一种新型的景观。此外，如利用双层中空玻璃作为幕墙，在夏季可以抵挡 90% 的太阳辐射，阳光照射在身上不会觉得炎热；在冬季可以保温，不会让热量流失，室内更加温暖。但是它存在光污染、能耗较大等问题。因此在使用时要结合现场情况进行使用。

根据其承重方式不同分为框承式玻璃幕墙、全玻幕墙和点支承玻璃幕墙。

(1) 框承式玻璃幕墙

框承式玻璃幕墙是指玻璃面板周边由金属框架支承的玻璃幕墙。

按其构造方式分为：明框玻璃幕墙、隐框玻璃幕墙和半隐框玻璃幕墙。明框玻璃幕墙是指金属框架的构件显露于面板外表面的框承式玻璃幕墙。隐框玻璃幕墙是指金属框架的构件完全不显露于面板外表面的框承式玻璃幕墙。半隐框玻璃幕墙是指金属框架的竖向或横向构件显露于面板外表面的框承式玻璃幕墙。

按其安装施工方法分为构件式玻璃幕墙和单元式玻璃幕墙。其中构件式玻璃幕墙是指在现场依次安装立柱、横梁和玻璃面板的框承式玻璃幕墙；单元式玻璃幕墙是指将面板和金属框架在工厂组装为幕墙单元，以幕墙单元形式在现场完成安装施工的框承式玻璃幕墙。框承式玻璃幕墙的造价低，是使用最广泛的玻璃幕墙。其中单元式玻璃幕墙安装速度快，工厂化程度高，质量容易控制，是幕墙设计施工发展的方向。

（2）全玻幕墙

全玻幕墙是由玻璃和玻璃肋板组成的玻璃幕墙。肋玻璃垂直于面玻璃，以增强面玻璃的刚度。肋玻璃与面玻璃可采用结构胶粘接，也可以通过不锈钢爪件连接。全玻幕墙的支承系统分为悬挂式、支承式和混合式三种。当幕墙高度不太大时，可以用下部支承的非悬挂系统。当高度较大时，为避免面玻璃和肋玻璃在自重作用下因变形而失去稳定性，需采用悬挂支承系统。这种系统有专门的吊挂机构在上部抓住玻璃，以保证玻璃的稳定。

（3）点支承玻璃幕墙

点支承玻璃幕墙是由玻璃面板、支承装置和支承结构构成的玻璃幕墙，如图 8-28 所示。其中，支承结构可分为杆件体系和索杆体系两种。杆件体系是由刚性构件组成的结构体系，索杆体系是由拉索、拉杆和刚性构件等组成的预拉力结构体系。支承装置由爪件、连接件以及转接件组成，常采用不锈钢制作。玻璃面板形状通常为矩形，采用四点支承，根据情况也可采用六点支承，对于三角形玻璃面板可采用三点支承。

(a) 点支承玻璃幕墙　　(b) 爪件

图 8-28　点支承玻璃幕墙及爪件

8.3.2　金属幕墙

金属幕墙是由金属构架与金属板材组成的、不承担主体结构荷载与作用的建筑外围护结构，如图 8-29 所示。金属板一般包括单层铝板、铝塑复合板、蜂窝铝板和不锈钢板等，铝板幕墙构造如图 8-29 所示。

8.3.3　石材幕墙

石材幕墙是由金属构架与建筑石板组成的、不承担主体结构荷载与作用的建筑外围护结构。

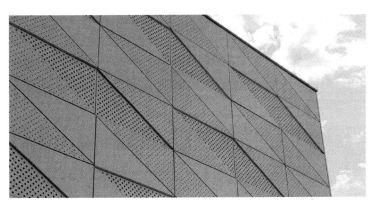

图 8-29 金属幕墙

石材幕墙一般采用框支承结构,根据石材面板的连接方式不同,可分为钢销式、槽式和背栓式等。

钢销式连接需在石材的上下两边或四边开设销孔,石材通过钢销及连接板与幕墙骨架连接,它开孔方便,但受力不合理,容易出现应力集中导致石材局部破坏,因而使用受到限制。

槽式连接需在石材的上下两边或四边开设槽口,与钢销式连接相比,它的适应性更强。

背栓式连接在面板背部开孔,改善了面板的受力,孔中插入不锈钢背栓,并扩胀使之与石板紧密连接,然后通过连接件与幕墙骨架连接。

8.4 隔墙与隔断

8.4.1 隔墙

隔墙是分隔建筑物内部空间的非承重构件,本身作用由楼板或梁来承担。现代建筑中,为了提高平面布局的灵活性,大量采用隔墙来适应建筑功能的变化。因此,隔墙的构造设计要求自重轻,厚度薄,尽量少占空间,有隔声和防火性能,便于拆卸,浴室厕所的隔墙能防潮、防水。

隔墙的类型按其构造方式可分为轻骨架隔墙、块材隔墙和板材隔墙三大类。

(1) 轻骨架隔墙

轻骨架隔墙由骨架和面层两部分组成,通常先立墙筋(骨架)后做面层,也称为立筋式隔墙。

骨架的种类很多,常用的有木骨架和金属骨架。隔板按骨架材料分为木骨架隔墙和金属骨架隔墙。

① 木骨架隔墙

木骨架隔墙根据饰面材料的不同有板条抹灰隔墙、装饰板隔墙和镶板隔墙等多种。由于其自重轻,构造简单,在过去应用较广。

木骨架由上槛、下槛、墙筋、斜撑及横撑等构成,如图 8-30 所示。墙筋靠上、下槛固定。上、下槛及墙筋断面通常为 50mm×70mm 或 50mm×100mm。墙筋之间沿高度方向每隔 1.5m 左右设斜撑一道。当表面铺钉面板时,则斜撑改为水平的横撑。斜撑或横撑的断面与墙筋相同或略小于墙筋。墙筋与横撑的间距由饰面材料规格而定，通常取 400mm，450mm，500mm 及 600mm。一般灰板条抹灰饰面取 400mm，饰面板取 500mm，胶合板、纤维板取 600mm 或 450mm。

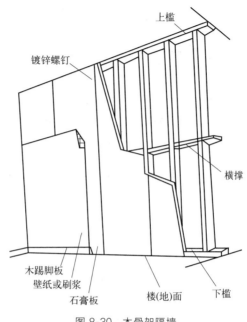

图 8-30 木骨架隔墙

隔墙饰面是在木骨架上铺设的各种饰面材料，常用的有板条抹灰、装饰吸声板、钙塑板、纸面石膏板、水泥刨花板、水泥石膏板以及各种胶合板和纤维板等。板条抹灰隔墙是在墙筋上钉木板条，然后抹灰。木板条一般为 6mm×30mm×1200mm，钉在骨架上，其间隙为 9mm 左右，以便让底灰挤入板条间隙的背面，"咬"住灰板条。钉板条时，一根板条搭接三个墙筋间距。为避免因板条搭接接缝在一根墙筋上过长，导致外部抹灰开裂、脱落，当板条搭接接缝长达 600mm 时，必须使接缝位置错开，如图 8-31 所示。

为加强抹灰与板条的联系，防止抹灰面层开裂，或需在板条外作水泥砂浆抹灰时，常将板条间距增大，然后在板条外铺钢板网或钢丝网后，再进行抹灰。此外，还有些以打孔的纤维板或木丝板代替灰板条，然后在外抹灰。

② 金属骨架隔墙

金属骨架隔墙是在金属骨架外铺钉面板而制成的隔墙。它具有节约木材、重量轻、强度高、刚度大、结构整体性强及拆装方便等特点。骨架由各种形式的薄壁型钢加工而成，如图 8-32 所示。

骨架用板厚 0.6～1.5mm，经冷轧成型为槽形截面，其尺寸为 100mm×50mm 或 75mm×45mm。骨架包括上槛、下槛、墙筋和横档骨架，与楼板、墙或柱等构件相接时，多用膨胀螺栓或射钉来固接，螺钉间距 600～1000mm。墙筋、横挡之间靠各种配件相互连接。墙筋间距由面板尺寸定，一般为 400～600mm。

面板多为胶合板、纤维板、石膏板和纤维水泥板等，面板用镀锌螺钉、自攻螺钉固定在金属骨架上。采用后两种面板者，可作为不燃烧材料隔墙。如要达到耐火极限 1h 以上，则需采用多层岩棉或矿棉填充，可查阅防火规范有关规定。

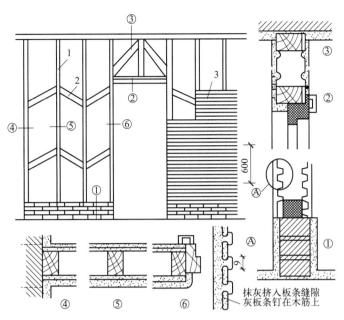

图 8-31 板条抹灰隔墙
1—隔墙；2—斜撑；3—板条

(2) 块材隔墙

块材隔墙系指利用普通砖、多孔砖、空心砌块以及各种轻质砌块等砌筑的墙体，常用的有普通黏土砖隔墙和砌块隔墙两种。

① 普通黏土砖隔墙

普通黏土砖隔墙有半砖隔墙（120mm）和 1/4 砖隔墙（60mm）之分。对半砖隔墙：采用全顺组砌，当采用 M2.5 级砂浆砌筑时，其高度不宜超过 3.6m，长度不宜超过 5m；当采用 M5 级砂浆砌筑时，高度不宜超过 4m，长度不宜超过 6m。否则在构造上除砌筑时应与承重墙或柱固结外，还应在墙身每隔 1.2m 高度处，加 2Φ6 拉结钢筋予以加固。对 1/4 砖隔墙：利用标准砖侧砌，其高度一般不应超过 2.8m，长度不超过 3.0m，须用 M5 级砂浆砌筑，多用于住宅厨房与卫生间之间的分隔。

② 多孔砖或空心砖隔墙

多采用立砌，厚度为 90mm，在 1/4 砖和半砖墙之间。其加固措施可以参照半砖隔墙的构造进行。在接合处设半块时，可用普通砖填嵌空隙。

此外，砖隔墙的上部与楼板或梁交接处，不宜过于填实或使砖砌体直接顶住楼板或梁，应留约 30mm 的空隙或将上两皮砖斜砌，以预防楼板结构产生挠度，致使隔墙被压坏。

③ 砌块隔墙

常采用粉煤灰硅酸盐、加气混凝土、水泥煤渣等制成的实心或空心砌块砌筑。墙厚由砌块尺寸确定，一般为 90~120mm。由于墙体稳定性较差，需对墙身进行加固处理。通常是沿墙身横向配置钢筋，如图 8-33 所示。对空心砌块墙有时也可在竖向配筋。

(3) 板材隔墙

板材隔墙是指采用各种轻质材料制成的各种预制轻型板材安装而成的隔墙。常见的板材有加气混凝土条板、石膏条板、碳化石灰板、蜂窝纸板和水泥刨花板等。特点是自重轻、安

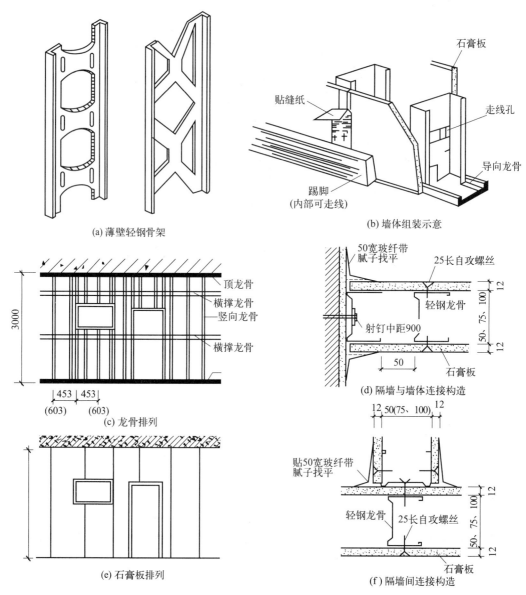

图 8-32 金属骨架隔墙

装方便。

① 加气混凝土条板隔墙

加气混凝土主要在水泥、石灰、砂和矿渣等中加入发泡剂,经过原料处理和养护等工序制成。加气混凝土条板具有自重轻(干密度 $5\sim7kN/m^3$),节省水泥,运输方便,施工简单,有可锯、可刨和可钉等优点。但加气混凝土吸水性大、耐腐蚀性差、强度较低(抗压强度 $300\sim500N/cm^2$),在运输、施工过程中易损坏。不宜用于具有高温高湿环境或有化学、有害空气介质的建筑中。

加气混凝土条板规格为长 2700~3000mm,宽 600~800mm,厚 80~100mm。隔墙板之间用水玻璃砂浆进行黏结,其配合比为水玻璃:磨细矿砂:细砂=1:1:2。条板安装一般是在地面上用一对木楔在板底将板楔紧,如图 8-34 所示。

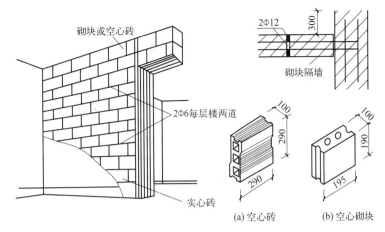

图 8-33 砌块隔墙

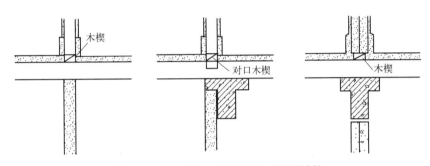

图 8-34 加气混凝土条板隔墙与楼板的连接

② 碳化石灰板隔墙

碳化石灰板是以磨细的生石灰为主要原料，掺入 3%～4%（质量比）的短玻璃纤维，加水搅拌，振动成型，利用石灰窑的废气碳化而成的空心板。碳化石灰板材料来源广泛，生产工艺简单，成本低廉，重量轻，隔声效果好。一般的碳化石灰板的规格为长 2700～3000mm，宽 500～800mm，厚 90～120mm。板的安装同加气混凝土板隔墙，如图 8-35 所示。

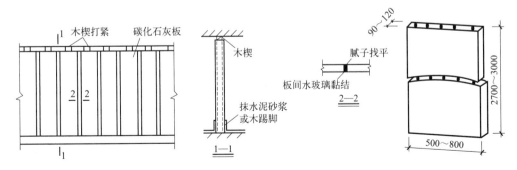

图 8-35 碳化石灰板隔墙

碳化石灰板隔墙可做成单层或双层，90mm 或 120mm 厚，隔墙平均隔声能力为 33.9dB 或 35.7dB。60mm 宽空气间层的双层板，平均隔声能力可为 48.3dB，适用于隔声要求高的房间。

③ 增强石膏空心条板

增强石膏空心条板分为普通条板、钢木窗框条板及防水条板三种，在建筑中按各种功能要求配套使用。石膏空心条板规格为宽600mm、厚60mm、长2400～3000mm，9个孔，孔径38mm，空隙率28%，能满足防火、隔声及抗撞击的功能要求，如图8-36所示。

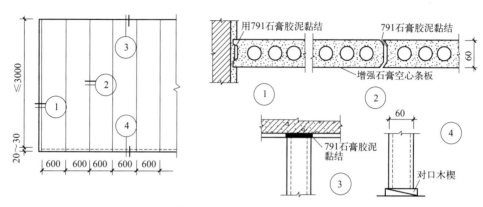

图 8-36 增强石膏空心板隔墙

④ 复合板隔墙

用几种材料制成的多层板为复合板。复合板的面层有石棉水泥板、石膏板、铝板、树脂板、硬质纤维板和压型钢板等。夹心材料可用矿棉、木质纤维、泡沫塑料和蜂窝状材料等。

复合板充分利用材料的性能，大多具有强度高，耐火性、防水性、隔声性能好的优点，且安装、拆卸简便，有利于建筑工业化。

泰柏板（又称三维板）复合墙体是由Φ2低碳冷拔镀锌钢丝焊接成三维空间网笼，中间填充50mm厚的阻燃聚苯乙烯泡沫塑料构成的轻质板材，然后在现场安装并双面抹灰或喷涂泥砂浆而组成的复合墙体，如图8-37所示。

8.4.2 隔断

隔断是分隔室内空间的装修构件，与隔墙有相似之处，但也有根本区别。隔断的作用在于变化空间或遮挡视线。利用隔断分隔空间，可以产生丰富的意境效果，增加空间的层次和深度，使空间既分又合，且互相连通。隔断能创造一种似隔非隔、似断非断和虚虚实实的景象，是当今居住和公共建筑在设计中常用的一种处理手法，如住宅、办公室、旅馆、展览馆、餐厅和门诊部等。

常用的隔断有屏风式、镂空式、玻璃墙式、移动式以及家具式等。

(1) 屏风式隔断

屏风式隔断通常不隔到顶，空间通透性强。隔断与顶棚保持一段距离，起到分隔空间和遮挡视线的作用，形成大空间中的小空间。厕所、淋浴间等多采用这种形式，也常用于办公室、餐厅、展览馆以及门诊部的诊室等公共建筑中。隔断高一般为1050mm、1350mm、1500mm、1800mm等，可根据不同使用要求进行选用。

从构造上，屏风式隔断有固定式和活动式两种。固定式构造又可分为立筋骨架式和预制板式。预制板式屏风隔断借助预埋铁件与周围墙体、地面固定，而立筋骨架式屏风隔断则与

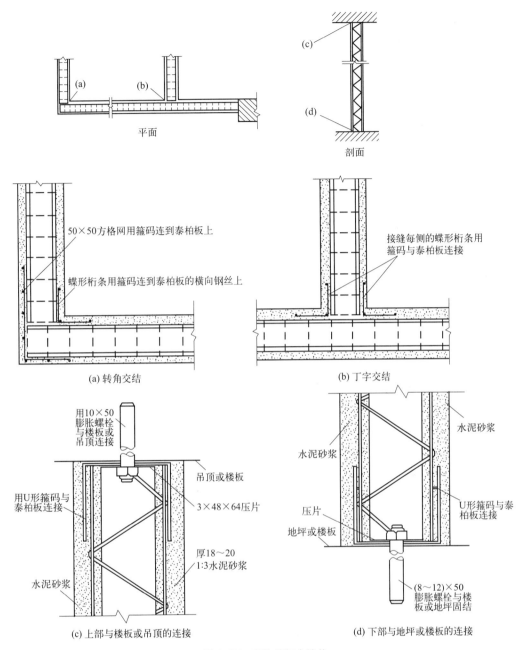

图 8-37 泰柏板复合墙体

隔墙相似,它可在骨架两侧铺钉面板,也可镶嵌玻璃。玻璃可以是磨砂玻璃、彩色玻璃和棱花玻璃等。骨架与地面的固定方式,如图 8-38 所示。

活动式屏风隔断可以移动放置。最简单的支承方式是在屏风扇下安装一金属支承架。支架可以直接放在地面上,也可在支架下安装橡胶滚动轮或滑动轮,移动起来更加方便,如图 8-39 所示。

(2)镂空式隔断

镂空式隔断是公共建筑门厅、客厅等分隔空间时常用的一种隔断。其形式多样,有竹制、木制的,也有混凝土预制构件的。

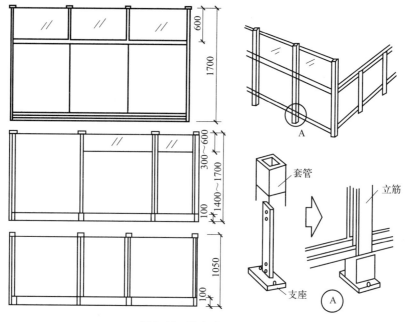

图 8-38 固定式屏风隔断

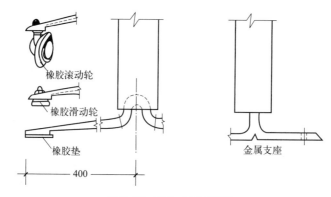

图 8-39 活动式屏风隔断

（3）玻璃墙式隔断

玻璃墙式隔断有玻璃砖隔断和透空玻璃隔断两种。玻璃砖隔断采用玻璃砖砌筑而成，既分隔空间，又透光，常用于公共建筑的接待室、会议室等处。

透空玻璃隔断采用普通平板玻璃、磨砂玻璃、刻花玻璃、压花玻璃、彩色玻璃以及各种颜色的有机玻璃等嵌入木框或金属框的骨架中，具有透光性。当采用普通玻璃时，还可视性，它主要用于幼儿园、医院病房、精密车间走廊以及仪器仪表控制室等处。

（4）其他隔断

移动式隔断可以随意闭合、开启，是使相邻的空间随之变化成独立的或合一的空间的一种隔断形式，具有使用灵活多变的特点。它可分为拼装式、滑动式、折叠式、悬吊式、卷帘式和起落式等。

家具式隔断是利用各种适用的室内家具来分隔空间的一种设计处理方式。它把空间分隔与功能使用以及家具配套巧妙地结合起来，既节约费用，又节省面积，既提高了空间组合的灵活性，又使家具布置与空间相协调，多用于住宅的室内设计以及办公室分隔等处。

8.5 防火墙

为减少火灾的发生或防止其蔓延、扩大，除建筑设计时考虑到防火分区分隔、选用难燃或不燃烧材料制作构件、增加消防设施等之外，在墙体构造上，尚需注意防火墙的设置。

防火墙的作用在于截断防火区域的火源，防止火势蔓延，防火墙的耐火极限一般要求为3.0h。根据防火规范规定，防火分区分隔的防火墙耐火极限应保持不低于4.0h；防火墙上不应开设门窗洞口，如必须开设时，应采用甲级防火门窗，并应能自动关闭。

防火墙应截断燃烧体或难燃烧体的屋顶，并高出不燃烧体屋顶不小于400mm；高出燃烧体或难燃烧体屋顶不小于500mm。当屋顶承重构件为耐火极限不低于0.5h的不燃烧体时，防火墙（包括纵向防火墙）可砌至屋面基层的底部，不必高出屋面。

  思考题

8-1 墙体在建筑中的主要作用有哪些，墙体的分类方式有哪些？
8-2 墙体结构的布置方式和承重方案分别有哪些？
8-3 提高外墙保温和隔热功能的做法有哪些？
8-4 砖墙的优缺点及组砌方式有哪些？
8-5 砖墙细部构造的主要内容有哪些？
8-6 幕墙的分类方式有哪些，分别包含哪些类型？
8-7 隔墙的构造设计要求和类型有哪些？
8-8 隔断的类型有哪些？
8-9 简述防火墙的作用及构造要求。
8-10 砖墙构造柱的构造要求有哪些？

第 9 章 楼板层与地坪层

学习目标

了解楼地层的基本组成、楼板层的设计要求、地面构造设计要求、地面类型、顶棚的类型和阳台的结构布置形式,掌握各类钢筋混凝土楼板构造、地面构造、顶棚构造、阳台与雨篷构造。

9.1 概述

楼板层与地坪层统称楼地层,是在水平方向分隔建筑空间的水平承载构件。楼板层的结构层为楼板,主要作用是将其承受的荷载及自重传给下部承重墙或柱;同时,楼板层又是墙或柱在水平方向的支撑构件,加强建筑墙体抵抗水平方向变形的刚度,以减小风力和地震等对墙或柱产生的水平推力;此外,楼板层还应具有一定的隔声、防水和防火等能力。地坪层的结构层为垫层,垫层将所承受的荷载及自重均匀地传给夯实的地基,此外,地坪层还应具有一定的保温、防水和防潮能力。

9.1.1 楼地层的基本组成

(1) 地坪层的基本组成

地坪层主要由面层、垫层和基层三部分构成,如图 9-1 所示。对有特殊要求的地坪,常在面层与结构层之间增设附加层,如防水层、防潮层和保温隔热层等。

面层又称地面,是地坪层最靠上的部分,也是人们经常接触的部分,同时也对室内起装饰作用。根据使用和装修要求的不同,有各种不同做法。

垫层是地坪承重和传力的结构部分。通常采用 C10 混凝土制成,其厚度一般为 80~100mm。

基层位于垫层之下,作用是承受垫层传递下来的荷载。可以用灰土、碎石及碎砖作基层,也有的采用三合土作基层。基层均须夯实。

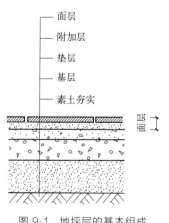

图 9-1 地坪层的基本组成

(2) 楼板层的基本组成和类型

① 楼板层的基本组成

楼板层主要由面层、结构层、附加层和顶棚层等组成,如图 9-2 所示。

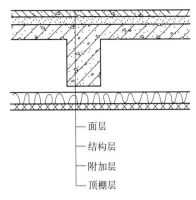

图 9-2 楼板层的基本组成

面层又称楼面或地面。起着保护楼板层、分布荷载和各种绝缘的作用，同时也对室内装修起重要作用。

结构层是楼板层的承重部分，包括板和梁，主要功能在于承受楼板层上的全部静、活荷载并将这些荷载传给墙或柱；同时还对墙身起水平支撑作用，帮助墙身抵抗和传递由风或地震等产生的水平力，以增强建筑物的整体刚度。

附加层又称功能层，主要用于需满足隔声、防水、隔热、保温等绝缘作用的部分。它是现代楼板结构中不可缺少的部分。

顶棚层是楼板层的下面部分，主要用以保护楼板、安装灯具、遮掩各种水平管线设备以及装修室内。在构造上可分为直接抹灰顶棚、粘贴类顶棚和吊顶棚等多种形式。

② 楼板的类型

根据所采用材料的不同，楼板可分为木楼板、钢筋混凝土楼板以及钢衬板承重的楼板等多种形式，如图 9-3 所示。

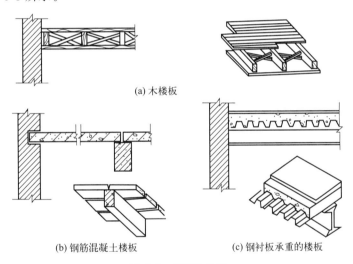

图 9-3 楼板的类型

木楼板具有自重轻、构造简单等优点，但其耐火和耐久性均较差，为节约木材，除产木地区外现已极少采用。

钢筋混凝土楼板具有强度高、刚度好，既耐久、又防火，还具有良好的可塑性，且便于工业化生产和机械化施工等特点，是目前我国工业与民用建筑中楼板的基本形式。

压型钢板组合楼板是一种用截面为凹凸形的压型钢板与现浇混凝土面层组合形成的整体性很强的楼板结构。压型钢板既可作为混凝土面层的模板，又起结构作用，可以增强楼板的侧向和竖向刚度，使结构的跨度加大，梁的数量减少，楼板自重减轻，施工进度加快，在国外高层建筑中得到了广泛应用。

9.1.2 楼板层的设计要求

楼板层除了要承受和传递荷载，并具有一定程度的隔声、防火和防水等能力外，建筑物

中的各种水平设备管线,也将在楼板层内安装。因此,作为楼板层,必须满足如下要求:

(1) 必须具有足够的强度和刚度,以保证结构的安全性。

(2) 必须具有一定的防火能力,保证人员生命及财产的安全。

(3) 为避免楼层上下空间相互干扰,楼板层应具有一定的隔声能力。

(4) 对有水侵袭的楼板层,须具有防潮和防水能力,保证建筑物正常使用。

(5) 对某些有特殊要求的建筑,须具备相应的防腐蚀、防静电、防油和防爆等能力,如服务器机房须防静电对电子元器件的影响。

此外,为满足现代建筑的"智能化"要求,须合理安排各种设备管线的走向。

9.2 钢筋混凝土楼板构造

钢筋混凝土楼板,具有强度高、刚度好、不燃烧、耐久性好以及有利于工业化生产等优点,是建筑物广泛采用的一种楼板形式。根据其施工方法的不同,有现浇整体式钢筋混凝土楼板、预制装配式钢筋混凝土楼板和装配整体式钢筋混凝土楼板三种类型。各种钢筋混凝土楼板的优缺点及适用条件,见表9-1。

表9-1 钢筋混凝土楼板优缺点及适用条件

类型	优点	缺点	适用条件
现浇整体式钢筋混凝土楼板	整体性好,可以适应各种不规则的建筑平面,预留管道孔洞较方便	湿作业量大,工序繁多,需要养护,施工工期较长,而且受气候条件影响较大	特别适用于整体性要求较高的建筑物或有管道穿过楼板的房间以及形状不规则或房间尺寸不符合模数标准要求的房间
预制装配式钢筋混凝土楼板	大大提高了现场机械化施工水平,节省模板、缩短工期,提高工业化水平	整体性较差,一些抗震要求较高的地区不宜采用	平面形状规则、尺度符合模数标准的建筑物,都应尽量采用预制楼板
装配整体式钢筋混凝土楼板	兼有现浇与预制的双重优越性,房屋的刚度和整体性较好,施工简单,能节约模板,加快施工进度	—	目前广泛用于住宅、宾馆、学校、办公楼等建筑中

9.2.1 现浇整体式钢筋混凝土楼板

现浇整体式钢筋混凝土楼板,是在施工现场经过支模、绑扎钢筋、浇灌混凝土、养护和拆模等施工程序而形成的楼板。根据受力和传力情况,分为板式楼板、梁板式楼板和无梁楼板。

(1) 板式楼板

板式楼板的板直接支承在墙上,无须梁。楼板上的荷载直接由楼板传递给墙体。它多用于跨度较小的房间或走廊,如居住建筑中的厨房、卫生间以及公共建筑的走廊等,如图9-4所示。

(2) 梁板式楼板

当房间的跨度较大,为使楼板结构的受力与传力更加合理,常在楼板下设梁,以减小板的跨度,使楼板上的荷载先由板传递给梁,再由梁传递给墙或柱,这种楼板结构称梁板式楼板。梁有主梁、次梁之分,如图9-5所示。

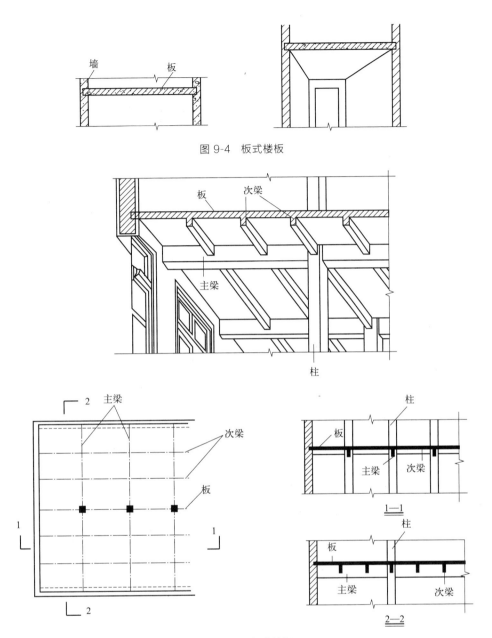

图 9-4 板式楼板

图 9-5 梁板式楼板

为了更充分发挥楼板结构的效力,合理选择构件的截面尺寸至关重要。梁板式楼板常用的经济尺寸见表 9-2。

表 9-2 梁板式楼板常用的经济尺寸

构件	主梁	次梁	板
跨度	一般为 5~9m,最大可达 12m	为主梁的间距,一般为 4~6m	为次梁的间距,一般为 1.8~3.6m
高度(厚度)	高为跨度的 1/14~1/8	高为跨度的 1/18~1/12	板厚一般为 60~180mm
	主次梁的宽高之比均为 1/3~1/2		

"井"式楼板,是梁板式楼板的一种特殊形式,其特点是不分主梁和次梁,梁双向布置,

断面等高且同位相交,梁之间形成井字格,如图9-6所示。梁的布置既可正交正放,也可正交斜放,其跨度一般为10~30m,梁间距一般为3m左右。这种楼板外形规则、美观,而且梁的截面尺寸较小,相应提高了房间的净高。适用于建筑平面为方形或近似方形的大厅。

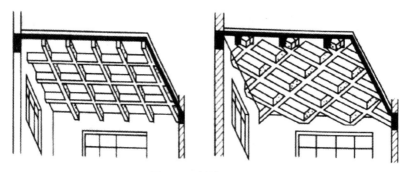

图9-6 "井"式楼板

（3）无梁楼板

无梁楼板是将现浇钢筋混凝土板直接支承在柱上的楼板结构。为了增大柱的支承面积和减小板的跨度,常在柱顶增设柱帽和托板,如图9-7所示。无梁楼板顶棚平整,室内净空大,采光、通风好。其经济跨度为6m左右,板厚一般为120mm以上,多用于荷载较大的商店、仓库、展览馆等建筑中。

无梁楼板与梁板式楼板比较,顶棚平整,室内净空大,采光、通风好,施工较简单。

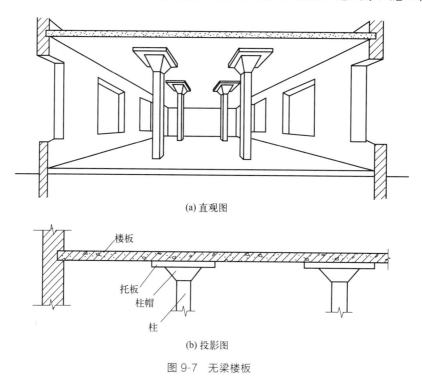

图9-7 无梁楼板

9.2.2 预制装配式钢筋混凝土楼板

预制装配式钢筋混凝土楼板是构件在工厂或现场生产,然后现场组装的钢筋混凝土楼板。一般情况下预制板的长度与房间的开间和进深尺寸一致，应为 3m 的倍数；板的宽度一般为 1m 的倍数。

预制构件可分为预应力和非预应力两种。非预应力构件因混凝土的抗拉能力很低，当构件受弯后，在受拉区的混凝土很快出现裂缝。裂缝扩展不仅使构件的挠度增大、裂缝处的钢筋失去保护而易锈蚀，同时还限制了钢筋使用强度的充分发挥。但非预应力构件对材料、施工技术和施工设备等要求相对较低，故目前仍在采用。

预应力构件通过张拉钢筋的回缩，在受拉区对混凝土预先产生压应力，如图 9-8 所示，这样在整个受力过程中，受拉区受拉推迟，因而混凝土由受拉产生的裂缝也推迟出现。这不仅保证了构件的刚度，而且还使钢筋的使用强度得到充分发挥，但其对材料、施工技术和施工设备等要求相对较高，当有条件时应优先采用。预应力构件与非预应力构件的优缺点，见表 9-3。

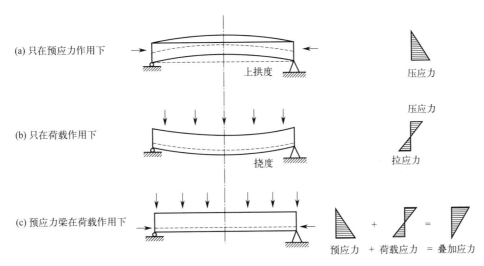

图 9-8 预应力楼板受力状态

表 9-3 预应力构件与非预应力构件的优缺点

类型	优点	缺点
非预应力构件	对材料、施工技术、施工设备等要求相对较低	易出现裂缝，抗拉能力低
预应力构件	刚度好、抗裂、抗渗、耐久等性能好，以及构件断面小、重量轻、用料省等	对材料、施工技术、施工设备等要求相对较高

（1）预制板的类型

预制板的类型有三种：实心平板、槽形板、空心板。

① 实心平板

实心平板规格较小，跨度在 1.5m 以内，板厚为跨度的 1/30，一般为 50~80mm，板宽为 600~900mm，如图 9-9 所示。

实心平板因跨度小，多用作走廊或小开间房屋的楼板，也可作架空搁板、管沟盖板等。实心平板制作简单，模板简单，但自重大。当跨度较大时，板较厚，故不经济。

② 槽形板

槽形板是一种梁板结合的构件，相当于在实心平板的两侧加上纵向的边肋，作用在板上

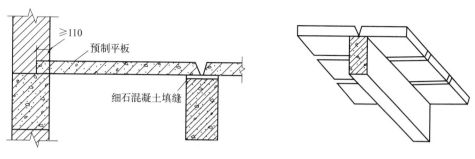

图 9-9 实心平板

的荷载由边肋承担,板宽在 500~1200mm;板跨在 3~6m;板厚为 25~35mm;肋高为 150~300mm。为提高板的刚度和便于搁置,常将板两端以端肋封闭,当板跨大于等于 6m 时,应在板的中部每隔 500~700mm 处增设横肋一道,如图 9-10 所示。

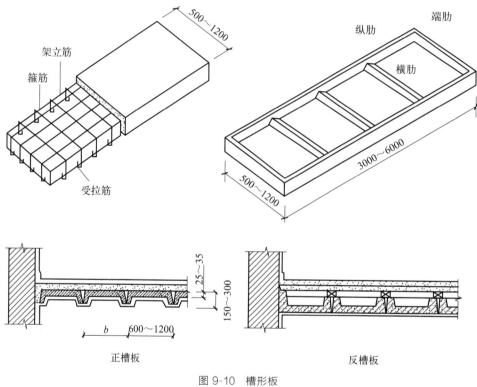

图 9-10 槽形板

槽形板的搁置有正置与倒置两种:正置板底不平,多作吊顶;倒置板底平整,但需另作面板,可利用其肋间空隙填充保温或隔声材料。

③ 空心板

空心板的受力特点(传力途径)与槽形板类似,荷载主要由板纵肋承受,但由于其传力更合理,自重小,且上下板面平整,因而应用广泛。

空心板按其抽孔方式的不同,有方孔板、椭圆孔板和圆孔板之分。方孔板较经济,但脱模困难,现已不用;圆孔板抽芯脱模容易,目前使用极为普遍,如图 9-11 所示。

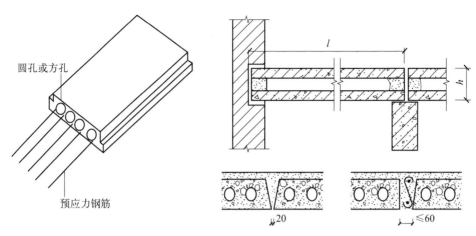

图 9-11 空心板

空心板的厚度有 120mm、180mm、240mm 等，板宽有 600mm、900mm、1200mm 等。空心板支承端的两端孔内用砖块或砂浆块填塞，保证支座处不被压坏。

（2）预制板的布置与细部构造

① 预制板的布置

预制板的布置，首先应根据房间的开间、进深尺寸来确定板的支承方式，然后依据现有板的规格进行合理布置。板的支承方式有墙承式和梁承式两种，如图 9-12 所示。

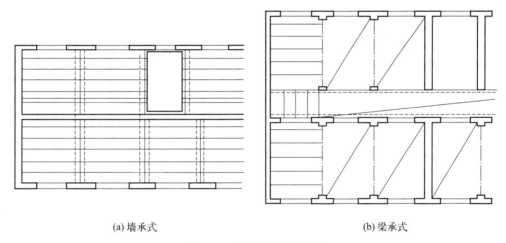

(a) 墙承式　　　　　　　　　　　　　　(b) 梁承式

图 9-12 预制板的支承方式

当采用梁承式结构布置时，板在梁上的搁置方式一般有两种：板直接搁在矩形梁的梁顶上，板搁在花篮梁两侧挑耳上，如图 9-13 所示。

② 板缝差的处理

进行板的结构布置时，一般要求板的规格、类型愈少愈好。排板过程中，当板的横向尺寸（板宽方向）与房间平面尺寸出现差额即板缝差时，具体解决方法见表 9-4，构造做法如图 9-14 所示。

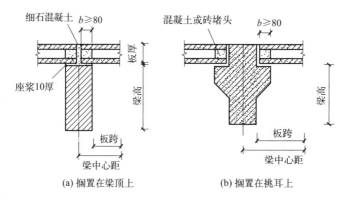

图 9-13 板在梁上的搁置

表 9-4 板缝差的解决方法

板缝差/mm	解决方法
≤60	调整板缝宽度
60~120	沿墙边出挑两皮砖
120~200	局部现浇钢筋混凝土板带
>200	重新选择板的规格

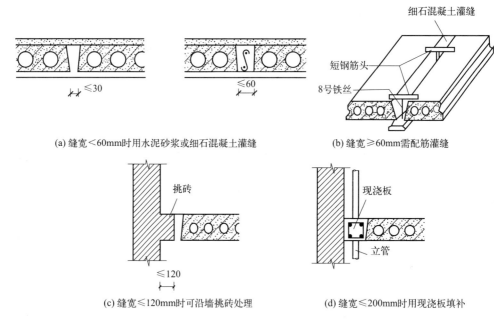

图 9-14 板缝差的处理

③ 板的搁置

为了保证板与墙或梁有很好的连接，首先应使板有足够的搁置长度。板在墙上的搁置长度外墙不应小于 120mm，内墙不应小于 100mm，板在梁上的搁置长度不应小于 80mm；同时，必须在墙或梁上铺约 20mm 厚的水泥砂浆（俗称座浆）；此外，用锚固钢筋（又称拉结钢筋）将板与板以及板与墙、梁锚固在一起，以增强房屋的整体刚度，如图 9-15 所示。

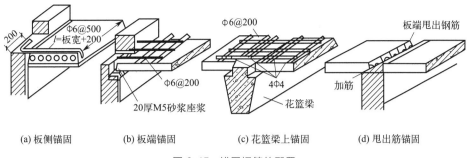

图 9-15 锚固钢筋的配置

板的接缝有端缝与侧缝两种,板缝一般用砂浆或细石混凝土灌缝。侧缝一般有三种形式:V 形缝、U 形缝和凹形缝,如图 9-16 所示。

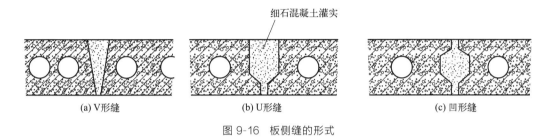

图 9-16 板侧缝的形式

④ 楼板与隔墙的构造关系

当房间设置隔墙时,应首先考虑采用轻质隔墙,可直接置于楼板上;若采用自重较大的材料时,须考虑隔墙的位置,应有利于楼板的受力,一般隔墙下可设置小梁、板内配筋或将隔墙置于槽形板的纵肋上,如图 9-17 所示。

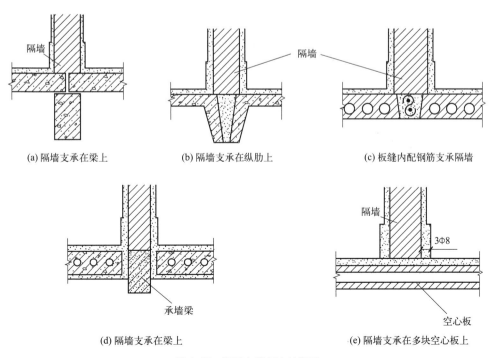

图 9-17 隔墙在楼板上的搁置

9.2.3 装配整体式钢筋混凝土楼板

装配整体式钢筋混凝土楼板是一种预制装配和现浇相结合的楼板类型，兼有现浇与预制的双重优越性，目前常用的是预制薄板叠合楼板。

预制薄板叠合楼板是将预制薄板吊装就位后再现浇一层钢筋混凝土，将其浇结成一个整体的楼板，如图9-18所示。预制薄板既作为永久性模板承受施工荷载，其内配有受力钢筋，亦可作为整个楼板结构的受力层；现浇层内只需配置少量的支座负弯矩筋和构造筋，叠合楼板的经济跨度一般为4～6m，最大可达9m。叠合楼板总厚度以大于或等于预制薄板厚度的两倍为宜，一般为150～250mm。现浇叠合层采用C20混凝土，厚度一般为70～120mm。预制薄板宽为1.1～1.8m，薄板厚为50～70mm。板面上常做凹槽或露三角形结合钢筋以加强连接，如图9-19所示。

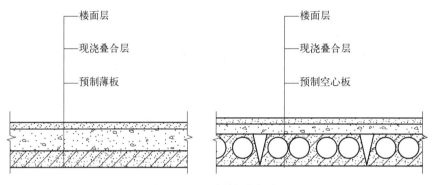

图9-18 叠合楼板的组成

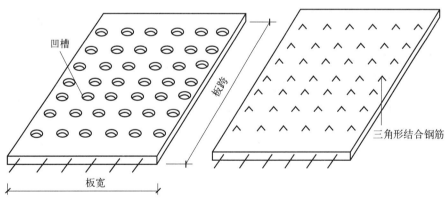

图9-19 叠合楼板的预制薄板

9.3 楼地面面层构造

楼地面是建筑物楼板面（楼面）和地坪面（地面）的总称，二者的面层在构造要求和做法上基本相同，对室内装修而言，二者统称为地面。

地面的名称是依据面层所用材料来命名的。按照面层所用材料和施工方式不同，常见地面可分为以下几类。

① 整体类地面，包括水泥砂浆、细石混凝土、水磨石和菱苦土地面等。

② 板块类地面，包括黏土砖、大阶砖、水泥花砖、缸砖、陶瓷锦砖、地砖、人造石板、天然石板和木地板等地面。

③ 卷材类地面，包括油地毡、橡胶地毡、塑料地毡和无纺织地毡等。

④ 涂料类地面，包括各种高分子合成涂料所形成的地面。

9.3.1 地面构造设计要求

(1) 具有足够的坚固性

在家具设备等的作用下不易被磨损和破坏，且表面平整、光洁、易清洁和不起灰。

(2) 保温性能好

要求地面材料的导热系数小，给人以温暖舒适的感觉，冬季时走在上面不致感到寒冷。

(3) 具有一定的弹性

人们在行走时不致有过硬的感觉，同时，有弹性的地面对降低撞击声有利。

(4) 满足隔声的要求

可通过选择楼地面填充层的厚度与材料类型来达到改善其隔声性能的要求。

(5) 满足某些特殊要求

对有水的房间地面应防潮、防水；对有火灾隐患的房间地面应防火、耐燃烧；有酸碱腐蚀介质作用的房间，则要求具有耐腐蚀的能力等等。

(6) 美观要求

地面是建筑物内部空间的重要组成部分，对室内装饰起着重要作用。

9.3.2 地面的构造做法

(1) 整体浇筑地面

① 水泥砂浆地面

水泥砂浆地面具有构造简单、坚固、防潮、防水且造价低等特点。但表面易起灰和结露，不易清洁，弹性差，导热性高。一般用于标准较低的建筑物中。

构造做法是抹一层15～25mm厚的1∶2.5水泥砂浆，或先抹一层10～12mm厚的1∶3水泥砂浆找平层，再抹一层5～7mm厚的1∶(1.5～2)水泥砂浆抹面层。

② 细石混凝土地面

细石混凝土地面强度高且不易起尘，干缩性小，与水泥砂浆地面相比，耐久性和防水性更好，但自重较大。其构造做法一般是将1∶2∶4的水泥、砂、小石子配制成的C20混凝土直接铺在夯实的素土上或钢筋混凝土楼板上，厚度35mm。

③ 现浇水磨石楼地面

a. 饰面特点。现浇水磨石楼地面具有平整光滑、整体性好、坚固耐久、厚度小、自重轻、分块自由、耐污染、不起尘、易清洁、防水好、造价低等优点，但现场施工期长、劳动量大。

b. 材料选用。水泥：宜采用强度等级不低于 32.5 级的硅酸盐水泥、普通硅酸盐水泥和矿渣硅酸盐水泥，白色或浅色水磨石面层则应选用白水泥。

石碴：应采用坚硬可磨的白云石、大理石、花岗岩等岩石加工而成。石碴的色彩、粒径、形状、级配直接影响现浇水磨石楼地面的装饰效果。石碴应洁净、无泥砂杂物、色泽一致、粗细均匀。

分格条：常用的分格条有铜条、铝合金条和玻璃条，其中铜条装饰效果和耐久性最好，一般用于美术水磨石楼地面；铝合金条耐久性较好，但不耐酸碱；玻璃条一般用于普通水磨石楼地面。分格条厚度一般为 1～3mm，宽度根据面层厚度而定。

颜料：掺入水泥拌和物中的颜料应为矿物颜料，并应具有良好的耐碱性，不易被氧化还原，相对密度与水泥接近，pH 值 6～7 为宜，常用的颜料有氧化铁红、银汞、氧化铁黑和炭黑等，其掺入量为水泥质量的 3%～6% 或由试验确定。

c. 基本构造。现浇水磨石地面的构造一般分为底层找平和面层两部分。先在基层上用 10～15mm 厚 1∶3 水泥砂浆找平，当有预埋管道和受力构造要求时，应采用不小于 30mm 厚细石混凝土找平；为实现装饰图案，并防止面层开裂，在找平层上镶嵌分格条；用（1∶1.5）～（1∶3）的水泥石碴抹面，厚度随石子粒径大小而变化。现浇水磨石楼地面的构造做法，如图 9-20 所示。

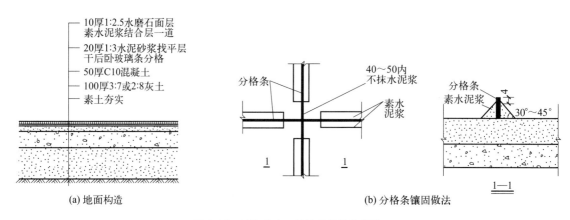

图 9-20 现浇水磨石楼地面的构造做法

（2）板块类地面构造

① 预制水磨石地面

预制水磨石板是以水泥和大理石为主要原料，经成型、养护、研磨及抛光等工序在工厂内制成的一种建筑装饰用板材。其具有美观、强度高及施工方便等特点，花色品种多。

按表面加工细度分为粗磨制品、细磨制品和抛光制品，按材料配制分为普通和彩色两种。

预制水磨石面层是在结合层上铺设的。一般是在刚性平整的垫层或楼板基层上铺 30mm 厚 1∶4 水泥砂浆，刷素水泥浆结合层；然后采用 12～20mm 厚 1∶3 水泥砂浆铺砌，随刷随铺，铺好后用 1∶1 水泥砂浆嵌缝。预制水磨石楼地面构造，如图 9-21 所示。

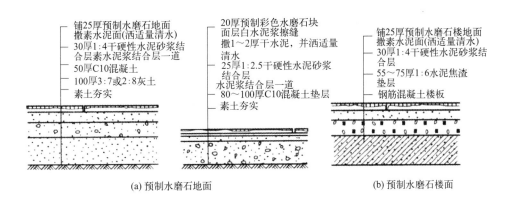

图 9-21 预制水磨石地面构造

② 陶瓷锦砖地面

陶瓷锦砖,又称马赛克,是以优质瓷土烧制而成的小块瓷块。

陶瓷锦砖有多种规格,主要有正方形、长方形、多边形等,正方形一般为 15~39mm 见方,厚度为 4.5mm 或 5mm。在工厂内预先按设计的图案拼好,然后将其正面贴在牛皮纸上,成为 300mm×300mm 或 600mm×600mm 的大张,块与块之间留 1mm 的缝隙。根据其花色品种可拼成各种花纹图案。

陶瓷锦砖楼地面的做法,如图 9-22 所示。施工时,先在基层上铺一层厚 15~20mm 的 (1:3)~(1:4) 水泥砂浆,将拼合好后的陶瓷锦砖纸板反铺在上面,然后用滚筒压平,使水泥砂浆挤入缝隙。待水泥砂浆硬化后,用水及草酸洗去牛皮纸,最后用白水泥浆嵌缝即成。

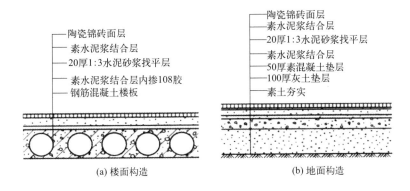

图 9-22 陶瓷锦砖楼地面构造

③ 陶瓷地面砖地面

陶瓷地面砖是用瓷土加上添加剂经制模成型后烧结而成的,具有表面平整细致、耐压、耐酸碱、可擦洗、不脱色、不变形、色彩丰富、色调均匀、可拼出各种图案等优点。陶瓷地面砖品种多样,花色繁多,一般可分为普通陶瓷地面砖、全瓷地面砖及玻化地砖三大类。

陶瓷地砖规格繁多,一般厚 8~10mm,正方形每块大小一般为 300mm×300mm~600mm×600mm,砖背面有凹槽,便于砖块与基层黏结牢固。陶瓷地面砖铺贴时,所用的胶结材料一般为 (1:3)~(1:4) 水泥砂浆,厚 15~20mm,砖块之间 3mm 左右的灰缝,用水泥浆嵌缝,如图 9-23 所示。

④ 花岗岩和大理石楼地面

花岗岩和大理石都属于天然石材,是从天然岩体中开采出来,经过加工成块材或板材,

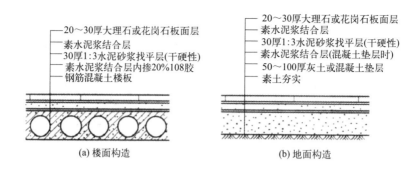

图 9-23 陶瓷地面砖构造

再经过精磨、细磨、抛光及打蜡等工序加工而成的各种不同质感的高级装饰材料。天然石材一般具有抗拉性能差、容量大、传热快、易产生冲击噪声、开采加工困难、运输不便和价格昂贵等缺点，但它们具有良好的抗压性能和硬度、耐磨耐久和外观大方稳重等优点。

花岗岩板和大理石板根据加工方法不同分为剁斧板材、机刨板材、粗磨板材和磨光板材四种类型。

花岗岩板和大理石板楼地面面层是在结合层上铺设而成的。一般先在刚性平整的垫层或楼板基层上铺 30mm 厚 1:4 干硬性水泥砂浆结合层，找平压实。然后铺贴大理石板或花岗岩板，并用水泥浆灌缝，铺砌后表面应加保护。待结合层的水泥砂浆强度达到要求，且做完踢脚板后，打蜡即可，其构造做法如图 9-24 所示。

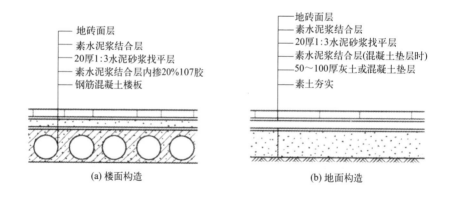

图 9-24 大理石和花岗岩构造

利用大理石的边角料，做成碎拼大理石地面，色泽鲜艳、品种繁多的大理石碎块无规则地拼接起来点缀地面，别具一格。板的接缝有干接缝和拉缝两种形式，干接缝宽 1～2mm，用水泥浆擦缝；拉缝又分为平缝和凹缝，平缝宽 15～30mm，用水磨石面层石碴浆灌缝。凹缝宽 10～15mm，凹进表面 3～4mm，水泥砂浆勾缝。碎拼大理石楼地面构造做法如图 9-25 所示。

⑤ 木地面

木地面按其所用木板生产方式不同分为实木地面和复合木地面。

复合木地面主要有两类：一类是由三层及以上实木复合而成的实木企口复合地板，如图 9-26 所示；另一类是以中密度纤维板、高密度纤维板或刨花板为基料的浸渍纸胶膜贴面层

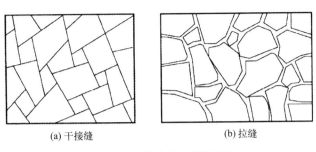

图 9-25 碎拼大理石铺贴形式

压复合地板,如图 9-27 所示。

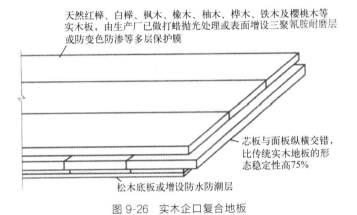

图 9-26 实木企口复合地板

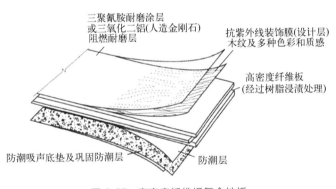

图 9-27 高密度纤维板复合地板

木地面按其结构构造形式不同分为三种:架空式木楼地面、实铺式木楼地面和粘贴式木楼地面。

a. 架空式木楼地面用于面层与基层距离较大的场合,如图 9-28 所示,需要用地垄墙、砖墩或钢木支架的支撑才能达到设计要求的标高。在建筑的首层,为减少回填土方量,或者为便于管道设备的架设和维修,需要一定的敷设空间时,通常考虑采用架空式木楼地面。由于支撑木地面的搁栅架空搁置,其能够保持干燥,防止腐烂损坏。

b. 实铺式木楼地面将木搁栅直接固定在结构基层上,不再需要用地垄墙等架空支撑,构造比较简单,适合于地面标高已经达到设计要求的场合,如图 9-29 所示。

c. 粘贴式木楼地面是在结构层(钢筋混凝土楼板或底层素混凝土)上做好找平层,再

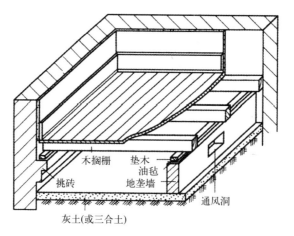

图 9-28 架空式木楼地面

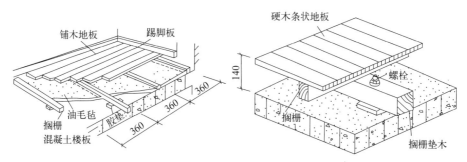

图 9-29 实铺式木楼地面

用黏结材料将各种木板直接粘贴而成的楼地面，如图 9-30 所示，其具有构造简单、占空间高度小、经济等优点。

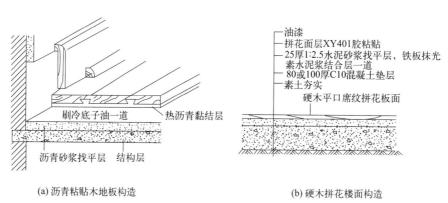

(a) 沥青粘贴木地板构造　　(b) 硬木拼花楼面构造

图 9-30 粘贴式木楼地面

（3）卷材类地面

卷材类地面指将卷材，如塑料地毡、橡胶地毡、化纤地毯和纯羊毛地毯等直接铺在平整基层上的地面。卷材可满铺、局部铺和干铺。

① 橡胶地毡

橡胶地毡如图 9-31 所示。有光滑和带肋两类，带肋的橡胶地毡一般用在防滑走道，其厚度为 4～6mm。橡胶地毡地板可制成单层或双层，也可根据设计制成各类颜色和花纹。橡胶地毡与基层的固定一般用胶结材料粘贴的方法，粘贴在水泥砂浆或混凝土基层上。

② 地毯地面

地毯地面如图 9-32 所示。铺设地毯的基层即楼地面面层，一般要求基层具有一定强度、表面平整并保持洁净；木地板上铺设地毯应注意钉头或其他突出物，以免刮坏地毯；底层地面的基层应做防潮处理。地毯的铺设方法分为固定和不固定两种，就铺设范围而言，又有满铺和局部铺设之分。

图 9-31　橡胶地毡　　　　　　　　　图 9-32　地毯地面

固定铺设是指将地毯裁边、黏结拼缝成为整片，铺设后四周与房间地面加以固定的铺设方式。固定式铺设地毯不易移动或隆起。固定的方法可分为两种：挂毯条固定法和粘贴固定法。

（4）涂料类地面

涂料类地面是利用涂料在水泥砂浆或混凝土地面表面涂刷或涂刮而成，用以改善水泥砂浆或混凝土地面在使用和装饰方面的不足。涂料品种较多，有溶剂型、水溶型、水乳型等。涂料类地面需具有良好的耐磨、抗冲击、耐酸、耐碱等性能，水乳型和溶剂型涂料还应具有良好的防水性能。

9.4　顶棚

顶棚又称平顶或天花，系指楼板层的下面部分，也是室内装修的一部分。顶棚表面应光洁、美观，且能反射光照，以改善室内的亮度。对某些有特殊要求的房间，还要求顶棚具有隔声、防水、保温和隔热等功能。

根据房间用途的不同，顶棚可做成弧形、凹凸形、高低形和折线形等。依其构造方式的不同，顶棚有直接式顶棚和吊顶棚之分。

9.4.1　直接式顶棚

直接式顶棚是指直接在钢筋混凝土楼板下喷、刷和粘贴装修材料的一种顶棚，多用于大量性工业与民用建筑中。直接式顶棚常见的有以下几种装修处理方式：

（1）直接刷/喷涂料

当楼板底面平整时，可用腻子嵌平板缝，直接在楼板底面喷或刷大白浆或 106 等装饰涂料,以增强顶棚的光反射作用。

(2) 抹灰装修

当楼板底面不够平整,或室内装修要求较高时,可在板底进行抹灰装修。抹灰分水泥砂浆抹灰和纸筋灰抹灰两种。

水泥砂浆抹灰是将板底清洗干净,打毛或刷素水泥浆一道后,抹 5mm 厚 1∶3 水泥砂浆打底,用 5mm 厚 1∶2.5 水泥砂浆粉面,再喷刷涂料,如图 9-33(a) 所示。

纸筋灰抹灰是先以 6mm 厚混合砂浆打底,再以 3mm 厚纸筋灰粉面,然后喷、刷涂料。

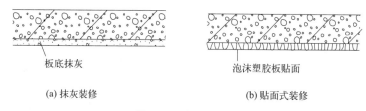

图 9-33 直接式顶棚

(3) 贴面式装修

对某些装修要求较高,或有保温、隔热、吸声要求的建筑物,如商店门面、公共建筑的大厅等等,可于楼板底面直接粘贴适用于顶棚装饰的墙纸、装饰吸音板以及泡沫塑胶板等。这些装修材料均借助黏结剂粘贴,如图 9-33(b) 所示。

9.4.2 吊顶棚

吊顶棚又称吊天花,简称吊顶。在现代建筑中,为提高建筑物的使用功能,除照明、给排水管道及煤气管需安装在楼板层中外,空调管、灭火喷淋、传感器、广播设备等管线及其装置,均需安装在顶棚上。

吊顶依据所采用材料、装修标准以及防火要求的不同有木质骨架和金属骨架之分。

(1) 木龙骨吊顶

木龙骨吊顶主要是借预埋于楼板内的金属吊件或锚栓将吊筋(又称吊头)固定在楼板下部,吊筋间距一般为 900~1000mm,吊筋下固定木主龙骨,又称吊档,其截面均为 45mm×45mm 或 50mm×50mm。主龙骨下钉次龙骨(又称平顶筋或吊顶搁栅)。次龙骨截面为 40mm×40mm,间距有 400mm、450mm、500mm 和 600mm,间距的选用视下面装饰铺材规格而定。面板有木板条抹灰、纤维板面、胶合板、各种装饰吸声板、石膏板和钙塑板等板材,其具体构造如图 9-34 所示。

木龙骨吊顶因其基层材料具可燃性,加之安装方式多系铁钉固定,使顶棚表面很难做到水平。因此在一些重要的工程或防火要求较高的建筑中,已极少采用。

(2) 金属龙骨吊顶

金属龙骨吊顶主要由金属龙骨基层与装饰面板所构成。金属龙骨由吊筋、主龙骨、次龙骨和横撑龙骨组成。吊筋一般采用Φ6 钢筋或 8 号铅丝或 ϕ6 螺栓,中距 900~1200mm,固定在楼板下。吊筋头与楼板的固结方式可分为吊钩式、钉入式和预埋件式,如图 9-35 所示。在吊筋的下端悬吊主龙骨。主龙骨有[形截面和⊥形截面两种,吊筋借吊挂配件悬吊主龙骨,然后再在主龙骨下悬吊次龙骨。在次龙骨之间增设小龙骨,小龙骨间距视面板规格而定。次龙骨和小龙骨截面有 U 形(图 9-36)和⊥形(图 9-37)。最后在次龙骨和横撑上铺、钉面板。

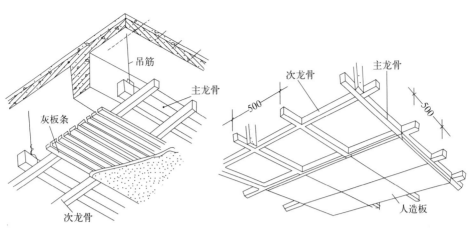

图 9-34 木质吊顶

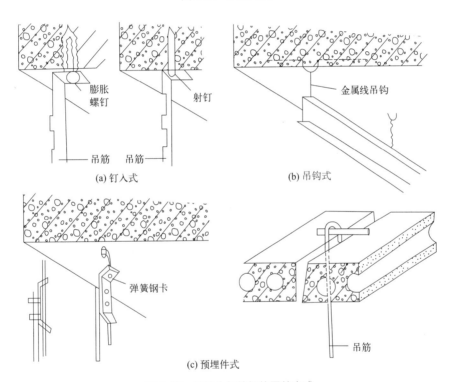

图 9-35 吊筋头与楼板的固结方式

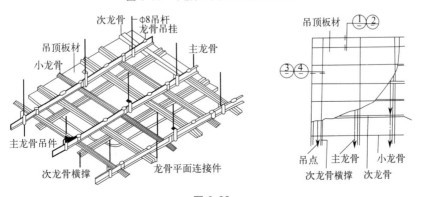

图 9-36

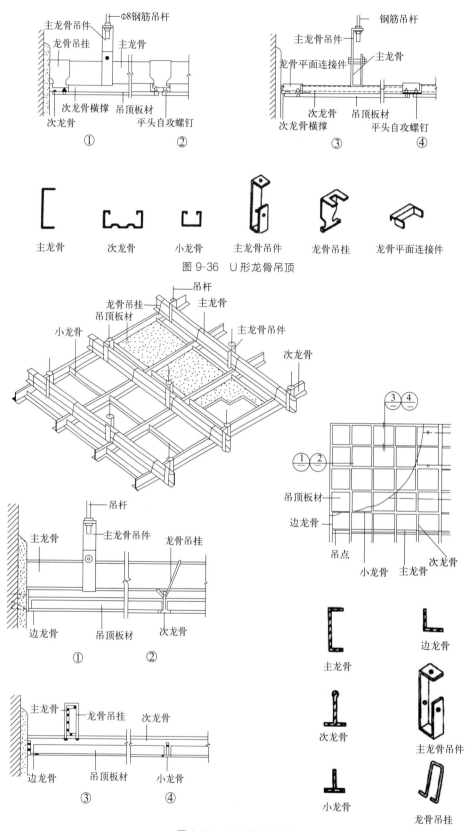

图 9-36 U形龙骨吊顶

图 9-37 ⊥形龙骨吊顶

装饰面板有各种人造面板和金属面板之分。人造面板包括纸面石膏板、矿棉吸声板、各种穿孔板和纤维水泥板等。装饰面板可借平头自攻螺钉固定在龙骨和横撑上，亦可放置在⊥形龙骨的翼缘上。金属面板包括铝板、铝合金型板、彩色涂层薄钢板和不锈钢薄板等。面板形式有长条形、方形、长方形、折棱形等，如图 9-38 所示。条板宽 60～300mm，块板规格为 500mm、600mm 见方，表面呈古铜色、青铜色、金黄色、银白色以及各种烤漆颜色。金属面板靠螺钉、自攻螺钉或膨胀铆钉或专用卡具固定于金属龙骨上。

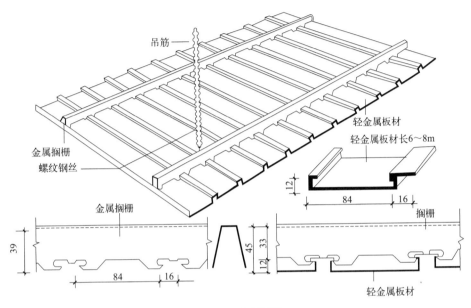

图 9-38 金属面板

9.5 阳台与雨篷

9.5.1 阳台

阳台是多层建筑中房间与室外接触的平台。阳台主要供人们休息、眺望或从事家务活动。按阳台与外墙相对位置和结构处理的不同，可有挑阳台、凹阳台和半挑半凹阳台等几种形式。

（1）阳台结构布置

阳台的承重形式有墙承式和悬挑式。墙承式是将阳台板搁置在承重墙上，其板形和跨度与房间楼板一致，主要用于凹阳台。悬挑式分为挑梁式和挑板式。挑梁式是从承重内墙中出挑 1.0～1.5m 的悬臂梁，压在墙中的长度一般为悬臂长度的 1.5 倍，然后在悬臂梁上搁置楼板，如图 9-39 所示。挑板式是将阳台板与圈梁现浇在一起，这时圈梁受扭，要求上部有较大的压重，故阳台板悬挑不宜过大，一般在 1.2m 以内为好。

（2）阳台细部构造

① 栏杆形式

阳台栏杆是在阳台外围设置的垂直构件，其作用：一是承担人们倚扶的侧向推力保障人身安全，二是对建筑物起装饰作用。因此，作为栏杆既要考虑安全（如多层住宅其竖净高不

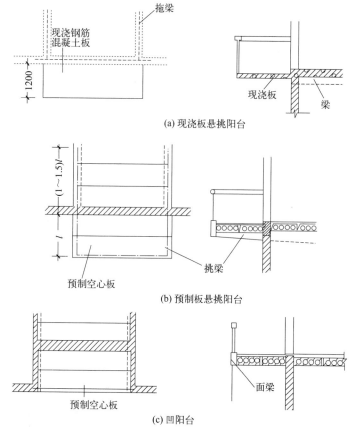

图 9-39 阳台结构形式

小于 1m),又要注意美观。从外形上看,栏杆有实体和镂空之分。实体栏杆又称栏板,镂空栏杆其垂直杆件之间的净距离不大于 130mm。按材料划分,栏杆有砖砌栏板、钢筋混凝土栏杆和金属栏杆之分,如图 9-40 所示。

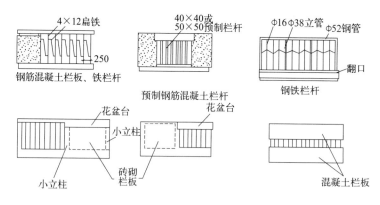

图 9-40 栏杆和栏板

② 细部构造

阳台细部构造主要包括栏杆与扶手、栏杆与面梁、栏杆与阳台板、栏杆与花盆台的连接及栏杆、栏板的处理。

镂空栏杆中有金属栏杆和混凝土栏杆之分。金属栏杆采用钢筋、方钢、扁钢或钢管等制做，如图 9-41(a) 所示。

钢栏杆与扶手或栏板连接方法相同，如图 9-41(b)、(c)所示。金属栏杆需做防锈处理。预制混凝土栏杆要求用钢模制作，使构件表面光洁，棱角方正，安装后可不做抹面，只需根据设计刷涂料或油漆。混凝土栏杆可用插入面梁或扶手模板内的现浇混凝土中的方法固接，如图 9-41(d) 所示。

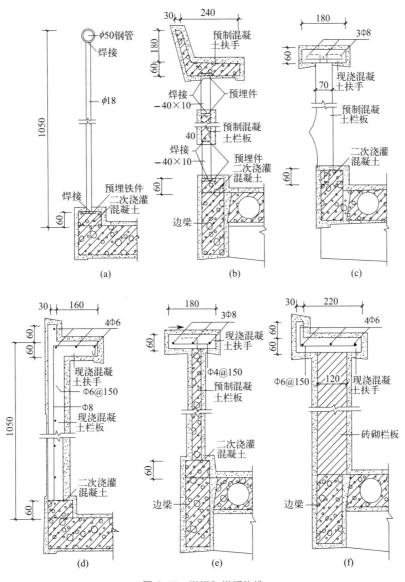

图 9-41 栏杆和栏板构造

栏板有砖砌与现浇混凝土或预制钢筋混凝土板之分。为确保安全，应在栏板中配置钢筋并现浇混凝土扶手，如图 9-41(e)、(f)所示，亦可设置构造小柱与现浇混凝土扶手固结。对预制钢筋混凝土栏板则用预埋钢板焊接。

现浇混凝土栏板经支模、绑扎钢筋后，与阳台板或面梁、挑梁一道整浇。

栏板两面需做饰面处理，可采用抹灰或涂料，亦可粘贴马赛克、面板等，但不宜做水刷石、干粘石之类饰面。

阳台底部作纸筋灰刷胶白或涂料处理。

（3）阳台排水

由于阳台外露，室外雨水可能飘入，为防止雨水从阳台上泛入室内，设计中应将阳台地面标高低于室内地面 30～50mm，地面用水泥砂浆粉出排水坡度，将水导向排水孔，孔内埋设 φ40 或 φ50 镀锌钢管或塑料管并通入水落管排水，如图 9-42 所示。

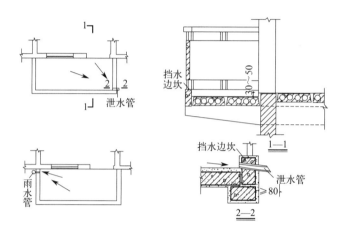

图 9-42 阳台排水

9.5.2 雨篷

雨篷是建筑物入口处位于外门上部用以遮挡雨水、保护外门免受雨水影响的水平构件。一般为现浇钢筋混凝土悬臂板或悬挑梁板，其悬臂长度一般为 1～1.5m，如图 9-43 所示。也可采用其他结构形式，如用立柱支承雨篷，可以形成门廊。

雨篷板的厚度一般为 60～80mm，可采用自由落水方式，在板底周边设滴水，如图 9-43（a）所示。对梁板式雨篷，为了美观，同时也为了防止周边滴水，常将周边梁向上翻起成反梁式，如图 9-43（b）所示。

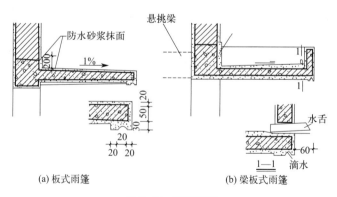

图 9-43 雨篷构造

思考题

9-1 地坪层的基本组成有哪些?楼板层的基本组成和类型有哪些?

9-2 楼板层设计的要求是什么?

9-3 钢筋混凝土楼板构造的类型、优缺点及对应的适用条件是什么?

9-4 现浇整体式钢筋混凝土楼板的类型及施工顺序是什么?

9-5 简述预应力楼板构件与非预应力楼板构件的优缺点。

9-6 什么是叠合楼板,其特点是什么?

9-7 地面构造设计要求有哪些?

9-8 地面的类型有哪几类?

9-9 顶棚按构造方式分为哪几种,对应哪些适用场景?

9-10 阳台的承重形式有哪些,阳台细部构造包含哪些内容?

第 10 章 屋 顶

 学习目标

了解屋顶类型及设计要求、屋面排水方式及其组织设计,掌握屋面防水构造及做法、平屋顶及坡屋顶的构造,熟悉屋顶的保温与隔热做法。

10.1 概述

屋顶主要由屋面和支承结构所组成,是房屋最上层起承重和覆盖作用的构件。它的作用主要有以下三个方面:一是防御自然界的风、雨、雪、太阳辐射热和冬季低温等的影响;二是承受自重及风、沙、雨、雪等荷载及施工或屋顶检修人员的活荷载;三是建筑物的重要组成部分,对建筑形象的美观起着重要的作用。

10.1.1 屋顶的设计要求

(1) 屋顶作为外围护结构,应满足排水、防水、保温、隔热、隔声和防火等要求。其中,排水和防水是屋顶设计最主要的目的。

(2) 屋顶作为承重结构,应满足承重构件的强度、刚度和整体空间的稳定性要求。

(3) 屋顶是建筑外部形体的重要组成部分,屋顶的形式对建筑的造型极具影响,中国传统建筑的重要特征之一就是其变化多样的屋顶外形和装修精美的屋顶细部,现代建筑也应注重屋顶形式及其细部的设计,以满足人们对建筑艺术方面的需求。

10.1.2 屋顶的类型

屋顶的形式与房屋的使用功能、屋面盖料、结构选型以及建筑造型等有关。常见的屋顶类型有平屋顶、坡屋顶。

平屋顶建筑室内空间完整,构造简单,施工方便,屋顶高度较小,有利于建筑物的抗震要求。平屋顶坡度较小,排水较慢,对防水层要求较高,易出现屋面渗漏情况,面层构造应根据保温、隔热、防水、隔汽等方面的要求而定,如图 10-1 所示。

坡屋顶室内顶棚倾斜,有时需要安装吊顶,使室内空间完整。坡屋顶的屋面坡度大,因而具有较好的排水效果,但施工相对复杂,对施工技术要求较高,造价通常比平屋顶高。坡屋顶防水材料类型丰富,常用材料有烧结瓦、混凝土瓦、沥青瓦、波形瓦、金属板和玻璃等，如图 10-2 所示。

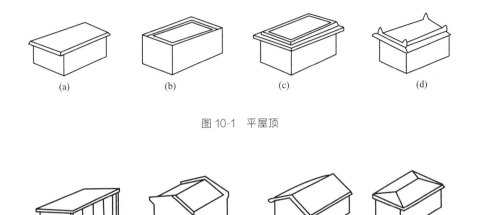

(a)　(b)　(c)　(d)

图 10-1　平屋顶

(a)单坡顶　(b)硬山两坡顶　(c)悬山两坡顶　(d)四坡顶

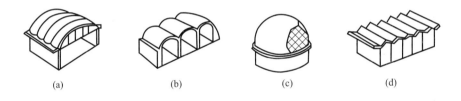

图 10-2　坡屋顶

除平屋顶、坡屋顶之外，还有球面、曲面和折面等空间形式的屋顶，如图 10-3 所示。

(a)　(b)　(c)　(d)

图 10-3　其他形式的屋顶

10.2　屋面排水

“防排结合”是屋面设计的一条基本原则。屋面排水利用水向下流的特性，不使水在防水层上积滞，尽快排除。它减轻了屋面防水层的负担，降低了屋面渗漏的可能。为了迅速排除屋面雨水，需进行周密的排水设计，其内容包括：选择屋面排水坡度、确定排水方式和屋面排水组织设计。

10.2.1　屋面排水坡度

（1）排水坡度的表示方法

不同的屋面类型与排水坡度的关系，见表 10-1。通常我们将屋面坡度＞10％的称为坡屋顶，坡度≤10％的称为平屋顶。

表 10-1 常用屋面坡度范围

屋面类型	平屋面	金属皮屋面	波瓦屋面	瓦屋面
斜率法(坡度=H：L)	(1：50)～(1：10)	(1：10)～(1：4)	(1：5)～(1：2)	(1：3)～(1：1)
百分比法	2%～10%	10%～25%	20%～50%	33.3%～100%

常用的排水坡度表示方法有斜率法、百分比法和角度法，如图 10-4 所示。斜率法以屋面倾斜面的垂直投影长度与水平投影长度之比来表示；百分比法以屋面倾斜面的垂直投影长度与水平投影长度之比的百分比值来表示；角度法以倾斜面与水平面所成夹角的大小来表示。

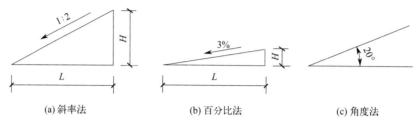

(a) 斜率法　　(b) 百分比法　　(c) 角度法

图 10-4 排水坡度的表示方法

(2) 影响屋顶排水坡度大小的因素

屋面的坡度是由多方面因素共同决定的。它与屋面材料、地理气候条件、屋顶结构形式、施工方法、构造组合方式、建筑造型要求以及经济等方面的影响都有一定的关系。

屋面排水坡度太小容易漏水，坡度太大则多用材料，浪费空间。要使屋面坡度恰当，需考虑所采用的屋面防水材料和当地降水量等因素的影响。

① 防水材料尺寸的影响

防水材料的尺寸小，接缝必然较多，容易产生缝隙渗漏，因而屋面应有较大的排水坡度，以便将屋面积水迅速排除。坡屋面的防水材料多为瓦材（如小青瓦、机制平瓦和琉璃筒瓦等），其覆盖面积较小，故屋面坡度较陡。如果屋面的防水材料覆盖面积大，接缝少而且严密，屋面的排水坡度就可以小一些。平屋面的防水材料多为各种卷材、涂膜等，故其排水坡度通常较小。

② 年降水量的影响

降水量大的地区，屋面渗漏的可能性较大，屋面的排水坡度应适当加大；反之，屋面排水坡度可小一些。

③ 其他因素的影响

屋面的排水坡度还受一些其他因素的影响，如屋面排水的路线较长、屋顶有上人活动的要求、屋面蓄水等，屋面排水坡度宜适当减小；反之，则可以取较大的排水坡度。

(3) 屋面排水坡度的形成方法

屋面排水坡度的形成主要有材料找坡和结构找坡两种做法，如图 10-5 所示。

① 材料找坡

材料找坡是指屋面坡度由垫坡材料形成，一般用于坡向长度较小的屋面。为了减轻屋面荷载，宜选用轻质材料或保温材料找坡，如水泥炉渣、陶粒混凝土等。找坡层的厚度最薄处一般不宜小于 20mm，坡度宜为 2%。

② 结构找坡

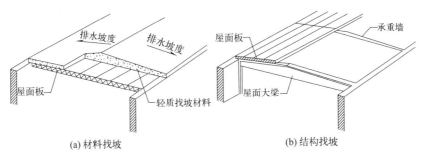

图 10-5 屋面排水坡度的形成方法

结构找坡是指屋面坡度由屋顶结构自身带有排水坡度形成，例如在上表面倾斜的屋架或屋面梁上安放屋面板，屋顶表面则呈倾斜坡面；或在顶面倾斜的山墙上搁置屋面板形成坡面。坡度不应小于 3%。

材料找坡的屋面板可以水平放置，天棚面平整，但材料找坡增加屋面荷载，材料和人工消耗较多；结构找坡无须在屋面上另加找坡材料，构造简单，不增加荷载，但天棚顶倾斜，室内空间不够规整。这两种方法在工程实践中均有广泛的运用。

10.2.2 屋面排水方式

(1) 排水方式的类型

屋面排水方式分为无组织排水和有组织排水两种类型。

① 无组织排水

无组织排水是指屋面雨水直接从檐口滴落至地面的一种排水方式，因为不用天沟、水落管等导流雨水，故又称自由落水。

无组织排水具有构造简单、造价低廉的优点。但当刮大风下大雨时，易使从檐口落下的雨水浸湿墙面，降低外墙的耐久性。故这种方法可适用于低层建筑及或檐高小于 10m 的屋面，对于屋面汇水面积较大的多跨建筑或高层建筑都不应采用。

② 有组织排水

有组织排水是指屋面雨水有组织地流经天沟、檐沟、水落口、水落管等排水装置，系统地将屋面雨水排至地面或地下管沟的一种排水方式。其优缺点与无组织排水正好相反，由于优点较多，在建筑工程中得到了广泛应用。在有条件的情况下，宜采用雨水收集系统。

(2) 有组织排水常用方案

在工程实践中，由于具体条件的不同，有多种有组织排水方案，现按外排水、内排水和内外排水 3 种情况归纳成几种不同的排水方案，如图 10-6 所示。

① 外排水

外排水是指屋面雨水通过檐沟、水落口由设置于建筑外部的水落管直接排到室外地面上的一种排水方案。其优点是构造简单，水落管不进入室内，不影响室内空间的使用和美观。外排水方案可以归纳为以下几种：

a. 挑檐沟外排水。屋面雨水汇集到悬挑在墙外的檐沟内，再由水落管排下，如图 10-6 (a) 所示。此种方案排水通畅，设计时挑檐沟的高度可视建筑体型而定。

b. 女儿墙外排水。由于建筑造型所需不希望出现挑檐时，通常将外墙升起封住屋面，高于屋面的这部分外墙称为女儿墙。此方案的特点是屋面雨水需穿过女儿墙流入室外的水落

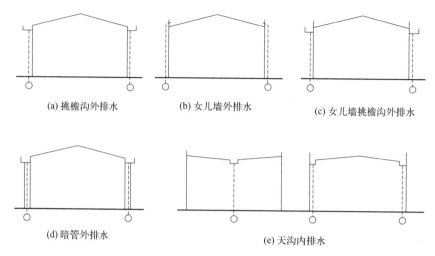

图 10-6 有组织排水方案

管,如图 10-6(b) 所示。

c. 女儿墙挑檐沟外排水。如图 10-6(c) 为女儿墙挑檐沟外排水,其特点是在屋檐部位既有女儿墙,又有挑檐沟。蓄水屋面常采用这种形式,利用女儿墙作为蓄水仓壁,利用挑檐沟汇集从蓄水池中溢出的多余雨水。

d. 暗管外排水。明装水落管对建筑立面的美观有所影响,故在一些重要的公共建筑中,常采用暗装水落管的方式,将水落管隐藏在假柱或空心墙中,如图 10-6(d) 所示。假柱可处理成建筑立面上的竖向线条。

② 内排水

内排水是指屋面雨水通过天沟由设置于建筑内部的水落管排入地下雨水管网的一种排水方案,如图 10-6(e) 所示。其优点是维修方便,不破坏建筑立面造型,不易受冬季室外低温的影响,但其水落管在室内接头多,构造复杂,易渗漏,主要用于不宜采用外排水的建筑屋面,如高层及多跨建筑等。

此外,还可以根据具体条件,采用内外排水相结合的方式。如多跨厂房因相邻两坡屋面相交,故只能采用天沟内排水的方式排出屋面雨水;而位于两端的天沟则宜采用外排水的方式将屋面雨水排出室外。

(3) 排水方式的选择

屋面排水方式的选择,应根据建筑物屋面形式、气候条件、使用功能、质量等级等因素确定。

一般可遵循下述原则进行选择:

① 低层建筑及檐高小于 10m 的屋面,可采用无组织排水。

② 积灰多的屋面应采用无组织排水。如铸工车间、炼钢车间这类工业厂房在生产过程中散发大量粉尘积于屋面,下雨时被冲进天沟易造成管道堵塞,故这类屋面不宜采用有组织排水。

③ 有腐蚀性介质的工业建筑也不宜采用有组织排水。如铜冶炼车间、某些化工厂房等,生产过程中产生的大量腐蚀性介质,会使铸铁水落装置等遭受侵蚀,故这类厂房也不宜采用有组织排水。

④ 除严寒和寒冷地区外，多层建筑屋面宜采用有组织外排水。

⑤ 高层建筑屋面宜采用有组织内排水，便于排水系统的安装维护和保持建筑外立面的美观。

⑥ 多跨及汇水面积较大的屋面宜采用天沟内排水，天沟找坡较长时，宜采用中间内排水和两端外排水。

⑦ 雨强度较大地区的大型屋面，宜采用虹吸式有组织排水系统。

⑧ 湿陷性黄土地区宜采用有组织排水，并应将雨雪水直接排至排水管网。

10.2.3　屋面排水组织设计

排水组织设计就是根据屋面形式及使用功能要求，确定屋面的排水方式及排水坡度，明确是采用有组织排水还是无组织排水。如采用有组织排水设计，要根据所在地区的气候条件、雨水流量、暴雨强度、降雨历时及排水分区，确定屋面排水走向；通过计算确定屋面檐沟、天沟所需要的宽度和深度，并合理地确定水落口和水落管的规格、数量和位置，最后将它们标绘在屋顶平面图上。

在进行屋面有组织排水设计时，除了应符合现行国家标准《建筑给水排水设计规范》（GB 50015—2019）的有关规定外，还需注意下述事项：

（1）划分排水区域

在屋面排水组织设计时，首先应根据屋面形式、屋面面积、屋面高低层的设置等情况，将屋面划分成若干排水区域，根据排水区域确定屋面排水线路，排水线路的设置应在确保屋面排水通畅的前提下，做到长度合理。

（2）确定排水坡面的数目及排水坡度

屋面流水线路不宜过长，因而对于屋面宽度较小的建筑可采用单坡排水；但屋面宽度较大，如 12m 以上时宜采用双坡排水，如图 10-7 所示。坡屋面则应结合其造型要求，选择单坡、双坡或四坡排水。

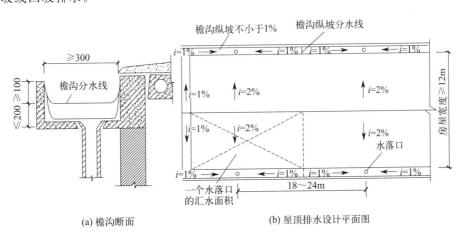

图 10-7　有组织排水设计

对于普通的平屋面，采用结构找坡时其排水坡度通常不应小于 3%，而采用材料找坡时其坡度则宜为 2%。对于其他类型的屋面，则应根据类别确定合理的排水坡度，如蓄水隔热屋面的排水坡度不宜大于 0.5%，架空隔热屋面的排水坡度不宜大于 5%。

(3) 确定檐沟、天沟断面大小及纵向坡度

檐沟、天沟的功能是汇集和迅速排除屋面雨水,故其断面大小应恰当,沟底沿长度方向应设纵向排水坡度。

檐沟、天沟的断面,应根据屋面汇水面积的雨水流量经计算确定。当采用重力式排水时,通常每个水落口的汇水面积宜为 $150\sim200m^2$。为了便于屋面排水和防水层的施工,钢筋混凝土檐沟、天沟的净宽不应小于 300mm;分水线处最小深度不应小于 100mm,如深度过小,则雨水易由天沟边溢出,导致屋面渗漏;同时,为了避免排水线路过长,沟底水落差不得超过 200mm,如图 10-7(a) 所示。

为了避免沟底凹凸不平或倒坡,造成沟中排水不畅或积水,对于采用材料找坡的钢筋混凝土檐沟、天沟内的纵向坡度不应小于 1%;对于采用结构找坡的金属檐沟、天沟内的纵向坡度宜为 0.5%。

(4) 水落管的规格及间距

水落管的材料有铸铁、塑料、镀锌铁皮、钢管等多种,应根据建筑物的耐久等级加以选择。最常采用的是塑料和铸铁水落管,其管径有 75mm、100mm、125mm、150mm 和 200mm 等规格,具体管径大小需经过计算确定。水落管的数量与水落口相等,水落管的最大间距应予以控制。水落管的间距过大,会导致沟内排水路线过长,大雨时雨水易溢向屋面引起渗漏或从檐沟外侧涌出,因而一般情况下水落管间距不宜超过 24m。

考虑上述各事项后,即可较为顺利地绘制屋顶平面图。图 10-7(b) 为屋顶平面图示例,该屋面采用双坡排水、檐沟外排水方案,排水分区为交叉虚线所示范围,该范围也是每个水落口和水落管所担负的排水面积。天沟的纵坡坡度为 1%,箭头指示沟内的水流方向,两个水落管的间距宜控制在 18~24m,分水线位于天沟纵坡的最高处,距沟底的距离可根据坡度的大小算出,并可在檐沟剖面图中反映出来。

10.3 屋面防水

防水屋面的常用类型有卷材防水屋面、涂膜防水屋面和刚性防水屋面。

10.3.1 卷材防水屋面

卷材防水屋面是利用柔性防水卷材与黏结剂结合,粘贴在屋面上而形成的密实防水构造层。按其使用材料的不同,可分为沥青类卷材防水屋面、高聚物改性沥青类卷材防水屋面、高分子类卷材防水屋面。卷材防水层具有良好的韧性和可变性,能适应振动和微小变形等变化因素的影响,整体性好,不易渗漏,使用广泛,Ⅰ~Ⅳ级屋面防水均适用。但耐久性较差,机械强度低,施工操作繁杂,还需不断改进。

(1) 卷材防水材料

① 防水卷材

a. 沥青类防水卷材。沥青类防水卷材是用原纸、纤维织物等为胎体浸渍沥青而成的卷材,如传统石油沥青油毡。实践证明沥青油毡做屋面防水层易起鼓,沥青易熔化流淌。低温条件下,油毡易脆裂,导致使用寿命缩短和防水质量下降,加之熬制沥青污染环境,已趋于不用。

b. 高聚物改性沥青类防水卷材。高聚物改性沥青类防水卷材是以高分子聚合物改性石油沥青为涂盖层，以聚酯毡、玻纤毡或聚酯玻纤复合为胎基，以细砂、矿物粉料或塑料膜为隔离材料，制成的防水卷材。厚度一般为 3mm、4mm、5mm，以沥青基为主体。如弹性体改性沥青防水卷材（即 SBS）、塑性体改性沥青防水卷材（即 APP），改性沥青聚乙烯胎防水卷材（即 PEE）、丁苯橡胶改性沥青卷材等。

c. 合成高分子类防水卷材。凡以各种合成橡胶、合成树脂或二者的混合物为主要原料，加入适量化学助剂和填充料加工制成的弹性或弹塑性卷材，均称为高分子防水卷材。其具有拉伸强度高、断裂伸长率大、抗撕裂强度高（抗拉强度达到 2～18.2MPa）、耐热性能好、低温柔性大（适用温度在 $-20～80$℃）、耐老化及可以冷施工等优点，目前属于高档防水卷材。目前我国使用的品种有三元乙丙橡胶、聚氯乙烯、氯化聚乙烯等防水卷材。

② 卷材黏结剂

a. 沥青卷材黏结剂。主要有冷底子油和沥青胶等。冷底子油是 10 号或 30 号石油沥青溶于轻柴油、汽油或煤油中而制成的溶液。将其涂在水泥砂浆或混凝土基层上做基层处理剂，使基层表面与沥青黏结剂之间形成一层胶质薄膜，提高黏结性能；沥青胶又称玛瑞脂（MASTIC），是在沥青熬制过程中，为提高其耐热度、韧性、黏结力和抗老化性能，掺入适量滑石粉、石棉粉等加工制成的。

b. 高聚物改性沥青卷材、高分子卷材黏结剂。主要为溶剂型黏结剂。用于改性沥青类的有 RA-86 型氯丁胶黏结剂，SBS 黏结剂等；高分子卷材如三元乙丙橡胶用聚氨酯底胶基层处理剂，CX-404 氯丁橡胶黏结剂等。

（2）卷材防水屋面构造

卷材防水屋面构造可分为基本构造层次和辅助构造层次两部分。为明确阐述，这里分别讲解。

① 基本构造层次

按各自作用分为：结构层、找平层、结合层、防水层和保护层，如图 10-8 所示。

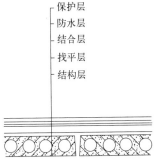

图 10-8 卷材防水屋面构造组成

a. 结构层。结构层多为刚度好，变形小的各类钢筋混凝土屋面板。

b. 找平层。为防止防水卷材铺设时出现凹陷、断裂，故首先要在屋面板结构层上或松软的保温层上设置一坚固平整的基层，称其为找平层。找平层应具有一定的厚度和强度，其厚度和技术要求应符合表 10-2 的规定。

表 10-2 找平层厚度和技术要求

找平层分类	适用的基层	厚度/mm	技术要求
水泥砂浆	整体现浇混凝土板	15～20	1:2.5 水泥砂浆
	整体材料保温层	20～25	
细石混凝土	装配式混凝土板	30～35	C20 混凝土,宜加钢筋网片
	板状材料保温层		C20 混凝土

为防止找平层变形开裂而波及卷材防水层，宜在找平层中留设分格缝。分格缝的宽度一般为 5～20mm，纵横间距不大于 6m，屋面板为预制装配式时，分格缝应设在预制板的端缝处。分格缝上面应覆盖一层 200～300mm 宽的附加卷材，用黏结剂单边粘贴，如图 10-9 所示，以使分格缝处的卷材有较大的伸缩余地，避免开裂。

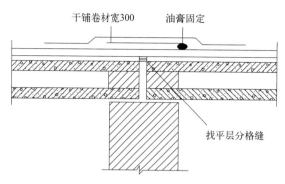

图 10-9 卷材防水屋面的分格缝

c. 结合层。使卷材与基层牢固胶结而涂刷的基层处理剂。沥青类卷材常用冷底子油作结合层；改性沥青卷材常用改性沥青黏结剂；高分子卷材常用配套处理剂，也采用冷底子油或乳化沥青作结合层。

d. 防水层。沥青类卷材防水层以沥青油毡构造较为典型，故仍以其为主论述构造层次做法：首先找平层干燥后上刷冷底子油一道，将熬制好的沥青胶均匀刮涂在找平层上，厚度约1mm，边刮涂边铺设油毡，然后再刮涂沥青胶再铺油毡，交替进行，直到设计层数为止，最后再刮涂一层沥青胶。一般民用建筑防水层应铺设三层沥青油毡、四遍沥青胶，称为三毡四油，如图 10-10 所示。

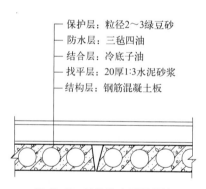

图 10-10 油毡防水屋面做法

在铺设防水层时，要解决以下问题：

（a）沥青油毡的铺设方向：当屋面坡度≤3%时，宜平行于屋脊铺设，且从檐口至屋脊逐层向上铺设；当屋面坡度在3%～15%时可平行或垂直屋脊设置；当坡度＞15%或屋面受震动时，应垂直屋脊设置，如图 10-11 所示。

（b）沥青油毡搭接方式及长度：上下层及相邻两幅卷材的搭接缝应错开，卷材端头搭接缝应顺着最大频率导风向搭接，搭接宽度应符合表 10-3。

表 10-3 卷材搭接宽度

卷材种类	短边搭接宽度/mm		长边搭接宽度/mm	
	满粘法	空铺法、点粘法、条粘法	满粘法	空铺法、点粘法、条粘法
沥青防水卷材	100	100	70	100
高聚物改性沥青防水卷材	80	100	80	100
高分子防水卷材	80	100	80	100

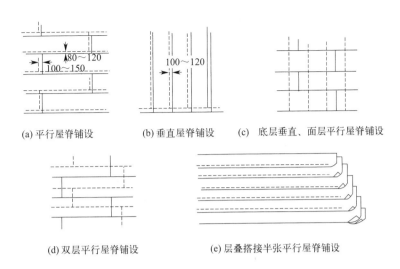

图 10-11 油毡层的铺设

（c）卷材与基层的粘贴方法：可分为满粘法、点粘法和空铺法。一般采用满粘法使卷材与基层粘接密实。但基层或保温层不干燥存有水汽时，在太阳辐射下产生的水蒸气，会使卷材形成鼓泡，鼓泡的皱褶和破裂易形成漏水隐患；此外基层变形较大时，易造成防水卷材撕裂而引起漏水。这时可采用空铺法、点粘法和条粘法，使卷材与基层之间有一个能使蒸汽扩散的场所和减小基层变形对防水卷材影响的空间，达到避免防水卷材破裂而产生渗漏的目的。

（d）高聚物改性沥青防水层：高聚物改性沥青防水卷材的铺贴方法有冷粘法和热熔法两种。冷粘法使用胶黏剂将卷材粘贴在找平层上，或利用某些卷材的自黏性进行铺贴。冷粘法铺贴卷材时应注意平整顺直，搭接尺寸准确，不扭曲，卷材下面的空气应予排除并将卷材碾压粘接牢固。热熔法施工是用火焰加热器将卷材均匀加热至表面光亮发黑，然后立即滚铺卷材使之平展并碾压牢固。

（e）高分子卷材防水层（以三元乙丙卷材防水层为例）：三元乙丙卷材是一种常用的高分子橡胶防水卷材，其构造做法是：先在找平层（基层）上涂刮基层处理剂如 CX-404 胶等，要求薄而均匀，待处理剂干燥不黏手后即可铺贴卷材。

e. 保护层。设置保护层的目的是保护防水层，使卷材不致因光照和气候等的作用迅速老化，防止沥青卷材的沥青过热流淌或受到暴雨的冲刷。保护层的构造做法视屋面的利用情况而定，不上人时，沥青油毡防水屋面一般在防水层撒粒径 3~5mm 厚的小石子作为保护层，称为绿豆砂保护层；高分子卷材如三元乙丙橡胶防水屋面等通常是在卷材面上涂刷水溶型或溶剂型的浅色保护着色剂，如氯丁银粉胶等，如图 10-12 所示。

上人屋面的保护层又称楼面面层，故要求保护层平整耐磨。做法通常有：用沥青砂浆铺贴缸砖、大阶砖、混凝土板等块材，在防水层上现浇 30~40mm 厚的细石混凝土。块材或整体保护层均应设分格缝，位置是屋顶坡面的转折处，屋面与凸出屋面的女儿墙、烟囱等的交接处。保护层分格缝应尽量与找平层分格缝错开，缝内用防水油膏嵌封。上人屋面做屋顶花园时，花池、花台等构造均应在屋面保护层上设置。为防止块材或整体屋面由于温度变形将油毡防水层拉裂，宜在保护层与防水层之间设置隔离层。隔离层可采用低强度砂浆或干铺

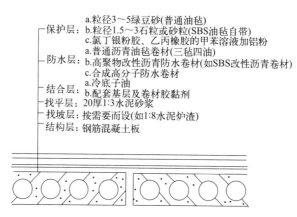

图 10-12　不上人卷材防水屋面的保护做法

一层油毡。

上人屋面保护层的做法如图 10-13 所示。

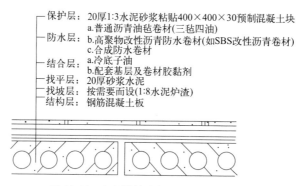

图 10-13　上人卷材防水屋面的保护层做法

② 辅助构造层次

辅助构造层是为满足房屋使用功能而设置的构造层，如保温层、隔热层、隔声层、隔蒸汽层、找坡层等。

(3) 卷材防水屋面细部构造

仅仅做好大面积屋面部位的卷材防水各构造层，还不能完全确保屋顶不渗不漏。如果屋顶开设有孔洞、有管道出屋顶、屋顶边缘封闭不牢等，都有可能破坏卷材屋面的整体性，造成防水的薄弱环节，因而还应该通过正确处理细部构造来完善屋顶的防水。屋顶细部是指屋面上的泛水，变形缝，屋面出入口、检修口，挑檐口，天沟，雨水口等部位。

① 泛水构造

泛水是指屋面防水层与垂直面交接处的防水处理。如女儿墙、烟囱、楼梯间，变形缝、检修孔、立管等凸出物处均要做泛水处理。

a. 将屋面的卷材防水层继续铺至垂直面上，其上再加铺一层附加卷材，泛水高度不得小于 250mm。

b. 屋面与垂直面交接处应将卷材下的砂浆找平层抹成直径不小于 150mm 的圆弧形或 45°斜面。

c. 做好泛水上口的卷材收头固定。

做法如图 10-14 所示。

② 屋面变形缝构造

此处卷材防水构造既要防止雨水从变形缝处渗入室内，又不能影响屋面变形。其变形缝分为横向变形缝和高低跨变形缝，即同层等高屋面上变形缝和高低屋面交接处的变形缝。

a. 同层等高屋面变形缝处防水构造做法：缝两边结构体上砌筑附加墙，厚度 120mm 即可。做法类似泛水构造，为固定卷材顶端，附加墙顶必须预埋木砖。顶部盖缝，先设一层卷材，然后用可伸缩的镀锌铁皮盖牢，并与附加墙固定，湿度大的地区可改用预制混凝土压顶板，确保耐久性，如图 10-15 所示。

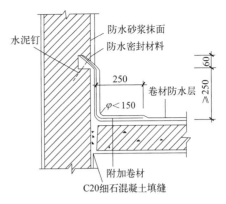

图 10-14 卷材防水屋面的泛水构造

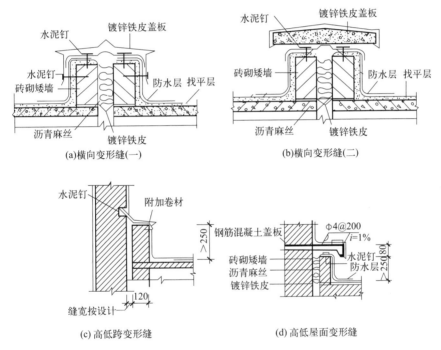

图 10-15 变形缝处泛水构造

b. 高低跨变形缝处防水构造与高低屋面变形缝处防水构造做法大同小异，只需在低跨屋面上砌筑附加墙，镀锌铁皮盖缝片的上端固定在高跨墙上。做法同泛水构造，也可从高跨侧墙中设置钢筋混凝土板盖缝，如图 10-15 所示。

③ 屋面出入口、检修口防水构造

上人屋面在楼梯间需设置上屋顶出入门口。一般情况下，室内地坪低于屋面标高。需在出入口处设挡水的门槛，构造做法如图 10-16 所示。

不上人屋面须设屋面检修孔。检修孔四周的孔壁可用砖立砌，也可在现浇屋面板时将混凝土上翻制成，其高度一般为 300mm，孔壁外侧的防水层应做成泛水并将卷材用镀锌铁皮盖缝钉压牢固。

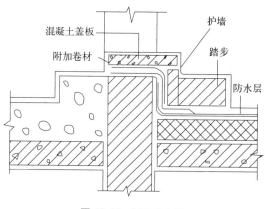

图 10-16 屋面出入口

其防水构造如图 10-17 所示。

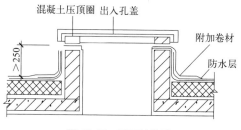

图 10-17 屋面检修孔

④ 挑檐口防水构造

挑檐口防水构造分为无组织排水和有组织排水两种构造做法。

a. 无组织排水挑檐口防水构造。无组织排水挑檐口不宜直接采用屋面板外挑，因其温度变形大，易使檐口抹灰砂浆开裂，引起爬水和尿墙现象。比较理想的是采用与圈梁整浇的混凝土挑板。挑檐口构造的要点是檐口 800mm 范围内，卷材应采取满贴法，为防止卷材收头处粘贴不牢，出现"张口"漏水，其做法是：在混凝土檐口上用细石混凝土或水泥砂浆先做一凹槽，然后将卷材贴在槽内，将卷材收头用水泥钉钉牢，上面用防水油膏嵌填，如图 10-18 所示。

b. 有组织排水挑檐口防水构造。将汇水檐沟设置于挑檐上，檐沟板可与圈梁连成整体，亦可将预制檐沟板搁置在牛腿上，其防水构造需加 1～2 层卷材，转角处应做成圆弧或 45°斜面，防水卷材铺设至檐沟边缘固定，并用砂浆盖缝，如图 10-18 所示。

⑤ 天沟防水构造

屋面外墙内侧形成的排水沟称为天沟，一种是屋面坡面的低洼部分形成的似三角形断面的天沟，另一种是为屋面专门设置的矩形天沟，如槽形板等。

当建筑女儿墙外排水时，采用三角形天沟较普遍。为使天沟内雨水迅速排入雨水口，沿天沟方向用轻质材料垫成纵坡，一般取 0.5%～1%；在降雨量大或屋面跨度大时，常采用矩形天沟来增加汇水量。

⑥ 雨水口构造

雨水口是天沟（或檐沟）与雨水管两者间的连接配件，构造上要求排水通畅，不易堵塞，不易渗漏，其通常为定型产品，分为直管式和弯管式两种。直管式适用于中间天沟、挑

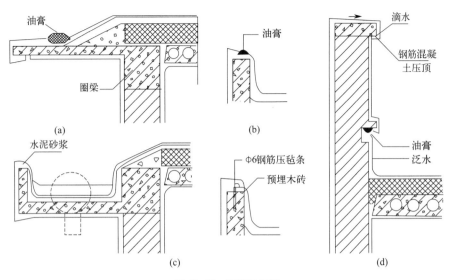

图 10-18 挑檐口构造

檐沟和女儿墙排水天沟；弯管式适用于女儿墙外排水天沟，材料多为铸铁的改性 PVC 塑料。目前改性 PVC 因质轻、不锈、色彩多样、强度高、耐老化性能好而得到广泛运用。

10.3.2 涂膜防水屋面

涂膜防水屋面，是将可塑和黏结力较强的防水涂料刷在屋面基层上，固化后形成不透水的薄膜体，达到防水目的的屋面。其特点是防水抗渗、黏结力强、延伸率大、弹性好、耐腐蚀、耐老化、不燃烧、无毒、冷作业施工方便，在建筑防水工程中已得到广泛应用。

涂膜防水主要适用于防水等级为Ⅱ级的屋面，也可用作Ⅰ级屋面复合防水层中的一道防水。

(1) 材料

涂膜防水屋面材料主要有各种涂料和胎体增强材料两大类。

① 涂料

防水涂料的种类很多，按其溶剂或稀释剂的类型可分为溶剂型、水溶型、乳液型等；按施工时涂料液化方法的不同则可分为热熔型、常温型等；按成膜的方式则有反应固化型、挥发固化型等。按主要成膜物质可分为高聚物改性沥青防水涂料、合成高分子防水涂料、聚合物水泥防水涂料等。

② 胎体增强材料

某些防水涂料（如氯丁胶乳）需要与胎体增强材料配合，以增强涂层的贴附覆盖能力和抗变形能力。目前，常用的胎体增强材料有聚酯无纺布、化纤无纺布。

(2) 涂膜防水屋面构造及做法

氯丁橡胶沥青防水涂料以氯丁胶石油沥青为主要原料，选用阳离子乳化剂和其他助剂，经软化和乳化而成，是一种水乳型涂料。其构造做法为：

① 找平层。在屋面板上用(1∶2.5)～(1∶3)的水泥砂浆做 15～20mm 厚的找平层并设分格缝，分格缝宽 20mm，其间距不大于 6m，缝内嵌填密封材料。找平层应平整、坚实、洁净、干燥，方可作为涂料施工的基层。

② 底涂层。将稀释涂料（防水涂料：0.5～1.0mol/L 的离子水溶液为 6∶4 或 7∶3）均匀涂布于找平层上作为底涂层，干后再刷 2～3 层涂料。

③ 中涂层。中涂层为加胎体增强材料的涂层，要铺贴玻璃纤维网格布，有干铺和湿铺两种施工方法。在已干的底涂层上干铺玻璃纤维网格布，展开后加以点粘固定，当铺过两个纵向搭接缝以后依次涂刷防水涂料 2～3 层，待涂层干后按上述做法铺第二层网格布，然后再涂刷 1～2 层，铺法是在已干的底涂层上边涂防水涂料边铺贴网格布，干后再刷涂料。一布二涂的厚度通常大于 2mm，二布三涂的厚度大于 3mm。

④ 面层。面层根据需要可做细砂保护层或涂覆着色层，细砂保护层是在未干的中涂层上抛撒 20mm 厚浅色细砂并辊压，使砂牢固地黏结于涂层上；涂覆着色层可使用防水涂料或耐老化的高分子乳液作黏合剂，加上各种矿物颜料配制成的着色剂，涂布于中涂层表面。

全部涂层的做法如图 10-19 所示。

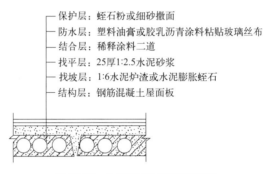

图 10-19　涂膜防水屋面构造做法

（3）焦油聚氨酯防水屋面

焦油聚氨酯防水涂料又名 851 涂膜防水胶，是以异氰酸酯为主剂和以煤焦油为填料的固化剂构成的双组分高分子涂膜防水材料，其甲、乙两液混合后经化学反应能在常温下形成一种耐久的橡胶惰性体，起到防水的作用。

做法：将找平以后的基层面吹扫干净，待其干燥后，用配制好的涂液（甲、乙两液的质量比为 1∶2）均匀涂刷在基层上。不上人屋面可待涂层干后在其表面刷银灰色保护涂料；上人屋面在最后一遍涂料未干时撒上绿豆砂，三天后在其上做水泥砂浆或浇混凝土贴地砖的保护层。

（4）塑料油膏防水屋面

塑料油膏以废旧聚氯乙烯塑料、煤焦油、增塑剂、稀释剂、防老化剂和填充材料配制而成。

做法：用预制油膏条冷嵌于找平层的分格缝中，在油膏条与地基的接触部位和油膏条相互搭接处刷冷黏剂 1～2 遍；然后按产品要求的温度将油膏热熔液化，在基层表面涂油膏，铺贴玻璃纤维网格布，压实，表面再刷油膏，刮板收齐边沿，顺序进行。根据设计要求可做成一布二油或二布三油。

（5）涂膜防水屋面的细部构造

涂膜防水屋面的细部构造要求及做法类同于卷材防水屋面，可根据图 10-20 的例子加以比较。

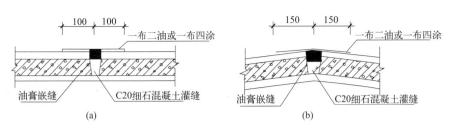

图 10-20 涂膜防水分格缝

10.3.3 刚性防水屋面

刚性防水屋面是指用细石混凝土做防水层的屋面。刚性防水屋面的主要优点是构造简单、施工方便、造价较低；缺点是易开裂，对气温变化和屋面基层变形的适应性较差，所以刚性防水多用于我国南方地区防水等级为Ⅲ级的屋面，也可用作防水等级为Ⅰ、Ⅱ级的屋面多道设防中的一道防水层。

(1) 刚性防水屋面存在的问题和防治措施

混凝土中有多余的水，混凝土在硬化过程中其内部会形成毛细通道，必然使混凝土失水干缩时表面开裂而失去防水作用，因此普通混凝土不能作为刚性屋面防水层。解决的办法是：

① 增加防水剂：利用生成的不溶性物质，堵塞毛细孔道，提高密实度。

② 采用微膨胀混凝土：加入适量矾土、水泥等，利用结硬时产生的微膨胀效应，提高抗裂性。

③ 提高自身密实度：采用等料级配，控制水灰比，加强浇筑时的振捣和浇水养护，提高密实性，避免表面龟裂。

除自身原因外，还受到外力作用影响。气温变化使其热胀冷缩、屋面板受力后产生挠曲变形、地基不均匀沉陷、屋面板徐变、材料收缩等均直接对刚性防水层产生较大影响，其中最主要的是温差所造成的影响。解决的措施是：

① 配置钢筋：一般配置 $\phi 3@150$ 或 $\phi 4@200$ 双向钢筋，置于钢筋混凝土防水层中层偏上，提高其抗裂和抗应变的能力。

② 设置分仓缝：设置一定数量的分仓缝（亦称分格缝），减少单块钢筋混凝土防水层面积，一般控制在 15~25m^2，以减少因温度变化引起的收缩变形，有效防止和限制裂缝的产生。

在荷载作用下，屋面板产生挠曲变形，板在支承端翘起，产生角变形，易引起钢筋混凝土防水层的变形和开裂，故分仓缝应设置于支承端。

综上所述，分仓缝的具体设置是：预制装配式结构中，设置于支座轴线处、屋面转折处、与立墙交接处并与

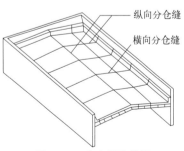

图 10-21 分仓缝的位置

板缝对齐；横向分仓缝间距≤6m；纵向分仓缝设于屋脊处；当屋顶设女儿墙时，由于其材料不同，变形不一致，所以刚性防水层与女儿墙之间也应设分仓缝，其具体构造做法，如图10-21 所示。

（2）刚性防水屋面构造

① 结构层。结构层一般为预制钢筋混凝土板或现浇钢筋混凝土板。

② 找平层。通常在预制钢筋混凝土板上做找平层，常规做法为 20mm 厚 1∶3 水泥砂浆。对于现浇钢筋混凝土整体结构可不做找平层。

③ 隔离层。为减少结构层受力变形对防水层的影响，应在刚性防水层和结构层之间设隔离层（亦称浮筑层）。因结构层受力产生挠曲变形，温度变化产生膨胀变形，而结构层厚且刚度大，必然拉动刚性防水层同步变形，致使防水层拉裂。设置隔离层可减少或限制对防水层的不利影响。隔离层采用纸筋灰、低标号砂浆或干铺油毡等做法，如图 10-22 所示。

④ 防水层。采用 C20 以上的细石混凝土整体现浇，其厚度不应小于 40mm，其中配 Φ4、Φ6 间距为 100～200mm 的双向钢筋网，以防止混凝土收缩开裂。在细石混凝土中加防水剂、泡沫剂或膨胀剂等，可提高混凝土的密实性和抗裂、抗渗性。

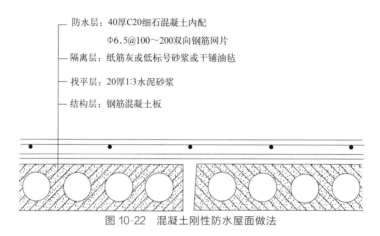

图 10-22 混凝土刚性防水屋面做法

（3）刚性防水屋面细部构造

① 分仓缝构造。如图 10-23 所示。

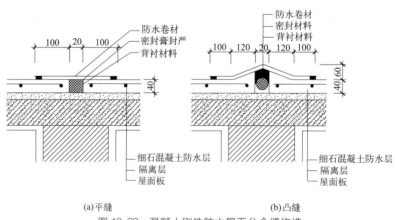

图 10-23 混凝土刚性防水屋面分仓缝构造

② 泛水构造。刚性防水屋面泛水构造要点与卷材防水屋面大体相同，不同点是刚性防水屋面泛水与防水层为一整体，且与凸出屋面的结构物脱离，其间必须留出施工分仓缝，以免两者变形不一致而造成泛水开裂。泛水与屋面应一次浇成，不得留施工缝。其泛水主要指女儿墙泛水和变形缝泛水，如图 10-24 所示。

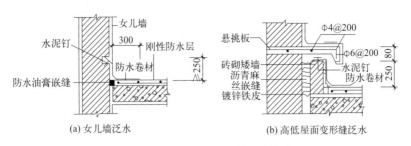

(a) 女儿墙泛水　　(b) 高低屋面变形缝泛水

图 10-24　刚性防水屋面的泛水构造

③ 檐口构造。刚性防水屋面常用的檐口形式有自由落水檐口，挑檐沟外排水檐口，女儿墙外排水檐口以及坡檐口等，其构造做法如图 10-25 所示。

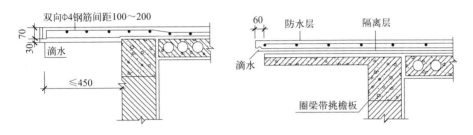

(a) 自由落水檐口

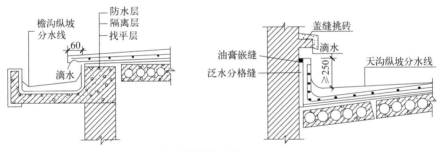

(b) 有组织外排水檐口

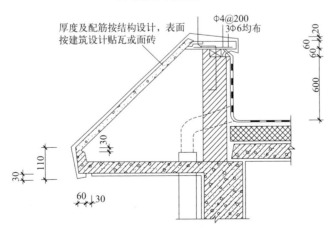

(c) 坡檐口构造

图 10-25　檐口排水构造

④ 雨水口。刚性防水屋面的雨水口常见的有两种，一种是用于天沟或檐沟的雨水口，另一种是用于女儿墙外排水的雨水口。前者为直管式，后者为弯管式。

a. 直管式雨水口。这种雨水口的构造如图10-26所示。安装时为了防止雨水从雨水口套管与檐沟底板间的接缝处渗漏，应在雨水口的四周加铺宽度约200mm的二布三油或二布六涂附加卷材。卷材应铺在套管内壁中，天沟内的混凝土防水层应盖在卷材的上面，防水层与雨水口的接缝用油膏嵌填密实。

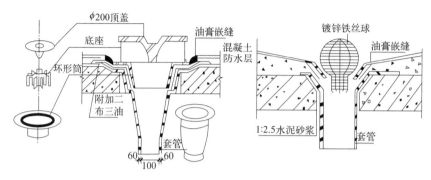

图 10-26 直管式雨水口

b. 弯管式雨水口。弯管式雨水口多用于女儿墙外排水，雨水口可用铸铁或塑料做弯头，如图10-27所示。

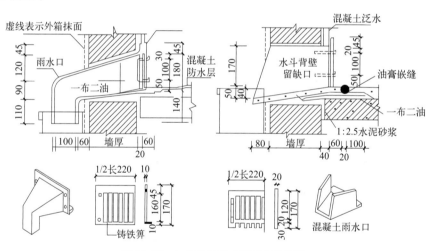

图 10-27 女儿墙外排水的雨水口构造

10.4 平屋顶

平屋顶是指排水坡度不大于10%的屋顶，常用排水坡度为2%～3%。平屋顶是目前应用最为广泛的一类屋顶，它主要由顶棚层、结构层、保温层、防水层和保护层组成。

① 顶棚层。在结构层下方，起美观和装饰作用，也可以将部分管线铺设于悬吊顶棚之内，来增强屋顶的美观性。

② 结构层。结构层承受屋顶上部的所有荷载，并把这些荷载传给墙体、梁和柱。屋顶结构有现浇钢筋混凝土结构和预制装配式结构两种，前者整体性好，强度及安全系数高，抗

渗性能好，但施工周期和成本相对较高，后者与之相反，吊装完成后需对拼接缝隙处进行处理，以避免渗水漏雨的情况，因此，屋顶结构普遍使用现浇式钢筋混凝土结构。

③ 保温层。主要起保温隔热作用，一般位于结构层与防水层之间，在北方寒冷地区也可倒置于防水层之外。主要为松散材料，如加气混凝土、泡沫塑料、膨胀蛭石和膨胀珍珠岩等。

④ 防水层。防止雨水渗入屋面，主要有刚性防水屋面和柔性防水屋面两种做法。

⑤ 保护层。屋面最外部的保护构造，增强屋面的耐久性。

10.5　坡屋顶的组成及构造

坡屋顶由带有坡度的倾斜面相交而成，斜面相交的阳角为脊，相交的阴角为沟，如图10-28 所示。

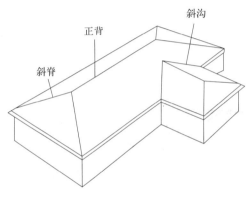

图 10-28　坡屋顶的组成

10.5.1　坡屋顶的特点与形式

坡屋顶多采用瓦材防水，而瓦材块小，接缝多，易渗漏，故坡屋顶的坡度一般大于10°，通常取 30°左右。坡屋顶构造高度大，排水快，防水性能好，但结构复杂，消耗材料较多。

坡屋顶的形式和坡度主要取决于建筑平面、结构形式、屋面材料、气候环境、风俗习惯、建筑造型等因素。坡屋顶在建筑中应用较广，主要有单坡式、双坡式、四坡式、折腰式等。

① 单坡顶。当房屋进深不大时，可选用单坡顶。

② 双坡顶。当房屋进深较大时，可选用双坡顶。根据双坡顶中檐口和山墙处理的不同又可分为以下几种。

悬山屋顶。悬山屋顶即山墙挑檐的双坡屋顶。挑檐可保护墙身，有利于排水，并有一定的遮阳作用，常用于南方多雨地区。

硬山屋顶。硬山屋顶即山墙不出檐的双坡屋顶，北方少雨地区采用较广。

出山屋顶。出山屋顶即山墙高出屋面的双坡屋顶，防火规范规定，山墙高出屋顶 500cm以上，易燃材料不砌入墙内者，可作为防火墙。

③ 四坡顶。四坡顶，也称四落水屋顶。中国传统的四坡顶四角起翘的称庑殿顶，四面挑檐利于保护墙身。正脊延长，两侧形成两个山花面的称歇山顶。山尖处可设百叶窗，有利于屋顶通风，如图 10-29 所示。

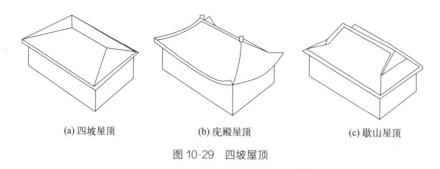

(a) 四坡屋顶　　(b) 庑殿屋顶　　(c) 歇山屋顶

图 10-29　四坡屋顶

10.5.2　坡屋顶的组成

坡屋顶一般由承重结构和屋面面层两部分组成，必要时还有保温层、隔热层、顶棚等，如图 10-30 所示。

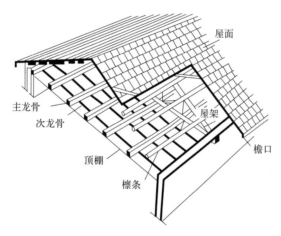

图 10-30　坡屋顶的组成

① 承重结构。承重结构主要承受屋面荷载并把它传到墙或柱子上，一般有椽子、檩条、屋架和大梁等。

② 屋面。屋面是屋顶上覆盖层，直接承受风、雪、雨和太阳辐射等大自然气候作用。它包括屋面盖料和基层，如挂瓦条、屋面板等。

③ 顶棚。顶棚是屋顶下面的遮盖部分，可使室内上部平整，起反射光线和装饰作用。

④ 保温和隔热层。保温和隔热层可设在屋面层或顶棚处，视具体情况而定。

10.5.3　坡屋顶的承重结构系统

坡屋顶的承重结构常用的类型有山墙承重、屋架承重和椽架承重。

（1）山墙承重

房间开间不大的建筑，利用砌成山尖形的承重墙搁置檩条，称为"山墙承重"或"硬山架檩"。各檩等距布置，檩条有木檩、型钢檩和预制钢筋混凝土檩等。檩条的断面尺寸应根据材料、跨度、间距和荷载计算决定，木檩跨度一般不超过 4m。檩条上可直接铺放厚 15～25mm 的木板，称为"望板"；也可在檩条上先放椽子，再铺望板。图 10-31(a) 所示的承重结构适用于开间较小的建筑。

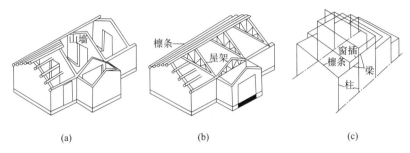

图 10-31 坡屋顶承重结构形式

（2）屋架承重

房间开间较大、不能用山墙承重的建筑，需设置屋架以支承檩条。屋架由杆件组成，为平面结构，可用木材、钢筋混凝土、预应力混凝土或钢材制作，也可用两种以上材料组合制作。屋架有三角形、拱形、多边形等，以三角形为多。当屋架跨度不超过 12m 时，可采用木屋架；不超过 18m 时，可采用钢-木组合屋架；超过 18m 时，宜采用钢筋混凝土屋架或钢屋架。屋架的间距一般与房屋开间尺寸相同，通常为 3～4.5m，如图 10-31(b) 所示。屋架承重结构适用于有较大空间的建筑。

（3）椽架承重

用密排的人字形椽条制成的支架，支在纵向的承重墙上，上面铺木望板或直接钉挂瓦条。椽架的一般间距为 40～120cm，椽架的人字形椽条之间需有横向拉杆，如图 10-31(c) 所示。

10.5.4 平瓦坡屋顶屋面的构造

平瓦屋面的屋面防水材料为黏土烧制或水泥砂浆制作的模压成凹凸纹形的平瓦。瓦的外形尺寸一般为 400mm×230mm×15mm，瓦背有挂钩，可以挂在挂瓦条上。铺放时上下左右均需搭接。这种屋面建造方便，在民用建筑中应用广泛，缺点是瓦的尺寸小，接缝多，容易渗水漏水。

（1）屋面基层

为铺设屋面材料，应首先在其下面做好基层。基层一般由以下构件组成。屋架结构如图 10-32 所示。

① 檩条

檩条支撑于横墙或屋架上，其断面及间距根据构造需要由结构计算确定，古民宅用来挑起椽子，做成屋顶的横木，是房子的主要构件之一。在坡屋面中常搁置于屋架或斜梁上，其上再加铺望板和防水层，作为顺水条的依附构件。现代钢结构建筑普遍用 C/Z 型钢，Z 型钢作为房屋的檩条，有更好的承受力。

檩条有主檩和次檩之分。主檩条连接安装在屋面及外墙结构柱梁上，次檩条用于把屋面板及外墙板连接在基础结构上，主次檩条都是近代钢结构建筑设计常用的主要结构部件。

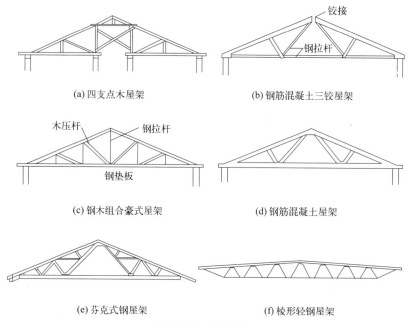

图 10-32　屋架结构

② 椽条

当檩条间距较大,不宜在上面直接铺设屋面板时,可垂直于檩条方向架立椽条,椽条一般用木制,间距一般为 360~400mm,截面为 500mm×500mm 左右。

特殊部位屋架布置示意图如图 10-33 所示。

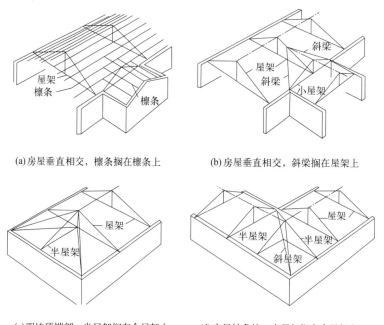

图 10-33　特殊部位屋架布置示意图

（2）屋面铺设

平瓦是根据防水和排水需要用黏土模压制成凹凸楞纹后焙烧而成的瓦片。一般尺寸为 380～420mm 长，240mm 左右宽，50mm 厚（净厚约为 20mm），瓦装有挂钩，可以挂在挂瓦上，防止下滑，中间有突出物穿有小孔，风大的地区可以用钢丝扎在挂瓦上，其他如水泥瓦、硅酸瓦，均属此类平瓦，但形状与尺寸稍有变化，如图 10-34 所示。

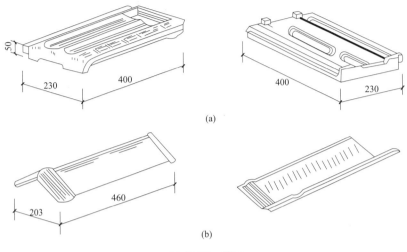

图 10-34 平瓦

平瓦屋面根据基层的不同有冷摊瓦屋面、木望板平瓦屋面、挂瓦板平瓦屋面和钢筋混凝土板瓦屋面四种做法。

a. 冷摊瓦屋面是在檩条上钉固椽条，然后在椽条上钉挂瓦条并直接挂瓦的屋面。这种做法构造简单，但雨雪易从瓦缝中飘入室内，常用于南方地区对质量要求不高的建筑，如图 10-35（a）所示。

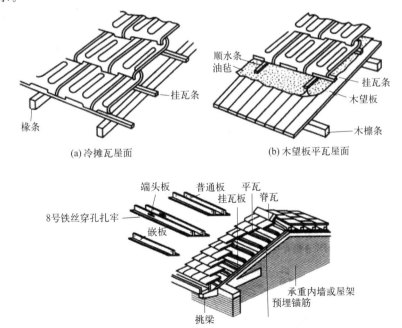

图 10-35 平瓦屋面

b. 木望板平瓦屋面是在檩条上铺钉 15～20mm 厚的木望板（亦称屋面板），望板可采取密铺法（不留缝）或稀铺法（望板间留 20mm 左右宽的缝），在望板上平行于屋脊方向干铺一层油毡，在油毡上顺着屋面水流方向钉 10mm×30mm、中距 500mm 的顺水条，然后在顺水条上面平行于屋脊方向钉挂瓦条并挂瓦，挂瓦条的断面和间距与冷摊瓦屋面相同。这种做法比冷摊瓦屋面的防水、保温隔热效果要好，但耗用木材多、造价高，多用于质量要求较高的建筑物中，如图 10-35(b) 所示。

c. 挂瓦板平瓦屋面。挂瓦板是把檩条、屋面板、挂瓦板等几个功能结合为一体的预制钢筋混凝土构件。基本形式有双 T、单 T 和 F 形三种。这种屋面构造简单，省工省料，造价经济，但易渗水，多用于标准要求不高的建筑中，如图 10-35(c) 所示。

d. 钢筋混凝土板瓦屋面。瓦屋面由于保温、防火或造型等的需要，可将钢筋混凝土板作为瓦屋面的基层盖瓦。盖瓦的方式有两种：一种是在找平层上铺油毡一层，用压毡条钉在嵌在板缝内的木楔上，再钉挂瓦条挂瓦；另一种是在屋面板上直接粉刷防水水泥砂浆并贴瓦或陶瓷面砖。在仿古建筑中也常常采用钢筋混凝土板瓦屋面，如图 10-36 所示。

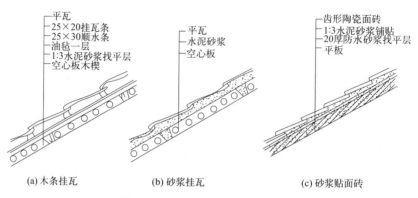

图 10-36　钢筋混凝土板瓦屋面构造

（3）平瓦屋面的细部构造

平瓦屋面应做好檐口、天沟、屋脊等部位的细部处理。

① 檐口构造

檐口分为纵墙檐口和山墙檐口。

a. 纵墙檐口：根据造型要求做成挑檐或封檐，如图 10-37 所示。

b. 山墙檐口：按屋顶形式又分为硬山与悬山两种。

硬山檐口构造是将山墙升起包住檐口，女儿墙与屋面交接处应做泛水处理。女儿墙顶应做压顶板，以保护泛水，如图 10-38 所示。

悬山屋顶的山墙檐口构造是先将檩条外挑形成悬山，檩条端部钉木封檐板，沿山墙挑檐的一行瓦，应用 1∶2.5 的水泥砂浆做出披水线，将瓦封固，如图 10-39 所示。

② 天沟和斜沟构造

等高跨或高低跨相交处，常常出现天沟，而两个相互垂直的屋面相交处则形成斜沟。沟应有足够的断面积，上口宽度不宜小于 300～500mm，一般用镀锌铁皮铺于木基层上，镀锌铁皮伸入瓦片下面至少 150mm。高低跨和包檐天沟若采用镀锌铁皮防水层时，应从天沟内延伸至立墙（女儿墙）上形成泛水。如图 10-40 所示。

（4）压型钢板屋面构造

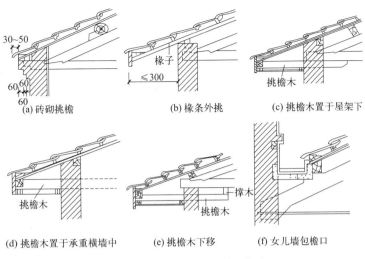

图 10-37 平瓦屋面纵墙檐口构造

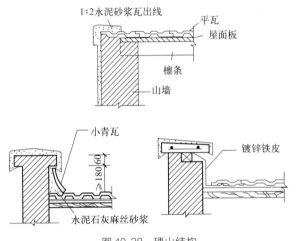

图 10-38 硬山结构

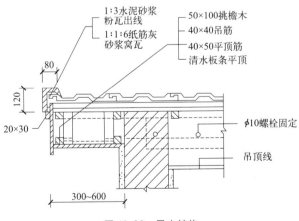

图 10-39 悬山结构

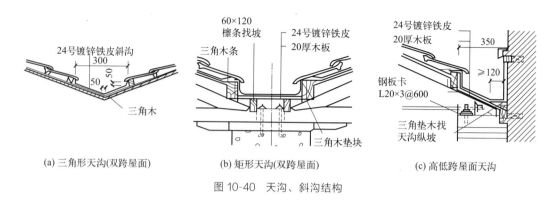

图 10-40 天沟、斜沟结构

彩色压型钢板屋面简称彩板屋面，压型钢板是将镀锌钢板轧制成型，表面涂刷防腐涂层或彩色烤漆而得的屋面材料，压型钢板屋面构造如图 10-41 所示。近年来，这种在大跨度建筑中广泛采用的高效能屋面，不仅自重轻、强度高且施工安装方便。彩板的连接主要采用螺栓连接，不受季节气候影响。彩板色彩绚丽，质感好，大大增强了建筑的艺术效果。彩板除用于平直坡面的屋顶外，还可根据造型与结构的形式需要，在曲面屋顶上使用。

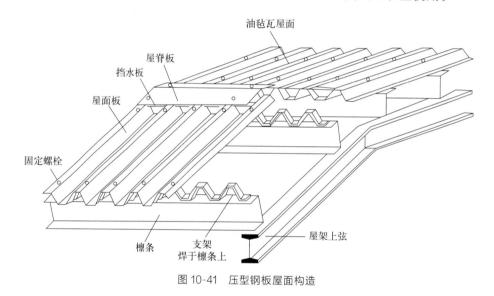

图 10-41 压型钢板屋面构造

（5）平瓦屋面施工

① 在木基层上铺设卷材时，应自下而上平行屋脊铺贴，搭接顺流水方向。卷材铺设时应压实铺平，上部工序施工时不得损坏卷材。

② 挂瓦条间距应根据瓦的规格和屋面坡长确定。挂瓦条应铺钉平整、牢固，上棱应成一直线。

③ 平瓦应铺成整齐的行列，彼此紧密搭接，并应瓦榫落槽，瓦脚挂牢，瓦头排齐，檐口应成一直线。

④ 脊瓦搭盖间距应均匀。脊瓦与坡面瓦之间的缝隙，应采用掺有纤维的混合砂浆填实抹平。屋脊和斜脊应平直，无起伏现象。沿山墙封檐的一行瓦，宜用 1∶2.5 的水泥砂浆做出坡水线将瓦封固。

⑤ 铺设平瓦时，平瓦应均匀分散堆放在两坡屋面上，不得集中堆放。铺瓦时，应由两

坡从下向上同时对称铺设。

⑥ 在基层上采用泥背铺设平瓦时，泥背应分两层铺抹，待第一层干燥后再铺抹第二层，并随铺平瓦。

⑦ 在混凝土基层上铺设平瓦时，应在基层表面抹 1∶3 水泥砂浆找平层，钉设挂瓦条挂瓦。当设有卷材或涂膜防水层时，防水层应铺设在找平层上；当设有保温层时，保温层应铺设在防水层上。

10.6 屋顶的保温与隔热

10.6.1 屋盖保温

寒冷地区或者有特殊要求的建筑，屋盖应设计成保温屋面。为了提高屋顶的热阻，需要在屋顶中增加保温层。

（1）保温材料

保温材料应具有吸水率低，导热系数较小并具有一定强度的性能。屋面保温材料一般为轻质多孔材料，分为以下三种类型。

① 松散保温材料。常用的有膨胀蛭石、膨胀珍珠岩、矿棉、炉渣等。

② 整体保温材料。常用水泥或沥青等胶结材料与松散保温材料拌和，整体浇筑。如水泥炉渣、沥青膨胀珍珠岩、水泥膨胀蛭石等。

③ 板状保温材料。如加气混凝土板、泡沫混凝土板、膨胀珍珠岩板、膨胀蛭石板、矿棉板、岩棉板、泡沫塑料板、木丝板、刨花板、甘蔗板等。

（2）平屋盖的保温构造

根据结构层、防水层和保温层所处的位置不同，保温层做法可分为正铺法和倒铺法。

保温层设在结构层之上，防水层之下，称为正铺法保温，这种形式构造简单，施工方便；保温层设在防水层之上，称为倒铺法保温，可以保护防水层不受阳光辐射和剧烈气候变化的直接影响和来自外界的间接影响。保温屋面与非保温屋面的不同是增加了保温层和保温层上下的找平层与隔汽层。隔汽层通常的做法是一毡二油。为了解决排除水蒸气的问题需要在保温层中设排汽道，排汽道内用大粒径炉渣填塞，既可让水汽在其中流动，又可保证防水层的基层坚实可靠。同时，找平层内也在相应位置留槽作排汽道，并在其上干铺一层油毡条，用玛琋脂单边点贴覆盖。排汽道在整个层面应纵横贯通，并应与大气连通的排气孔相通。排气孔的数量应根据基层的潮湿程度确定，一般每 $36m^2$ 设置一个。

10.6.2 屋盖隔热

炎热地区夏季，在太阳辐射热和室外高温的共同作用下，由屋顶传入室内的热量远比围护墙体多，致使室内温度剧烈升高，故须做好屋顶的隔热措施。减少和限制屋顶吸热是屋顶隔热的基本构造原理，采用的构造方法主要有通风降温、反射降温、种植隔热降温和实体材料隔热降温等。

（1）屋盖通风隔热

① 架空通风隔热。架空通风隔热间层设于屋面防水层上，其隔热原理是：一方面利用

架空的面层遮挡直射阳光，另一方面架空层内被加热的空气与室外冷空气产生对流，将层内的热量源源不断地排走。架空通风层通常用砖、瓦、混凝土等材料及制品制作，如图 10-42 所示。

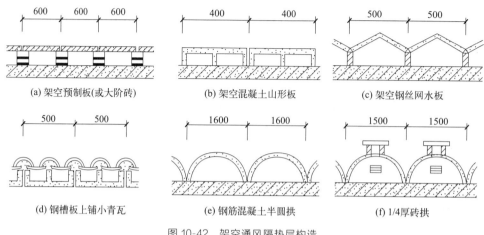

图 10-42 架空通风隔热层构造

② 顶棚通风隔热。利用吊顶与屋顶形成的空间作通风间层。其优点是减少构件以减轻荷载，缺点是屋顶防水层、结构层易受气温变化的作用而变形，其构造做法如图 10-43 所示。

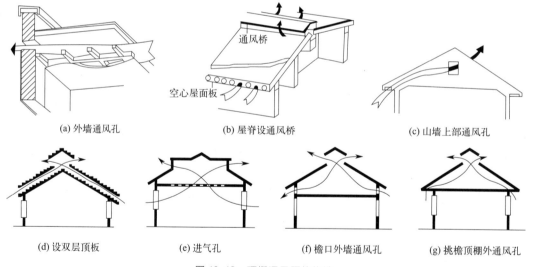

图 10-43 顶棚通风隔热构造

（2）种植隔热屋面

在平屋顶上种植植物，借助栽培介质隔热及植物吸收阳光进行光合作用和遮挡阳光的双重功效来达到降温隔热的目的。

一般种植隔热屋面是在屋面防水层上直接铺填种植介质，栽培植物，如图 10-44 所示，其构造要点有以下几点。

① 选择适宜的种植介质：宜选用轻质材料作为栽培介质，常用的有谷壳、蛭石、陶粒、泥炭等，即所谓的无土栽培介质。栽培介质的厚度应满足屋顶所栽种的植物正常生长的需

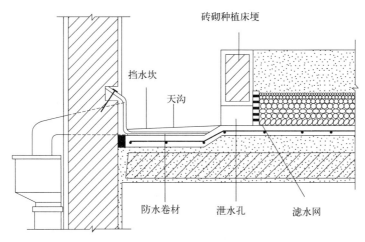

图 10-44 种植隔热屋面构造示意

要，但一般不宜超过 300mm。

② 种植床的做法：种植床又称苗床，可用砖或加气混凝土砌块来砌筑。一般种植屋面应有一定的排水坡度（1%～3%）。

通常在靠屋面低侧的种植床与女儿墙间留出 300～400mm 的距离，利用所形成的天沟有组织排水，并在出水口处设挡水坎，以沉积泥沙。

③ 种植屋面的防水层。种植屋面可以采用一道或多道（复合）防水设防，但最上面一道应为刚性防水层。

④ 注意安全防护问题。种植屋面是一种上人层面，护栏的净保护高度不宜小于 1.1m。

（3）蓄水隔热屋面

利用屋顶的蓄水层来达到隔热的目的。

（4）蓄水种植隔热屋面

蓄水种植隔热屋面是将一般种植屋面与蓄水屋面结合起来的屋面。

（5）反射屋面

对屋面面层进行浅色处理，减少太阳辐射对屋面的作用，降低屋面表面温度，达到改善屋面隔热效果的目的。

思考题

10-1 简述屋顶的作用。屋顶设计应满足哪些要求？

10-2 简述屋顶的常见类型及优缺点。

10-3 屋顶排水设计的内容包括哪些？

10-4 屋面排水方式的类型有哪些？

10-5 影响屋顶坡度的因素有哪些？

10-6 简述涂膜防水屋面的构造和做法。

10-7 屋顶隔热降温的构造做法主要有哪些？

第 11 章
楼梯与电梯

学习目标

了解楼梯的类型和组成、钢筋混凝土楼梯的分类、台阶与坡道的构造以及自动扶梯的组成，熟悉楼梯设计规范，并能进行楼梯尺度设计，掌握钢筋混凝土楼梯的构造、楼梯的细部构造以及电梯的类型和组成。

在建筑中，为解决建筑物各楼层之间的联系，以及同一层次的标高变化和室内外的竖向联系问题，需要设置一些竖直交通设施，包括楼梯、电梯、自动扶梯、台阶、坡道以及爬梯等。本章着重论述一般大量性民用建筑中广泛使用的楼梯和电梯。

11.1 楼梯的组成和尺度

11.1.1 楼梯的组成

楼梯一般由梯段、平台和栏杆扶手三部分组成，如图11-1所示。楼梯作为建筑空间竖向联系的主要部件，能够起到提示、引导人流的作用。设计楼梯时，应充分考虑造型美观、人流通行顺畅、行走舒适、结构坚固、防火安全，同时还应满足施工和经济条件的要求。因此，需要合理地选择楼梯的形式、坡度、材料、构造做法，精心处理好其细部构造。

（1）梯段

梯段又称梯跑，是连接两个不同标高平台的倾斜构件。根据结构受力不同可分为板式梯段和梁板式梯段。板式梯段也称板式楼梯，其所受荷载由梯段直接传给平台梁；梁板式梯段也称梁板式楼梯，其所受荷载由踏步传给斜梁，再由斜梁传给平台梁。梯段的踏步步数一般不宜超过18级，若超过18级应设中间平台，但也不宜少于3级，因为步数太少不易使人们察觉，容易摔倒。

（2）平台

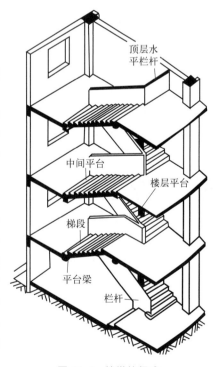

图 11-1 楼梯的组成

平台是指连接两梯段之间的水平部分，按其所处的位置可分为中间平台和楼层平台。两楼层之间的平台即为中间平台，可供人们休息和改变行进方向；与楼层地面标高齐平的平台称为楼层平台，与中间平台相比，楼层平台还可分配从楼梯到达各楼层的人流。

（3）栏杆扶手

栏杆扶手是设在梯段及平台边缘的安全保护构件。当梯段宽度不大时，可以只在楼梯临空面设置；当梯段宽度较大时，非临空面也应加设靠墙扶手；当楼梯通行人流达到4股人流以上，即梯段宽度大于等于2.8m时，则需在梯段中间加设中间扶手。

11.1.2 楼梯的形式

楼梯的形式有很多，其选择取决于楼梯所处位置、楼梯间的平面形状与大小、楼层高低与层数、人流多少与缓急等因素，设计时需综合权衡这些因素。楼梯的类型主要有以下几种：

（1）直行楼梯

直行楼梯分为直行单跑楼梯和直行多跑楼梯两种，如图11-2所示。前者没有中间平台，单跑梯段踏步数一般不超过18级，仅用于层高不大的建筑；后者是直行单跑楼梯的扩展，增设中间平台，将单梯段变为多梯段，一般为双梯段，适用于层高比较高的建筑。

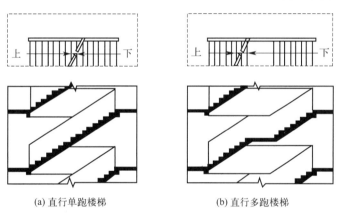

图 11-2 直行楼梯

（2）平行跑楼梯

平行跑楼梯分为平行双跑楼梯、平行双分楼梯、平行双合楼梯，如图11-3所示。

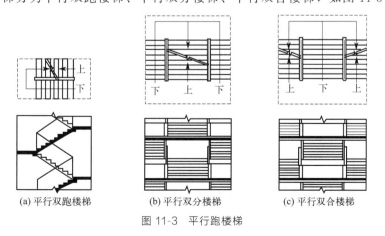

图 11-3 平行跑楼梯

平行双跑楼梯上完一层楼刚好回到原起步方位，与楼梯上升的空间回转往复性吻合，比直跑楼梯节约面积、节省人流行走的距离，是比较常用的楼梯形式之一。

平行双分（双合）楼梯是在平行双跑楼梯基础上演变而成的。其梯段平行而行走方向相反，且第一跑在中部上行（下行），其后中间平台处往两边以第一跑的二分之一梯段宽，各上（下）一跑到楼层面。通常在人流多、梯段宽度较大时采用。由于其造型的对称严谨性，通常用作办公类建筑的主要楼梯。

（3）折行跑楼梯

折行跑楼梯分为折行双跑楼梯和折行三跑楼梯，如图11-4所示。

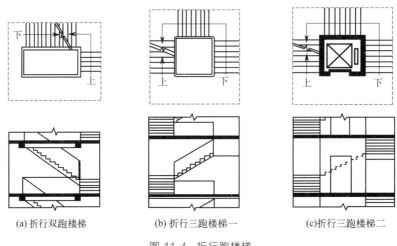

图 11-4　折行跑楼梯

折行双跑楼梯人流导向较自由，折角一般为直角。根据具体平面设计，也可以大于或等于90°。

折行三跑楼梯比折行双跑楼梯多一折，使中部形成较大的梯井，还可利用梯井作为电梯井，但对视线有遮挡。当中间梯井较大时，不适合用于少年儿童经常使用的建筑。折行三跑楼梯多用于层高较高、空间较大的公共建筑。

（4）交叉跑（剪刀）楼梯

如图11-5所示，交叉跑楼梯是由两个直行单跑楼梯交叉并列设置的楼梯，同行的人流

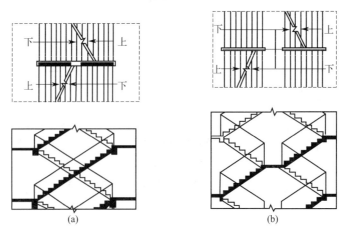

图 11-5　交叉跑楼梯

量较大，对于空间开敞，楼层人流多方向进出非常有利，一般适合层高较小的建筑。当层高较高时，可设置中间平台，中间平台为人流变换行走方向提供了条件，适用于层高较大且有楼层人流多向性选择要求的建筑，如商场、多层食堂等。

剪刀楼梯是交叉跑楼梯的特例，除在交叉跑楼梯的周边设置防火墙外，还要在交叉梯段中间用防火墙隔开，楼梯间设置防火门，形成两个各自独立的疏散通道，这种楼梯可视为两部独立的安全疏散楼梯。

（5）螺旋形楼梯

螺旋形楼梯围绕一根单柱布置，踏步内侧宽度很小，并形成较陡的坡度，如图11-6(a)所示。螺旋形楼梯通常平面呈圆形，其平台和踏步均为扇形平面。这种楼梯构造较复杂，一般不作为主要人流交通和疏散楼梯。螺旋楼梯流线造型美观，常作为建筑景观小品布置在别墅、庭院空间内，此外，由于螺旋楼梯的水平占地面积较少，也常用于小户型 loft 公寓和阁楼等场景。

（6）弧形楼梯

如图11-6(b)所示，弧形楼梯是折行楼梯和螺旋楼梯的演变形式，把折行变为一段弧形，并且曲率半径较大。其扇形踏步的内侧宽度也较大（≥220mm），使坡度不至于过陡，可以用来通行较多的人流。弧形楼梯布置在公共建筑的门厅时，具有明显的导向性和优美轻盈的造型，但由于结构和施工难度较大，通常采用钢结构或现浇钢筋混凝土结构。

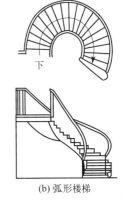

(a) 螺旋形楼梯　　(b) 弧形楼梯

图 11-6　螺旋形楼梯和弧形楼梯

11.1.3　楼梯的尺度

（1）楼梯坡度

楼梯的坡度由踏步的高宽比决定，踏步高宽比要依据建筑的使用性质、使用人的类型、行走的舒适安全感及楼梯间的尺寸等因素确定。常用的楼梯坡度为30°左右，室内楼梯的适宜坡度为23°~38°。公共建筑人流量大，安全疏散要求比较高，楼梯坡度应该平缓一些，反之则可以稍陡一些，有利于节约楼梯面积。

（2）踏步尺度

常用楼梯的踏步高与踏步宽见表11-1。

表 11-1　常用楼梯的踏步高和踏步宽　　　　　　　　　　　　　单位：mm

楼梯类别	踏步宽	踏步高	楼梯类别	踏步宽	踏步高
住宅公共楼梯	260	175	专用疏散楼梯	250	180
住宅套内楼梯	220	200	其他建筑物楼梯	260	170
电影院、体育馆、商场、医院和大中学校	280	160	专用服务楼梯	220	200
幼儿园	260	150	老年人居住建筑	300	150
宿舍	270	165	老年人公共建筑	320	130

踏步的高度，成人以150mm左右较适宜，不应高于175mm。踏步的宽度（水平投影宽

度）以 300mm 左右为宜，不应窄于 260mm。当踏步尺寸过宽时，梯段水平投影面积将增加；而踏步尺寸较小时，人流行走将不太安全。在踏步宽度一定的情况下，为提高行走舒适度，可将踏步出挑 20～30mm，使踏步实际宽度大于其水平投影宽度。如图 11-7 所示。

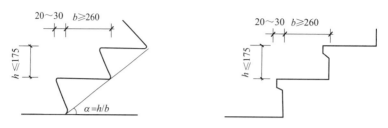

图 11-7 踏步出挑形式

（3）梯段尺寸

梯段尺寸分为梯段长度和梯段宽度。

梯段长度（L）指每一梯段的水平投影长度，其与梯段的踏步数及踏面宽度相关。梯段长度值为 $L=b(N-1)$，其中 b 为踏面水平投影宽度，N 为梯段踏步数。

梯段宽度应根据紧急疏散时要求通过的人流股数多少确定。每股人流按 550～600mm 宽度考虑。同时，需满足各类建筑设计规范中对梯段宽度的限定，如住宅不小于 1100mm，商场不小于 1400mm 等（规范所规定的梯段宽度是指墙面至扶手中心线或扶手中心线之间的水平距离，与下文楼梯尺寸计算中所指梯段宽度有所区别）。

（4）平台尺寸

梯段平台是连接楼地面与梯段端部的水平部分，其平台宽度分为中间平台宽度 D_1 和楼层平台宽度 D_2，通常中间平台宽度应不小于梯段宽度，以保证同股数人流正常通行。对于特殊建筑如医院建筑应保证担架在平台处能转向通行，其中间平台宽度应大于等于 2000mm。对于直行多跑楼梯，其中间平台宽度应大于等于梯段宽度，或大于等于 1000mm。对于楼层平台宽度，则应比中间平台更宽松一些，以利人流分配和停留。

（5）楼梯尺寸计算

在进行楼梯构造设计时，应对楼梯各细部尺寸进行详细的计算，现以常用的平行双跑楼梯为例，说明楼梯尺寸的计算方法，如图 11-8 所示。

① 根据层高 H 和初选步高 h，确定每层踏步数 N，$N=H/h$。设计时尽量采用等跑梯段，N 宜为偶数，以减少构件规格。如所求出 N 为奇数或非整数，可反过来调整步高 h。

② 根据步数 N 和初选步宽 b 确定梯段水平投影长度 L，$L=(0.5N-1)b$。

③ 确定是否设梯井。如楼梯间宽度较宽松，可在两梯段之间设梯井。供少年儿童使用的楼梯梯井不应大于 120mm，以利安全。

④ 根据楼梯间开间净宽 A 和梯井宽 C 确定梯宽 a，$a=(A-C)/2$。同时检验其通行能力是否满足紧急疏散时人流股数要求，如不能满足，则应对梯井宽 C 或楼梯间开间净宽 A 进行调整。

⑤ 根据初选中间平台宽 D_1（$D_1 \geq a$）、楼层平台宽 D_2（$D_2 \geq a$）以及梯段水平投影长度 L 检验楼梯间进深净长度 B，$D_1+L+D_2=B$。如不能满足，可对 L 值进行调整（即调整 b 值）。必要时，则需调整 B 值。在 B 值一定的情况下，如尺寸有富裕，一般可加宽 b 值以减缓坡度，或加宽 D_2 值以利于楼层平台分配人流。在装配式楼梯中，D_1 和 D_2 值的确定尚

需注意使其符合预制板安放尺寸，并减少异形规格板数量。

(6) 梯井宽度

梯井是指梯段之间形成的空档，此空档从顶层到底层贯通，如图11-8所示，C代表梯井尺寸。在平行多跑楼梯中，无需设梯井，但若为了梯段施工安装和平台转弯缓冲，可设梯井。梯井宽度一般应以60~200mm为宜，以利安全，若大于200mm，则应考虑安全措施。

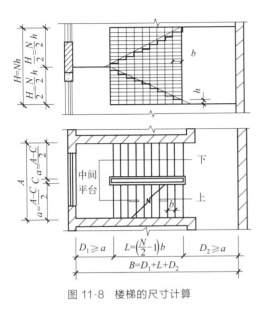

图11-8 楼梯的尺寸计算　　　　图11-9 楼梯栏杆扶手尺寸

(7) 楼梯栏杆扶手的尺寸

楼梯栏杆扶手的高度是指踏步前缘至扶手上表面的垂直距离，其与楼梯坡度大小及楼梯使用要求有关。一般室内楼梯栏杆扶手的高度不宜小于900mm（通常取900mm）。室外楼梯栏杆扶手高度（特别是消防楼梯）应不小于1100mm。在幼儿建筑中，需要在500~600mm高度再增设一道扶手，以适应儿童的身高，如图11-9所示。

另外，与楼梯有关的水平护身栏杆长度大于500mm时，楼梯栏杆扶手应不低于1050mm。当楼梯段的宽度大于1650mm时，应增设靠墙扶手。楼梯段宽度超过2200mm时，还应增设中间扶手。

中小学及少年儿童专用活动场所的楼梯，其楼梯栏杆应采取不易攀登的构造，当采用垂直杆件作栏杆时，其杆件净距不宜大于110mm。

(8) 净空高度

楼梯各部分的净高关系到行走安全和通行的便利，它是楼梯设计中的重点也是难点。楼梯的净高包括梯段部位和平台部位的净高，其中梯段部位净高应大于等于2200mm，平台部位净高应大于等于2000mm，如图11-10所示。

当利用平行多跑楼梯底层中间平台下空间作通道时，应保证平台下净高满足通行要求，一般采用以下方式解决：

① 将底层变作长短跑梯段。起步第一跑为长跑，以提高中间平台标高，如图11-11(a)。这一方式仅在楼梯间进深较大、底层平台宽D_2富余时适用。

② 局部降低底层中间平台下地坪标高，使其低于室内地坪标高±0.000，但应高于室外地坪标高，以免雨水内溢，如图11-11(b)。这种处理方式可保持等跑梯段，使构件统一。

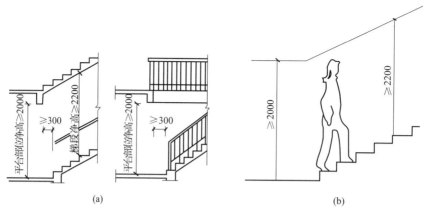

图 11-10 楼梯净空高度

③ 综合以上两种方式,在采取长短跑梯段的同时,又降低底层中间平台下地坪标高,如图 11-11(c)。这种处理方法可兼有前两种方式的优点,并减少其缺点。

④ 底层用直行楼梯直接从室外上二层,如图 11-11(d) 所示。这种方式常用于住宅建筑,设计时需注意入口处雨篷底面标高的位置,保证净空高度要求。

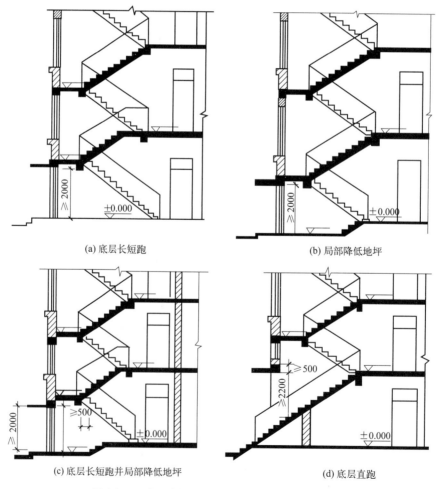

(a) 底层长短跑 (b) 局部降低地坪

(c) 底层长短跑并局部降低地坪 (d) 底层直跑

图 11-11 底层中间平台下空间作通道时的处理方式

在楼梯间顶层，当楼梯不上屋顶时，由于局部净空高度大，空间浪费，可在满足楼梯净空要求的情况下加以利用，做成小储藏间等，如图 11-12 所示。

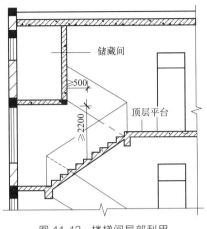

图 11-12　楼梯间局部利用

11.2　现浇整体式钢筋混凝土楼梯构造

楼梯按制作材料分类有木楼梯、钢楼梯、钢筋混凝土楼梯和混合材料楼梯。木楼梯健康环保、美观大方，但价格较昂贵、耐候性差、易损且水分含量不易控制，一般用于室内；钢楼梯耐用性强、施工工期短、易于维护且占用面积小，但行走噪声较大、触感不佳且质感生硬，适用于工业厂房；混合材料楼梯，如钢木楼梯具有美观、耐用、安装方便和安全性高等特点，但价格和维护成本相对较高，现多用于别墅、公寓和商场等跃层结构的现代轻奢装修。本书主要介绍钢筋混凝土楼梯的构造。

钢筋混凝土楼梯具有较好的结构刚度和强度，较理想的耐久、耐火性能，并且在施工、造型和造价等方面也有较多优势，故应用最为普遍。钢筋混凝土楼梯按施工方法不同，主要有现浇整体式和预制装配式两类。

现浇整体式钢筋混凝土楼梯结构整体性好，能适应各种楼梯间平面和楼梯形式，充分发挥钢筋混凝土的可塑性。但由于需要现场支模，模板耗费较大，施工周期较长，并且抽孔困难，不便做成空心构件，所以混凝土用量和自重较大。通常用于特殊异形的楼梯或整体性要求高的楼梯，或当不具备预制装配条件时采用。

现浇整体式钢筋混凝土楼梯可分为板式楼梯和梁板式楼梯，其构造特点如下。

11.2.1　板式楼梯

板式楼梯是指由梯段板承受该梯段的全部荷载，并将荷载传递至两端平台梁上的现浇式钢筋混凝土楼梯。板式楼梯由梯段板、平台梁和平台板共同组成，其受力简单、施工方便，可用于单跑楼梯和双跑楼梯。这种楼梯构造简单，其平台梁之间的距离即为板的跨度，施工方便，造型简洁，但自重大。板式楼梯常用于楼梯荷载较小且楼梯段跨度也较小的住宅等房屋。如图 11-13 所示。

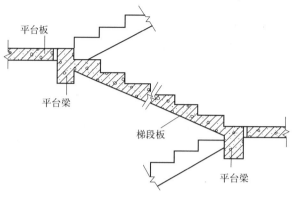

图 11-13 板式楼梯

11.2.2 梁板式楼梯

梁板式楼梯是指踏步板承受荷载并传给楼梯斜梁,再由斜梁传给两端平台梁的现浇式混凝土楼梯。梁板式楼梯由踏步板、楼梯斜梁、平台梁和平台板组成。与板式楼梯相比,梁板式楼梯板的跨度小,在板厚相同的情况下,梁板式楼梯可以承受较大的荷载。

梁板式楼梯可分为梁承式和梁悬臂式等类型。

(1) 梁承式楼梯斜梁可上翻或下翻,如图 11-14 所示。

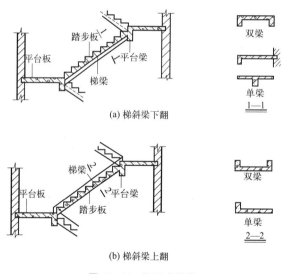

图 11-14 梁承式楼梯

(2) 梁悬臂式楼梯是指踏步板从梯斜梁两边或一边悬挑的楼梯形式,常用于框架结构建筑或室外露天楼梯,如图 11-15 所示。

这种楼梯一般为单梁或双梁悬臂支承踏步板和平台板。单梁悬臂常用于中小型楼梯或小品景观楼梯,双梁悬臂则用于梯段宽度大、人流量大的大型楼梯。由于踏步板悬挑,造型轻盈美观。踏步板断面形式有平板式、折板式和三角形板式。平板式断面踏步使梯段踢面空透常用于室外楼梯,如图 11-15(a) 所示。折板式断面踏步板由于踢面未漏空,可加强板的刚度并避免灰尘下落,但折板式断面踏步板底支模困难且不平整,如图 11-15(b) 所示。三角形断面踏步板式梯段，板底平整，支模简单，如图 11-15(c) 所示，但混凝土用量和自重均有所增加。

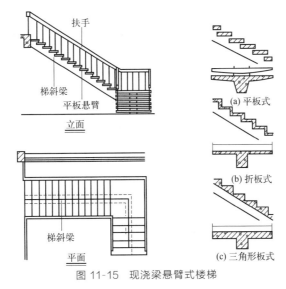

图 11-15　现浇梁悬臂式楼梯

11.3　预制装配式钢筋混凝土楼梯

预制装配式钢筋混凝土楼梯是指用预制厂生产或现场制作的构件安装拼合而成的楼梯。采用预制装配式楼梯可较现浇式钢筋混凝土楼梯提高工业化施工水平，节约模板，简化操作程序，较大幅度地缩短工期，但预制装配式钢筋混凝土楼梯的整体性、抗震性、灵活性等不及现浇钢筋混凝土楼梯。

预制装配式钢筋混凝土楼梯按其构造方式可分为墙承式、墙悬臂式和梁承式等类型。

11.3.1　墙承式

预制装配墙承式钢筋混凝土楼梯踏步板两端支承在墙体上。对于踏步板来说常采用的是一字形、L 形或倒 L 形的断面。没有平台梁、梯斜梁和栏杆时，需要设置靠墙扶手。但是该种楼梯对墙体砌筑和施工速度影响相对较大，因为踏步板是直接安装入墙体的，并且踏步板的入墙端形状、尺寸与墙体砌块模数都不容易吻合，砌筑质量不易保证。这种楼梯由于梯段之间有墙，不易搬运家具，转弯处视线被挡，需要设置观察孔，对抗震不利，施工也较麻烦，现在只用于小型一般性建筑物中，如图 11-16 所示。

11.3.2　墙悬臂式

预制装配墙悬臂式钢筋混凝土楼梯是指预制钢筋混凝土踏步板一端嵌固于楼梯间侧墙上，另一端凌空悬挑的楼梯形式，如图 11-17 所示。

预制装配墙悬臂式钢筋混凝土楼梯无平台梁和斜梁，也无中间墙，楼梯间空间轻巧通透，结构占用空间少，在住宅建筑中使用较多。但其楼梯间整体刚度极差，不能用于有抗震

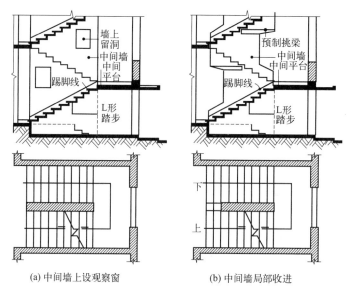

(a) 中间墙上设观察窗　　　　(b) 中间墙局部收进

图 11-16　预制装配墙承式钢筋混凝土楼梯

设防要求的地区。由于该类楼梯形式需随墙体砌筑安装踏步板,并设临时支撑,施工比较麻烦,所以目前使用较少,仅应用于有特殊需求的情况。

预制装配墙悬臂式钢筋混凝土楼梯用于嵌固踏步板的墙体厚度不应小于240mm,踏步板悬挑长度一般小于等于1800mm。踏步板一般采用L形或倒L形带肋断面形式,其入墙嵌固端一般做成矩形断面,嵌入深度240mm。

11.3.3　梁承式

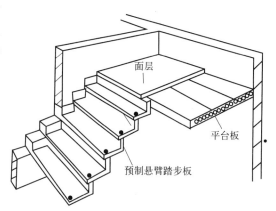

图 11-17　预制装配墙悬臂式钢筋混凝土楼梯

预制装配梁承式钢筋混凝土楼梯是指梯段由平台梁支承的楼梯构造方式。由于在楼梯平台与斜向梯段交会处设置了平台梁,避免了构件转折处受力不合理和节点处理的困难,这在一般大量性民用建筑中较为常用。预制构件可按梯段(板式或梁板式梯段)、平台梁和平台板三部分进行划分,如图11-18所示。

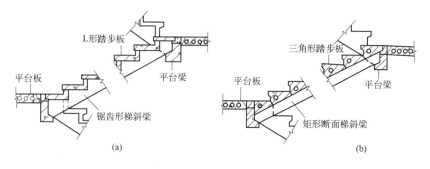

(a)　　　　　　　　　　　　(b)

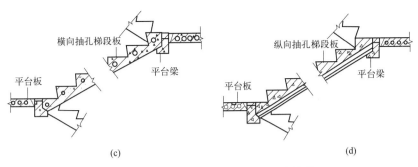

图 11-18 预制装配梁承式钢筋混凝土楼梯

(1) 梯段

梁板式梯段由踏步板和斜梁组成,如图 11-19 所示。一般在踏步板两端各设一根梯斜梁,踏步板支承在梯斜梁上。由于构件小型化,不需大型起重设备即可安装,施工简便。

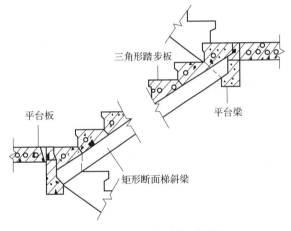

图 11-19 预制装配梁板式梯段

① 踏步板

踏步板断面形式有一字形、L 形(倒 L 形)、三角形等,如图 11-20 所示。断面厚度根

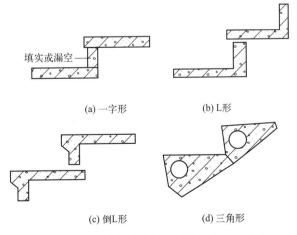

图 11-20 预制装配梁板式梯段踏步板断面形式

据受力情况约为 40~80mm。一字形断面踏步板制作简单，踢面一般用砖填充，但其受力不太合理，仅用于简易楼梯等。L 形断面踏步板较一字形断面踏步板受力合理，可正置和倒置，其缺点是底面呈折线形，不平整。三角形断面踏步板梯段底面平整、简洁，但自重大，因此常将三角形断面踏步板抽孔，形成空心构件，以减轻自重。

② 梯斜梁

梯斜梁一般为矩形断面，为了减少结构所占空间，也可做成 L 形断面，但构件制作较复杂。用于搁置一字形、L 形断面踏步板的梯斜梁为锯齿形变断面构件；用于搁置三角形断面踏步板的梯斜梁为等断面构件，如图 11-21 所示。梯斜梁一般按 $L/12$ 估算其断面有效高度（L 为梯斜梁水平投影跨度）。

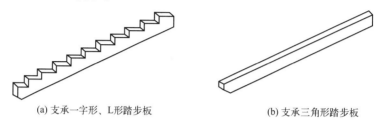

(a) 支承一字形、L 形踏步板　　　　(b) 支承三角形踏步板

图 11-21　梯斜梁形式

板式梯段为整块或数块带踏步的条板，没有梯斜梁，梯段底面平整，结构厚度小，其有效断面厚度可按 $L/30$~$L/20$ 估算，其上下端直接支承在平台梁上。一般将平台梁做成 L 形断面，使平台梁位置相应抬高，增大了平台下净空高度，如图 11-22 所示。

为了减轻自重，梯段板也可以做成空心构件，有横向抽孔和纵向抽孔两种方式。横向抽孔比纵向抽孔板式梯段板更合理且易施工，较为常用，如图 11-23 所示。

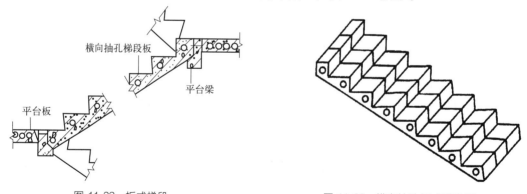

图 11-22　板式梯段　　　　　　图 11-23　横向抽孔板式梯段板

(2) 平台梁

平台梁通常是指在楼梯段与平台相连处设置的梁，用来支承上下楼梯和平台板传来的荷载。为了便于支承梯斜梁或梯段板，平台梁一般是 L 形断面，断面高度按平台梁跨度估算。如图 11-24 所示。

(3) 平台板

平台板可根据需要采用钢筋混凝土平板、槽板或空心板。有管道穿过平台时，一般不应用空心板。平台板一般平行于平台梁布置，以加强楼梯间整体刚度，如图 11-25(a) 所示。当垂直于平台梁布置时，常用小平板。如图 11-25(b) 所示。

(4) 构件连接

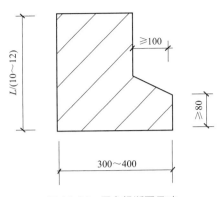

图 11-24　平台梁断面尺寸

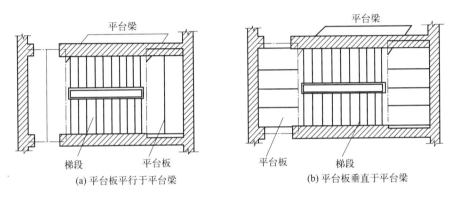

图 11-25　平台板示意图

由于楼梯是主要交通部件，对其坚固耐久、安全可靠的要求较高，特别是在地震区建筑中更需引起重视。且梯段为倾斜构件，故需加强各构件之间的连接，提高其整体性。

① 踏步板与梯斜梁连接：一般在梯斜梁支承踏步板处用水泥砂浆座浆连接，如需加强，可在梯斜梁上预埋插筋，与踏步板支承端预留孔插接，用高标号水泥砂浆填实。如图 11-26(a) 所示。

② 梯斜梁或梯段板与平台梁连接：在支座处除了用水泥砂浆座浆外，还应在连接端预埋钢板进行焊接。如图 11-26(b) 所示。

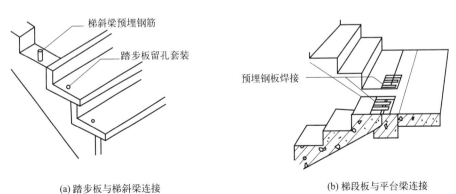

图 11-26　构件连接

③ 梯斜梁或梯段板与梯基连接：在楼梯底层起步处，梯斜梁或梯段板下应做梯基，梯基常用砖或混凝土，也可用平台梁代替梯基，但需注意该平台梁无梯段处与地坪的关系。

11.4 楼梯的细部构造

11.4.1 踏步面层与防滑构造

（1）踏步面层

踏步表面的装修用材应选择耐磨、美观、不起尘、防滑和易清洁的材料，以便于行走和清扫。一般钢筋混凝土楼梯都要抹面，抹面材料可以用水泥砂浆，标准较高的可以用水磨石、彩色水磨石、缸砖、大理石或人造石等，如图 11-27 所示。

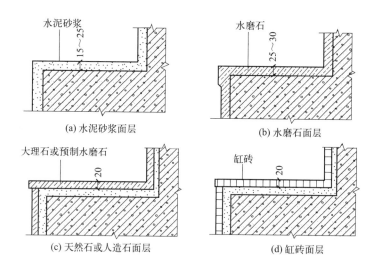

图 11-27 钢筋混凝土楼梯踏步面层构造

（2）防滑处理

为防止行人使用楼梯时滑倒，踏步表面应有防滑措施，特别是人流量大或踏步表面光滑的楼梯，必须对踏步表面进行防滑处理。防滑处理的方法通常是在接近踏口处设置防滑条，防滑条的材料主要有：金刚砂、马赛克、橡皮条和金属材料等。也可用带槽的金属材料包住踏口中，这样不仅美观和防滑，还起保护作用。防滑条应凸出踏步面 2~3mm，但不能太高，避免行走不便。在踏步两端靠近栏杆（或墙）100~150mm 处一般不设防滑条，如图 11-28 所示。

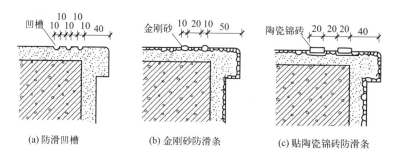

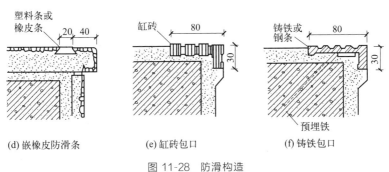

图 11-28 防滑构造

11.4.2 栏杆及扶手的构造

(1) 栏杆形式与构造

栏杆形式可分为空花式、栏板式、组合式等类型,须根据材料、经济、装修标准和使用对象的不同进行合理的选择和设计。

① 空花式栏杆

空花式栏杆一般以栏杆竖杆作为主要构件,常用材料为钢材,有时也可采用不锈钢材、木材、铝合金型材、铜材等。栏杆竖杆与梯段、平台的连接分为焊接和插接两种,即在梯段和平台上预埋钢板焊接或预留孔插接。在儿童活动场所,为避免儿童穿过栏杆空档发生事故,栏杆垂直杆件间的间距不应大于110mm。这种类型的栏杆具有重量轻、通透轻巧的特点,是楼梯栏杆的主要形式,一般用于室内楼梯。如图 11-29 所示。

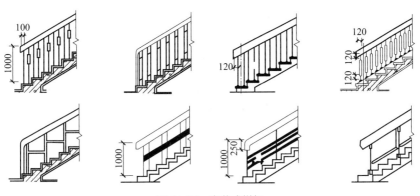

图 11-29 空花式栏杆

② 栏板式栏杆

栏板式栏杆以栏板取代空花栏杆,节约钢材,无锈蚀问题,比较安全。栏板常采用的材料有砖、钢丝网水泥抹灰和钢筋混凝土等,多用于室外楼梯。如图 11-30 所示。

③ 组合式栏杆

组合式栏杆是空花式栏杆与栏板式栏杆的组合。栏板作为防护和美观装饰的构件,通常采用木板、塑料贴面板、铝板、有机玻璃板和钢化玻璃板等材料,而栏杆竖杆为主要抗侧力的构件,一般采用钢材或不锈钢等材料。如图 11-31 所示。

(2) 扶手形式

扶手也是楼梯的重要组成部分,扶手是位于栏杆或栏板上端及梯道侧壁处,供人攀扶的

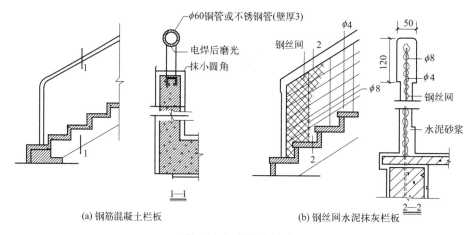

图 11-30 栏板式栏杆

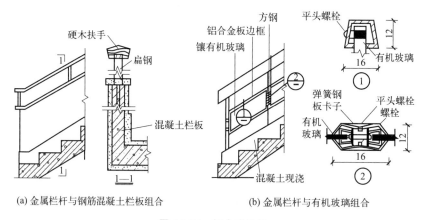

图 11-31 组合式栏杆

构件。绝大多数扶手是连续设置的，接头处应当仔细处理，使之平滑过渡，因此其断面形式以及尺寸的选择不仅需要考虑人体尺度和使用要求，也要考虑与楼梯的尺度关系和加工制作的可能性，其形式和选材既要满足人们攀扶的要求和舒适的手感，又要满足作为装饰构件的要求。常用硬木、塑料、钢筋混凝土、水磨石、大理石和金属型材制作。如图 11-32 所示。

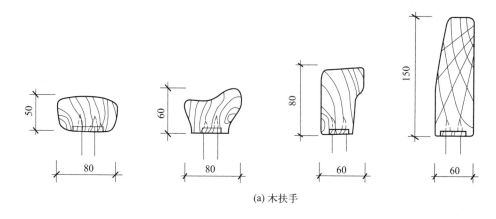

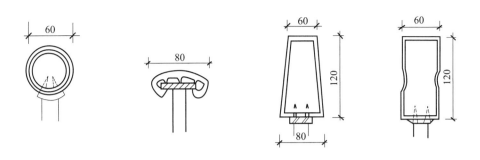

(b) 塑料扶手

图 11-32 常见扶手断面形式

（3）栏杆与扶手的连接构造

① 栏杆与扶手连接

空花式和组合式栏杆当采用木材或塑料扶手时，一般在栏杆竖杆顶部设通长扁钢与扶手底面或侧面槽口榫接，用螺钉固定，如图 11-32 所示。金属管材扶手与栏杆竖杆连接一般采用焊接或铆接，采用焊接时需注意扶手与栏杆竖杆用材一致。

② 栏杆与梯段、平台连接

栏杆竖杆与梯段、平台的连接一般在梯段和平台上预埋钢板焊接或预留孔插接。为了保护栏杆免受锈蚀并增强美观，常在竖杆下部装设套环，覆盖住栏杆与梯段或平台的接头处，如图 11-33 所示。

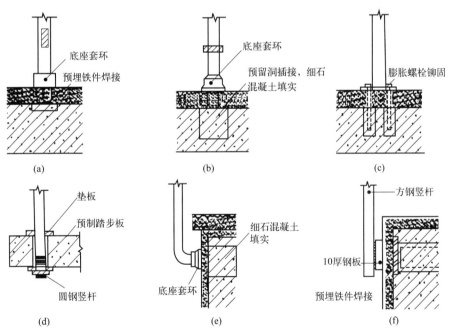

图 11-33 栏杆与梯段、平台连接

③ 扶手与墙面连接

扶手与墙面连接墙上装设扶手时，扶手距墙面的距离为 100mm 左右。将扶手连接杆件伸入砖墙预留洞内，用细石混凝土嵌固，如图 11-34 所示。当扶手与钢筋混凝土墙或柱连接时，一般采取预埋。

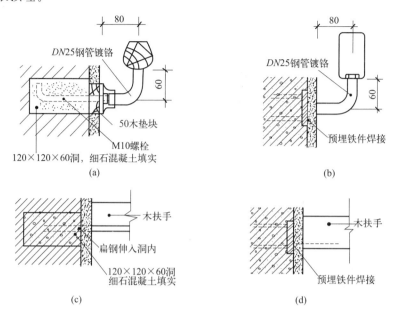

图 11-34 扶手与墙面连接

④ 扶手细部处理

楼梯扶手细部处理主要在底层第一跑梯段起步处和梯段转折处。为增强栏杆刚度和美观，可以对第一级踏步和栏杆扶手进行特殊处理，如图 11-35 所示。

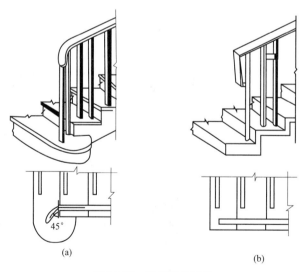

图 11-35 梯段起步扶手

在梯段转折处，由于梯段间的高差关系，为了保持栏杆高度一致和扶手的连续，需根据不同情况进行处理。如图 11-36 所示，当上下梯段齐步时，上下扶手在转折处同时向平台延伸半步，使两扶手高度相等，连接自然，但这样做缩小了平台的有效深度。如扶手在转折处不伸入平台，下跑梯段扶手在转折处需上弯形成鹤颈扶手；因鹤颈扶手制作较麻烦，也可改用直线转折的硬接方式。当上下梯段错一步时，扶手在转折处不需向平台延伸即可自然连接。当长短跑梯段错开几步时，将出现一段水平栏杆。

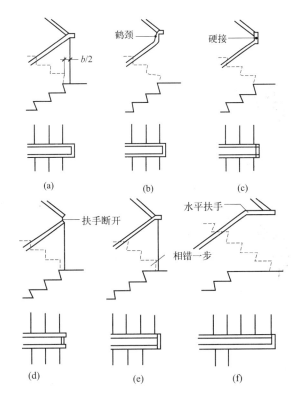

图 11-36 楼段转折处栏杆扶手处理

11.5 台阶与坡道

11.5.1 台阶

一般建筑物的室内地面都高于室外地面。为了便于出入，应根据室内外高差来设置台阶。在台阶和出入口之间一般设置平台作为缓冲之处。为防止雨水积聚或溢水至室内，台阶平台面宜比室内地面低 20~30mm，且应向外倾斜 1%~3% 坡度，以利排水。

台阶踏步高 h 一般在 100~150mm，踏步宽 300~400mm，步数根据高差来确定。室外台阶与建筑出入口大门之间的缓冲平台深度应不小于 1000mm。

步数较少的台阶，一般采用素土夯实，然后按台阶形状尺寸做 C10 混凝土垫层或砖、碎石垫层。标准较高或地基土层较差的，还可在下面加铺一层碎砖和碎石基层，以免台阶发生不均匀沉降。其垫层做法与地面垫层做法相似。

地基土质太差或步数较多的台阶，可采用钢筋混凝土做架空式台阶，以避免需要过多的土方和不均匀沉降。在严寒地区，应考虑地基土冻胀因素，可用砂石垫层换土至冰冻线以下。室外台阶构造如图 11-37 所示。台阶面层一般采用水泥石屑、斩假石、天然石材和防滑地砖等。

11.5.2 坡道

无法建造台阶时，可以采用坡道来应对高度的变化，从而满足车辆行驶、行人活动和无障碍设计的要求。

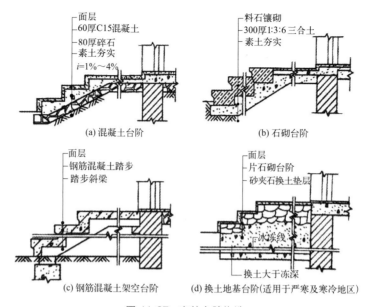

图 11-37 室外台阶构造

坡道的坡度与使用要求、面层材料和做法有关。坡度过大，使用不便；坡度过小，占地面积大，不经济。坡道的坡度一般为 1/12～1/6，以 1/10 为宜。面层光滑的坡道，坡度不宜大于 1/10。面层粗糙及设防滑条的坡道，坡度可稍大，但不应大于 1/6，锯齿形坡道的坡度可加大至 1/4。

坡道多为单面形式，极少数情况为三面坡。大型公共建筑还常将可通行汽车的坡道与踏步结合，形成壮观的大台阶。室外坡道样式如图 11-38 所示。

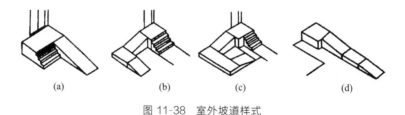

图 11-38 室外坡道样式

11.6　电梯与自动扶梯

11.6.1　电梯

（1）电梯的类型

① 按使用性质分

a. 乘客电梯：简称客梯，为运送乘客而设计的电梯。

b. 载货电梯：简称货梯，通常有人伴随，主要为运送货物而设计的电梯。

c. 客货电梯：简称客货梯，以运送乘客为主但也可运送货物的电梯。

d. 病床电梯：也称为医用电梯，为运送病床包括病人及医疗设备而设计的电梯。

e. 杂物电梯：简称杂物梯，服务于规定楼层的固定式升降设备，主要运送图书、资料、食品和杂物等，由于尺寸和结构形式的关系，人不能进入轿厢内。

f. 消防电梯：消防电梯是在火灾、爆炸等紧急情况下供消防人员紧急救援使用的电梯。消防电梯应设前室，其井道和机房应与相邻电梯隔开，从首层至顶层的运行时间不应超过60s。

g. 观光电梯：观光电梯是把竖向交通工具和登高流动观景相结合的电梯。电梯从封闭的井道中解脱出来，透明的轿厢使电梯内外景观相互流通。

② 按电梯与建筑物位置分

a. 外置电梯：安装在建筑物外部结构上的电梯，可以节省建筑物内部空间，方便用户的使用和维护，如观光电梯、步梯房后期加装的电梯等。

b. 内置电梯：安装在建筑物结构内部的电梯，设置有专门的电梯井，通常用于高层建筑、公寓、商场、医院等场所。

③ 按电梯行驶速度分

电梯速度与轿厢容量、建筑的规模和层数有关，通常分为低速、中速和高速三类：

a. 高速电梯：速度在 5～10m/s 之间。

b. 中速电梯：速度在 2.5～5m/s 之间。

c. 低速电梯：速度在 2.5m/s 以下。

(2) 电梯的组成

如图 11-39 所示，电梯由下列几部分组成：

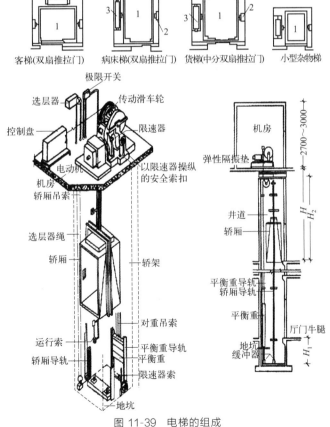

图 11-39 电梯的组成

1—电梯箱；2—导轨及撑架；3—平衡重

① 电梯井道。不同性质的电梯，其井道根据需要有各种尺寸，以配合各种电梯轿厢。井道是火灾事故中火焰及烟气容易蔓延的通道，因此井道壁应依据有关防火规范进行设计，多为钢筋混凝土井壁或框架填充墙井壁。

② 电梯机房。一般布置在井道的顶部，从平面上看，机房设计面积如果大于井道，可将机房任意一个或两个相邻方向从井道平面伸出，以满足机房有关设备的安装要求。

③ 井道地坑。在最底层平面标高下（$H_1 \geqslant 1.4\text{m}$），作为轿厢下降时所需的缓冲器的安装空间。

④ 组成电梯的有关部件

a. 轿厢：是直接载人、运货的厢体。

b. 井壁导轨和导轨支架：是支承、固定轿厢上下升降的轨道。

c. 牵引轮及其钢支架、钢丝绳、平衡重、轿厢门开关和检修起重吊钩等。

d. 有关电器部件：交流电动机、直流电动机、控制柜、继电器、选层器、动力开关、照明开关、电源开关、厅外层数指示灯和厅外上下召唤盒开关等。

（3）电梯对建筑物的构造要求，如图 11-40 所示。

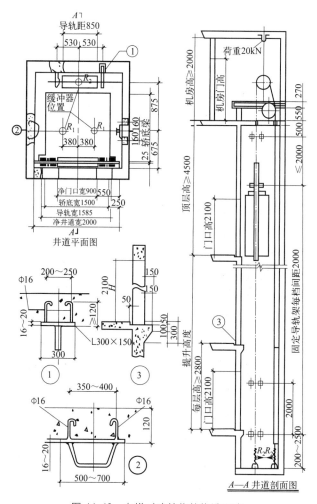

图 11-40 电梯对建筑物的构造要求

① 井道、机房建筑的一般要求

a. 通向机房的通道和楼梯宽度不小于1.3m，楼梯坡度不大于45°。

b. 机房楼板应平坦整洁，能承受6kPa的均布荷载。

c. 井道壁为钢筋混凝土时，应预留150mm见方、150mm深孔洞、垂直中距2m，以便安装支架。

d. 框架（圈梁）上应预埋铁板，铁板后面的焊件与梁中钢筋焊牢。每层中间加圈梁一道并须设置预埋铁板。

e. 电梯为两台并列时，中间可不做隔墙而按一定的间隔放置钢筋混凝土梁或型钢过梁以便安装支架。

② 电梯导轨支架的安装

导轨支架分预留孔插入式和预埋铁件焊接式。

11.6.2 自动扶梯

自动扶梯由梯路（变形的板式输送机）和两旁的扶手（变形的带式输送机）组成，其主要部件有梯级、牵引链条及链轮、导轨系统、主传动系统、驱动主轴、梯路张紧装置、扶手系统和扶梯骨架等，是用在建筑物的不同层高间向上或向下倾斜输送乘客的固定电力驱动设备。一般自动扶梯均可正、逆方向运行。平面布置可单台设置或双台并列，如图11-41所示。双台并列时一般采取一上一下的方式，以获得垂直交通的连续性，但必须在二者之间留有足够的结构间距（目前有关规定为不小于380mm），以保证装修的方便及使用者的安全。

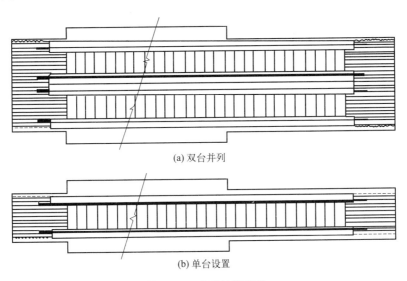

(a) 双台并列

(b) 单台设置

图 11-41 自动扶梯平面

自动扶梯的机械装置悬在楼板下面，楼层下做装饰处理，底层则做地坑，如图11-42所示。在其机房上部自动扶梯口处应做活动地板，以利检修。地坑也应做防水处理。

在建筑物中设置自动扶梯时，上下两层面积总和如超过防火分区面积要求时，应按防火要求设防火隔断或复合式防火卷帘封闭自动扶梯井。

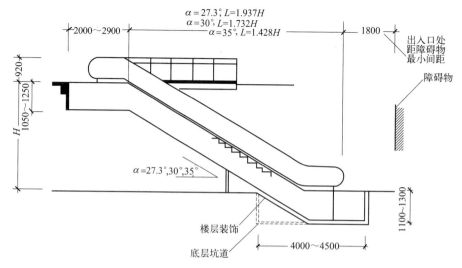

图 11-42 自动扶梯基本尺寸

思考题

11-1 根据不同的设计需求，楼梯的类型主要有哪些？

11-2 钢筋混凝土楼梯按施工方法不同，主要分为哪两类？其各自对应的楼梯类型有哪些？

11-3 根据材料、经济、装修标准和使用对象的不同，可将栏杆分为哪些类型？

11-4 按使用性质分，电梯的类型有哪些？

11-5 楼梯踏步面层有哪些防滑措施？

11-6 按构造要求分，台阶的类型有哪些？

第 12 章 门与窗

学习目标

了解建筑门窗的类型及设计要求、建筑遮阳的方法和基本形式,熟悉门窗的位置和开启方式,掌握不同类型门窗的构造、特点以及相关性能指标。

本章主要讲述门窗的形式、特点以及类型,并重点阐述木门窗、金属门窗、天窗和节能门窗等的构造及门窗遮阳、门窗防水等功能的设计要求。

12.1 门窗概述

12.1.1 门窗的作用和设计要求

门窗是房屋建筑中的围护及分隔构件,不作为承重结构,其主要功能是交通出入、分隔联系建筑空间,同时带玻璃或亮子的门兼有采光和通风作用。它们在不同使用条件下,还有保温、隔热、隔声、防水、防火、防尘、防爆及防盗等功能。此外,门窗的大小、比例尺度、位置、数量、材料、造型、排列组合方式是影响建筑物的重要因素之一。因此,建筑门窗应满足以下要求:

(1) 采光和通风要求;
(2) 密闭性能,抗风压性能和热工性能方面的要求;
(3) 功能合理,满足使用安全方面的要求;
(4) 维护、清洁等方面的要求;
(5) 建筑视觉效果方面的要求;
(6) 符合《建筑模数协调标准》的要求;
(7) 玻璃的门和落地窗应选用安全玻璃,并应设防撞提示标识;
(8) 其他特殊要求。

12.1.2 门窗类型

(1) 按材料分类

门窗按制造材料不同常有木、金属、塑料、玻璃钢和钢塑、木塑以及铝塑等复合材料制作的门窗,此外,还有其他材料门窗,如聚碳酸酯板、钢筋混凝土可直接应用于建筑围护结构及内部分隔。各种不同材料门窗的比较，见表 12-1。

表 12-1 门窗类型比较

门窗材料	优点	缺点
木门窗	制作方便、价格低廉，可加入较少的硬杂木达到节约优质木材的目的	木材消耗量大、防火能力差，不适于室外
钢门窗	强度高、防火好，采光性能好	保温性能差、节能效果较差、成本高
铝合金门窗	自重小，刚度和密闭性能好	导热系数相对较高，保温差，消耗钢材量较大
塑料门窗	美观精致、耐腐蚀性能好、有良好的装饰性和封闭性	保温性能差、成本高、抗弯变形能力较差，不适于室外
塑钢门窗	刚度好重量轻、保温性能好、装饰性能好	封闭性、安全性较差、成本较高
玻璃门窗	采光性能好、宏伟华丽	光污染、能耗大

（2）按开关方式分类

① 窗

窗按开关方式分类有平开窗、悬窗、立转窗、推拉窗和固定窗，如图 12-1 所示。

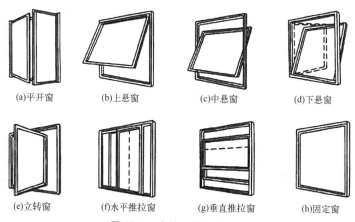

图 12-1 窗的开关方式分类

平开窗：有内开和外开两种。构造简单，开关、制作和安装方便，在建筑中应用广泛，如图 12-1（a）所示。

悬窗：按横轴的位置不同，有上悬、中悬、下悬之分。不同类型的悬窗相应的防雨、开关形式以及经济成本等存在差异，可根据设计选择合适的类型，如图 12-1（b）～（d）所示。

立转窗：竖轴设于窗扇中心，或略偏于窗扇的一侧。通风效果较好，密闭性能以及防雨防寒性能差，所以节能效果较差，如图 12-1（e）所示。

推拉窗：可水平推拉和垂直推拉。水平推拉窗需上下设轨槽，垂直推拉窗需设滑轮和平衡锤，如图 12-1（f）、（g）所示。

固定窗：不设开关（包括在必要时可以卸下的窗），仅作采光和观望用，如图 12-1（h）所示。

② 门

门按开关方式分类：平开门、弹簧门、推拉门、折叠门和转门，此外，还有卷门、上翻门、提升门等，各适用于不同条件，如图 12-2 所示。

平开门：分为单扇、双扇和多扇。有内开和外开两种方式。平开门构造简单，制作方便，适用范围广，如图 12-2（a）所示。

弹簧门：弹簧门的形式与平开门一样，区别在于用弹簧合页和地弹簧代替普通合页，能够自动关闭，常见形式有单向弹簧门和双向弹簧门，广泛用于出入人流较大和需要自动关闭的公共场所，如图 12-2（b）所示。

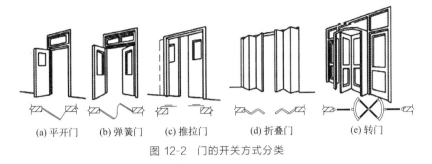

图 12-2 门的开关方式分类

推拉门：门扇开关沿着水平轨道左右滑行。有单扇和双扇两种，单扇多用于内门，双扇用于人流大的公共建筑外门。开启时不占用空间，受力合理，不易变形，但推拉门的配件较多，较平开门复杂，且造价较高，如图 12-2(c) 所示。

折叠门：折叠门可拼合，可折叠推移到洞口一侧或两侧，占用较少的房间使用面积。但每侧均为双扇折叠门时，在两个门扇侧边用合页连接在一起，开关可同普通平开门一样。当所需门扇较多时，需安装滑轮和导轨或可转动的五金配件。每侧折叠三扇或更多的门扇时，类似于折叠或移动式隔墙，如图 12-2(d) 所示。

转门：在两个弧形门套之间，由同一竖轴组成三扇或四扇夹角相等的、可水平旋转的门扇。其对减弱和防止内外空气对流有一定作用。其装置与配件较为复杂，造价较高，且交通流量小。当门厅较大，人流集中时，常在转门旁边另设平开门，以提高疏散能力，满足转门停用时的需要，如图 12-2(e) 所示。

应注意规范规定：推拉门、旋转门、电动门、卷帘门、吊门以及折叠门不应作为疏散门。

12.2 木门窗

12.2.1 木门的构造

平开门一般由门框、门扇、亮子、五金零件及其附件构成，如图 12-3 所示。

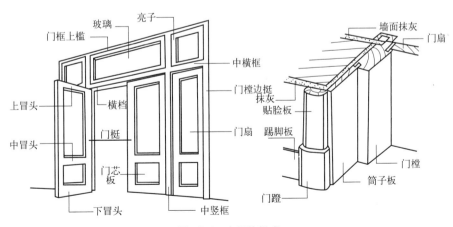

图 12-3 木门的组成

（1）门框

① 门框又称门樘，一般由两根竖直的边框和门框上槛组成。当门带有亮子时以及多扇

门时，需增设中竖框，外门需设置下框以便防风、隔雨、挡水、保温、隔声等。门樘断面形状，基本上与窗樘类同，只是门的负载较窗大，必要时尺寸可适当加大。门樘与墙的结合位置，一般都做在开门方向的一边，与抹灰面齐平，这样门开启的角度较大。

② 门框的安装，根据施工方式可分为塞口法和立口法，如图12-4所示。在施工时预先将洞口留出，待墙体施工完成后再安装门框的方法称塞口法。塞樘时门窗的洞口宽度应大于门框20～30mm，高度应大于10～20mm，门洞两侧砖墙每隔500～1000mm预埋防腐木砖或者预留缺口，然后用长钉、木螺钉等固定门框，如门框与墙体之间有缝隙，应用沥青麻丝填充。立口法是在砌墙前即用支撑先立门框然后砌墙。框与墙的结合紧密，但立樘与砌墙工序交叉，施工不便。

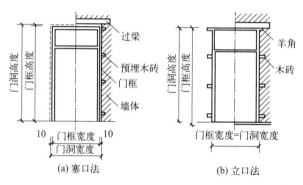

图 12-4　门框的安装方式

③ 门框的安装位置，应根据使用要求、墙体材料以及墙厚等因素确定。常见的有门框外平、立中、内平和内外平等形式，如图12-5所示。可以用水泥砂浆或者油膏填缝来解决门框与墙体之间的缝隙，保证密闭性，对建筑节能有良好的效果。同时，门框四周的抹灰极易开裂脱落，因此在门框与墙结合处应做贴脸板和木压条盖缝，装修标准高的建筑，还可在门洞两侧和上方设筒子板，同时门洞的尺寸大小也应该符合相关规定。

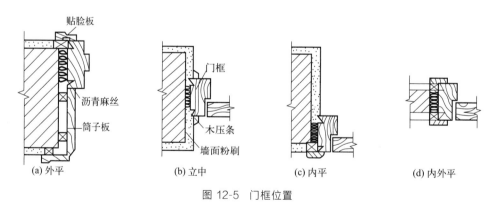

图 12-5　门框位置

（2）门扇

① 镶板门、玻璃门、纱门和百叶门

以上四种都是最常见的几种门扇，主要由骨架和内装门组成。骨架由上、中、下冒头和边梃组成，其中镶装门芯板、玻璃纱或百叶板，组成各种门扇。其构造简单、加工制作方便，适用于一般民用建筑的内门和外门。

门扇边框内安装门芯板一般称镶板门,又称肚板门或滨子门。门芯板可用厚木板拼装成,也可采用胶合板、硬质纤维板、塑料板、玻璃和塑料纱等,镶入边框。板缝要结合紧密,防止木板收缩而露缝。门芯板的拼接有4种形式:平缝、暗键拼缝、错口缝以及企口缝,如图12-6所示。一般为平缝胶结,如能做高低缝或企口缝结合则可缝隙露明。

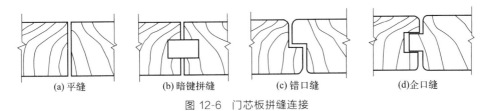

图 12-6 门芯板拼缝连接

如今,门芯板多已用多层胶合板、硬质纤维板或其他人造板等所代替。镶板门的门芯板安装可以分为暗槽、单槽和双边压条三种镶嵌形式,其中,暗槽结合紧密,工程中应用广泛,而另外两种方法简单且节省材料,多用于玻璃、纱网以及百叶的安装。根据不同情况也可部分或全部换成其他材料,即成为百叶门、玻璃门、纱门等。玻璃门可以整块镶嵌在门格中,也可以替换(上半)部分门心芯板,构造上基本相同,如图12-7所示。

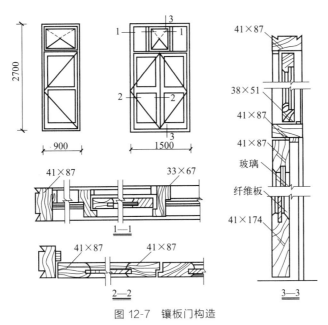

图 12-7 镶板门构造

② 夹板门

夹板门是中间为轻型骨架双面贴薄板的门,构造简单(图12-8),构件自重轻,外形简单,易于生产,广泛适用于房屋的内门,若作为外门则须注意面板及胶合材料的防水处理,并提高面板与骨架的胶结质量。

夹板门的骨架,一般用厚度32～35mm、宽34～60mm的木料做框子,内为格形纵横肋条,肋宽同框料,厚为10～25mm,视肋距而定,肋距在200～400mm之间,装锁处须增设附加木,也可以局部加宽、加料满足。为了防止门骨架内因温湿度变化产生应力,一般在骨架间需设有通风连贯孔。为了节约木材和减轻自重,可用与边框同宽的浸塑纸粘成整齐的蜂窝形网格,填在框格内,两面用胶料贴板,成为蜂窝纸夹板门。

夹板门的面板，一般可用胶合板、硬质纤维板或塑料板等（不宜暴露于室外则不宜用作外门），与骨架结合形成统一整体，共同抵抗各种变形。也可采用硬木条嵌边木线镶边等提高面板刚度保护面板。

夹板门镶玻璃及百叶。根据功能上的需要，夹板门亦可加做局部玻璃或百叶。一般在镶玻璃或百叶处，均做一木框，玻璃两边还要做压条，确保密封性以及玻璃百叶不会脱落。

夹板门的特点是：用料省、重量轻、表面整洁美观、经济，框格内如果嵌填一些保温、隔声材料，能起到较好的保温、隔声效果。在实际工程中，常在夹板门表面刷防火漆料，外包镀锌薄钢板，使之达到二级防火门的标准。夹板门常用于住宅建筑中的分户门。

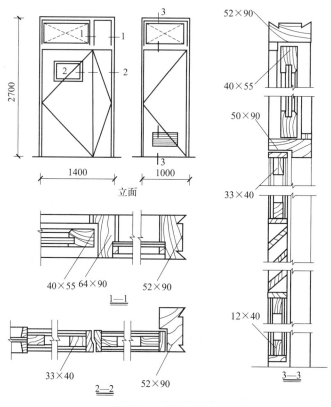

图 12-8 夹板门构造

③ 弹簧门

弹簧门是将普通镶板门或夹板门改用弹簧合页，开启后能自动关闭的门，如图 12-9 所示。

弹簧门按使用的合页有单面弹簧门、双面弹簧门和地弹簧门之分。就单面弹簧门而言，常用于需要温度调节及遮挡气味的房间，如厨房、卫生间等。双面弹簧门或地弹簧门常用于公共建筑的门厅、过厅以及出入人流较多，使用较频繁的房间门。

④ 拼板门

拼板门又叫实拼门，如图 12-10 所示，即门扇采用实木（原木）拼板制成的木门，构造与镶板门相同，由骨架和拼板组成，拼板用 35～45mm 厚的木板拼接而成，因而其自重较大，但强度高、耐久性能好，常作为建筑外门。现代装饰建材市场多采用高档硬木材料制作，随洞口尺寸大小不同，拼板门类型较多存在有亮、无亮，单扇、双扇等多种具体形式，可以根据实际需要选用。

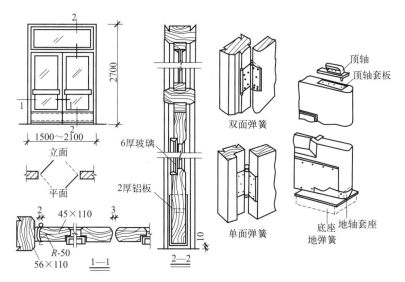

图 12-9 弹簧门的局部构造

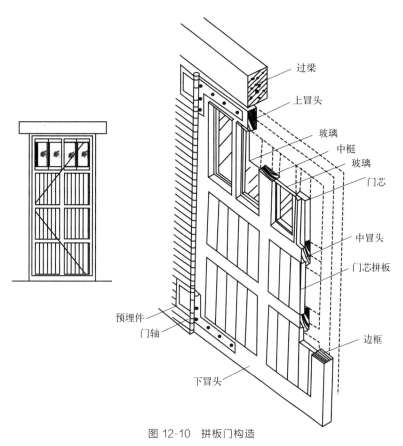

图 12-10 拼板门构造

12.2.2 木窗的构造

平开木窗一般由窗框、窗扇、五金零件以及附件组成，如图 12-11 所示。

（1）窗框

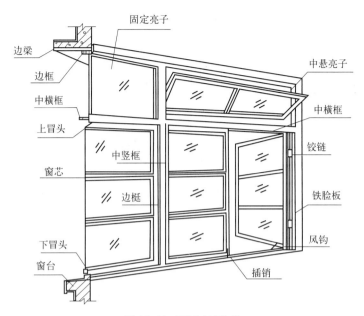

图 12-11 平开木窗构造

窗框又称窗樘，一般由上框、下框、中横框、中竖框、边框等组成。作为墙与窗扇间的联系构件，在与墙的连接处，为满足不同的要求，可增设贴脸、窗台板、窗帘盒等。窗框的断面形状与尺寸，根据材料的强度和接榫的需要选择，一般为经验尺寸。

窗框的安装。窗框位于墙和窗扇之间，木窗窗框的安装有两种方式，一种是窗框和窗扇分离安装。这类安装也有两种方法。一种是立口施工法，先立窗框，后砌墙。另一种是砌筑墙体预留窗洞，然后将窗框塞入洞内，称塞口施工法。无论是立口还是塞口，都要等墙体建成后再进行窗扇的修整和安装。另一种是成品窗安装方式，即窗框和窗扇在工厂先装配成完整的成品窗，然后，将成品窗塞口就位固定，将周边缝隙密封。目前木窗仍采用先立口和框、扇分离安装的方法，这样对窗的制作和安装要求较低，施工较易。但窗扇的最后工序需现场完成，很难达到高标准要求，极易损伤先安装的窗框。

窗框安装的位置。窗框在墙洞中的位置根据房间的使用要求、墙身的材料及墙体的厚度确定为窗框内平、外平和居中三种情况。内平即窗框内表面与墙体内表面齐平。外平时，窗框外表面与墙体外表面齐平。居中则立于洞口墙厚中部。一般窗扇都用铰链、转轴或滑轨固定在窗框上。窗的设置应符合几个规定：窗扇的开启形式应能保障使用安全，且应启闭方便，易于维修、清洗；开向公共走道的窗扇开启不应影响人员通行，其底面距走道地面的高度不应小于 2.00m；窗扇应采取防脱落措施。

（2）窗扇

窗扇由上冒头、中冒头（窗芯）、下冒头及边梃组成。根据镶嵌材料的不同，有玻璃窗扇、纱窗扇、百叶窗扇等。窗扇之间的接缝常做高低缝或加压缝条，以提高防风雨的能力和减少冷风渗透。窗面较大，做多扇处理时，可根据开关扇的具体情况与亮窗的位置，确定中横框和中竖框的取舍与数量。

（3）五金零件

窗扇与窗框用五金零件连接，常用的五金零件有铰链、风钩、插销、拉手、导轨和滑轮等。

12.3 金属门窗

金属门窗种类较多,其安装与普通门窗相似,常见有铝合金门窗、钢门窗、塑钢门窗和彩板门窗,其中铝合金门窗应用广泛。

12.3.1 铝合金门窗

铝合金门窗是指采用铝合金挤压型材为框、梃、扇料制作的门窗。

(1) 铝合金门窗的特点

① 质量轻、用料省。每 1m² 耗用铝材平均只有 80～120N(钢门窗:170～200N),相比钢门窗轻50%左右。

② 性能好。密封性、气密性、水密性、隔声性以及隔热性比钢门窗、木门窗有显著的提高。因此,在装设空调设备的建筑中,对防火、隔声、保温和隔热有特殊要求的建筑中,以及多台风、多暴雨以及多风沙地区的建筑更适合用铝合金门窗。铝合金门窗由经过表面加工的铝合金型材在工厂或工地加工而成,安装速度快。

③ 耐腐蚀、坚固耐用。适用于多腐蚀性气体的环境或地区的建筑,同时,铝合金门窗不需要涂料,氧化层不褪色、不脱落,可减少表面维修工作。铝合金门窗强度高,刚性好,坚固耐用,开闭轻便灵活,无噪声。

④ 色泽美观。铝合金门窗框料型材的表面经过氧化着色处理,既可保持铝材的银白色,也可以制成各种柔和的颜色或带色的花纹。还可以在铝材表面涂刷一层聚丙烯酸树脂保护装饰膜,制成的铝合金门窗造型新颖大方,表面光洁,外形美观,色泽牢固,增加了建筑立面和内部的美观。

(2) 铝合金门窗的设计要求

① 需根据使用和安全要求确定铝合金门窗的风压强度性能、雨水渗漏性能、空气渗透性能等综合指标。

② 组合门窗设计宜采用定型产品门窗作为组合单元。非定型产品的设计应考虑洞口最大尺寸和开启扇最大尺寸的选择和控制。

③ 外墙门窗的安装高度应有限制。不同地区根据规定按要求设计,必要时,尚应进行风洞模型试验。

④ 铝合金门窗框料传热系数大,一般不能单独作为节能门窗的框料,应采取表面喷塑或

图 12-12 隔热断桥铝合金剖面

断热处理技术来提高热阻,也可用断桥铝合金门窗(隔热断桥铝合金剖面如图 12-12 所示),其在铝合金门窗中增加了隔热条,可以极大降低铝合金门窗的传热系数,达到门窗节能指标的要求。

12.3.2 塑钢门窗

塑钢门窗是以改性硬质聚氯乙烯(简称 UPVC)为主要原料,加上一定比例的稳定剂、

着色剂、填充剂、紫外线吸收剂等辅助剂,挤出成型的各种断面中空异型材,经切割后,在其内腔衬以型钢加强筋,用热熔焊接机焊接成型为门窗框扇,配装上橡胶密封条、压条、五金件等附件而制成的门窗,相比全塑门窗刚度更好、自重更轻。塑钢门窗由于其各项性能良好,在建筑中被广泛使用。

塑钢门窗的特点:塑钢门窗强度、耐冲击、抗风压以及防盗性能较好,保温、隔热、隔声性较好,防水、气密性能优良,防火、耐老化、耐腐蚀、使用寿命长,易保养、外观美观、清洗容易,价格适中、各方面性能较铝合金门窗好,适用于各类建筑。另外当尺寸较大的塑钢窗或用于风压较大部位时,需在塑料型材中衬加强筋来提高窗的刚度。

12.4 天窗

天窗是平行于屋面的可采光或通风的窗。其安装位置比一般窗和斜屋顶窗高,人不能直接触及和操纵窗,并不需要从室内清洁窗的外表面。天窗的类型主要有以下几种:

(1) 平天窗:水平屋面上的天窗;
(2) 斜天窗:斜屋面上的天窗;
(3) 垂直天窗:又称塔式天窗,安装在平屋顶的表面之上或坡屋顶屋脊之上,周边装有侧向玻璃的天窗;
(4) 固定天窗:不能开启的天窗;
(5) 百叶天窗:装设百叶片的天窗。

同时,天窗的设置应符合下列规定:天窗应采用防破碎伤人的透光材料,当采用玻璃时,应使用夹层玻璃或夹层中空玻璃;天窗应有防冷凝水产生或引泄冷凝水的措施,多雪地区应考虑积雪对天窗的影响;天窗应设置方便开启清洗、维修的设施;应保证天窗连接牢固、安全,开闭方便、可靠。

在工业建筑的单层厂房中,天窗设置主要有矩形天窗、下沉式天窗和平天窗三种,应用广泛,而下沉式天窗可分为横向、纵向和井式三种。

12.4.1 矩形天窗

矩形天窗主要有矩形通风天窗和普通矩形天窗。矩形通风天窗由矩形天窗和其两侧的挡风板组成。普通矩形天窗由天窗架、天窗扇、天窗端壁、天窗屋面和天窗侧板等组成,如图12-13所示。

(1) 天窗架

天窗架支承在屋架上弦上。天窗架常用钢筋混凝土或型钢制作,如图12-14所示。钢筋混凝土天窗架与钢筋混凝土屋架配合使用,其主要形式为门形、W形和双Y形。天窗架的宽度和高度应根据采光、通风、屋面板的尺寸以及屋架上弦节点等

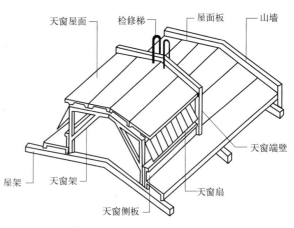

图 12-13 普通矩形天窗的组成

因素确定。

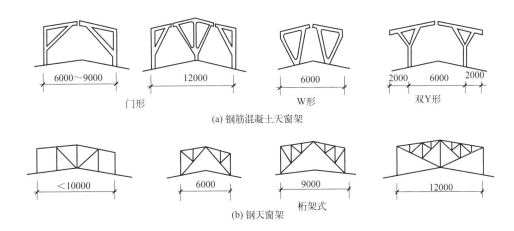

图 12-14 天窗架的形式

（2）天窗扇

天窗扇的作用是采光、通风、挡雨。可用木材、钢材及塑料等材料制作。钢天窗扇具有坚固、耐久、耐高温、不易变形和关闭较严密等优点，因此，在天窗的组成中广泛应用。此外，钢天窗扇的开启方式分为上旋式和中旋式，而根据建筑采光的需要，将上旋钢天窗扇分为通长天窗扇和分段天窗扇，如图 12-15 所示。

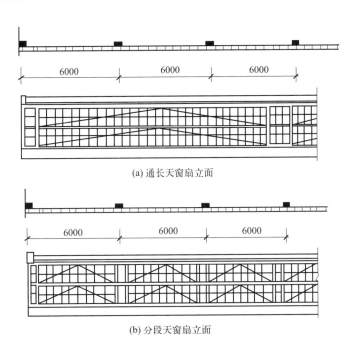

图 12-15 上旋钢天窗

（3）天窗端壁

矩形天窗端壁有预制钢筋混凝土端壁板（多用于钢筋混凝土屋架）和钢天窗架石棉水泥瓦端壁（多用于钢屋架），如图 12-16 所示。钢筋混凝土端壁常做成肋形板代替钢筋混凝土天窗架，支承天窗屋面板。当天窗架跨度为 6m 时，端壁板由两块预制板拼接而成；当天窗架跨度为 9m 时，端壁板由三块预制板拼接而成。端壁板及天窗架与屋架上弦的连接均通过预埋铁件焊接。当车间需要保温时，应在其内表面加设保温层。

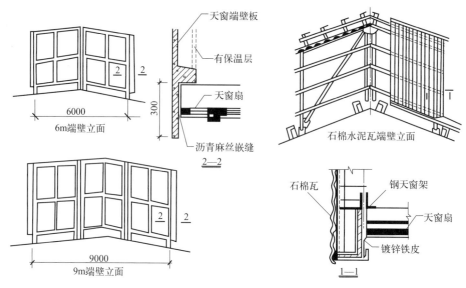

图 12-16　矩形天窗端壁

（4）天窗屋面

天窗的屋面构造与厂房屋面构造相同。当采用钢筋混凝土天窗架、无檩体系的大型屋面板时，其檐口构造有带挑檐的屋面板（自由落水的挑檐出挑长度一般为 500mm）、设檐沟板（可采用带檐沟屋面板）或者在钢筋混凝土天窗架端部预埋铁件焊接钢牛腿（支承天沟），如图 12-17 所示。应注意的是保温的厂房，天窗屋面应设保温层。

(a) 挑檐板　　　　　(b) 带檐沟屋面板　　　　　(c) 牛腿支承檐沟板

图 12-17　天窗檐口

（5）天窗侧板

天窗侧板是设置在天窗扇下部为防止雨水溅入车间及防止因屋面积雪挡住天窗扇，从屋面至侧板上缘的距离，一般为 300～500mm。侧板的形式应与屋面板构造相适应，具体有以下几种形式。当采用钢筋混凝土门字形天窗架时，侧板采用钢筋混凝土槽板，在天窗架下端相应位置预埋铁件，然后用短角钢焊接，将槽板置于角钢上，再将槽板的预埋件与角钢焊接，达到与天窗架连接的目的；当采用钢筋混凝土小型侧板时，小型侧板一端支承在屋面上，另一端靠在天窗窗框角钢下挡的外侧；当屋面为有檩体系时，则侧板需采用石棉瓦、压型钢板等轻质材料；如图 12-18 所示。

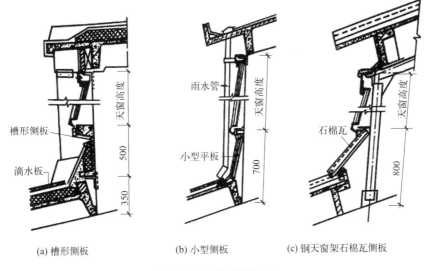

图 12-18 天窗侧板构造

12.4.2 下沉式天窗

下沉式天窗是在拟设置天窗的部位，把屋面板下移铺在屋架的下弦杆上，从而利用屋架上下弦之间的空间构成天窗。与矩形通风天窗相比，省去了天窗架和挡风板，降低了厂房的高度，减轻了屋顶、柱子和基础的荷载，用料少，成本低。

下沉式天窗有井式天窗、横向下沉和纵向下沉三种类型。其中，井式天窗的构造较为复杂，具有代表性，其布置灵活、排风路径短捷、采光均匀且效果较好，如图 12-19 所示。

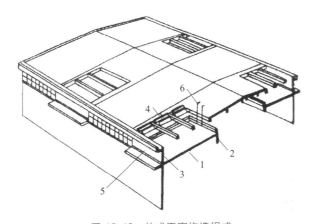

图 12-19 井式天窗构造组成
1—井底板；2—檩条；3—檐沟；4—挡雨片；5—挡风侧墙；6—铁梯

12.4.3 平天窗

平天窗的类型有采光罩、采光板、采光带三种，如图 12-20 所示。采光罩是在屋面板的孔洞上设置的锥形、弧形透光材料；采光板是在屋面板的孔洞上设置的平板透光材料；采光带是在屋面的通长（横向或纵向）孔洞上设置的平板透光材料。

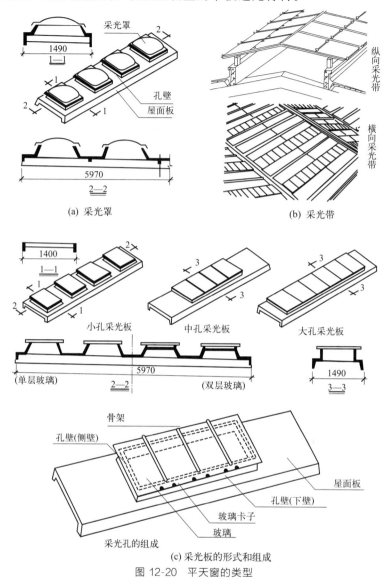

图 12-20 平天窗的类型

12.5 节能门窗

建筑门窗是建筑围护结构中热工性能最薄弱的部位，其能耗占到建筑围护结构总能耗的 40%～50%，同时它也是建筑中的隔热构件，可以通过太阳光透射入室内而获得太阳热能，是影响建筑室内热环境和建筑节能的重要因素。常用的节能门窗有断桥铝合金门窗（隔热断桥铝合金门窗）、塑料门窗、塑钢门窗、彩板门窗、玻纤增强聚氨酯节能门窗和高强度 Low-E 防火玻璃节能门窗等。

门窗要想达到好的节能效果，除了需满足良好的三项基本性能（空气渗透、雨水渗透和抗风压），还应综合考虑当地气候条件、功能要求以及建筑形式等因素，并满足国家节能设计标准对门窗设计指标的要求。例如我国严寒地区和寒冷地区住宅窗传热系数为发达国家的 2～4

倍。在整个采暖期内通过窗与阳台门的传热和冷风渗透所引起的热损失，占房屋总能耗的 48%以上；在南方炎热地区，门窗的隔热性能尤其重要。所以门窗节能是建筑节能的重心。

12.5.1 节能设计指标

在建筑节能设计中，应根据建筑所处城市的建筑热工设计分区，恰当地选择门窗材料和构造方式，使建筑外门窗的热工性能符合该地区建筑节能设计标准的相关规定。其主要指标包括：建筑物体型系数、门（窗）墙面积比、传热系数（K）、综合遮阳系数（SC_w），其主要影响指标，详见表12-2。

（1）门（窗）墙面积比

门（窗）墙面积比是门（窗）面积与门（窗）所在墙面积的比值。不同地区、不同朝向的太阳辐射强度和日照率不同，窗户所获得的热也不相同，因此，各地区节能设计标准对不同建筑功能和各朝向的窗墙面积比限值都有详细的规定。

（2）传热系数（K）

传热系数是外门窗保温性能分级的重要指标。不同建筑外门窗材料、构造方法不同，其传热系数也不相同，不同建筑热工设计分区、不同体型系数条件下的建筑外门窗传热系数要求也不同。

（3）综合遮阳系数（SC_w）

太阳强光的辐射对建筑室内热环境影响较大，因此，外窗应采取适当遮阳措施，以降低建筑空调能耗。外窗遮阳效果是外窗本身的遮阳性能和外遮阳的协同作用。外窗的遮阳效果用综合遮阳系数（SC_w）来衡量，其影响因素有外窗本身的遮阳性能和外遮阳的遮阳性能。

表12-2 夏热冬冷地区不同朝向、不同窗墙面积比的围护结构传热系数和综合遮阳系数限制

围护结构部位			传热系数(K)/[W/(m²·K)]	外窗综合遮阳系数(SC_w)(东、西向/南向)
户门			3.0(通往封闭空间)，2.0(通往非封闭空间或户外)	—
外窗/含阳台门透明部分	体型系数≤0.40	窗墙面积比≤0.20	4.7	—
		0.20＜窗墙面积比≤0.30	4.0	—
		0.30＜窗墙面积比≤0.40	3.2	夏季≤0.40/夏季≤0.45
		0.40＜窗墙面积比≤0.45	2.8	夏季≤0.35/夏季≤0.45
		0.45＜窗墙面积比≤0.60	2.5	东、西、南向设置外遮阳 夏季≤0.35,冬季≥0.60
	体型系数＞0.40	窗墙面积比≤0.20	4.0	—
		0.20＜窗墙面积比≤0.30	3.2	—
		0.30＜窗墙面积比≤0.40	2.8	夏季≤0.40/夏季≤0.45
		0.40＜窗墙面积比≤0.45	2.5	夏季≤0.35/夏季≤0.45
		0.45＜窗墙面积比≤0.60	2.3	东、西、南向设置外遮阳 夏季≤0.35,冬季≥0.60

注：1. 表中的"东,西"代表从东或西偏北30°(含30°)至偏南60°(含60°)的范围；"南"代表从南偏东30°至偏西30°的范围。
2. 楼梯间、外走廊的窗不按本表规定执行。

12.5.2 节能门窗设计措施

（1）增强保温、隔热性能。以各地区建筑节能设计标准合理选择满足传热系数指标的门窗框和玻璃材料，从门窗的制作方面提高门窗保温性能，改善门窗框、门扇和窗玻璃的保温能力，也可切断热桥作用，达到增强保温隔热的效果。

(2) 减少空气渗透。空气渗透是门窗热损失的一大途径，因此，应选用制作和安装质量良好、气密性等级较高的门窗。改进门窗气密性的措施有在出入口处增设门斗；提高型材的规格尺寸、准确度、尺寸稳定性和组装的精确度；缩减孔缝，采取良好的密封措施，减少热散失。

(3) 选择适宜的门（窗）地比。建筑能耗中，照明能耗占20%~30%。为了充分利用天然采光，节约照明用电，应根据房间的功能、光气候特征等因素，选择适宜的门（窗）地比。

(4) 选择适宜的门（窗）墙面积比。从节约建筑能耗来说，门（窗）墙面积比越小则越节省材料；从天然采光角度来说，门（窗）洞口面积越大越好；但从热工角度来说，为了避免建筑能耗随门（窗）面积的增大而增加，必须对门（窗）墙面积比进行控制。门（窗）墙面积比的限制除了与建筑热工设计分区有关外，还与外墙的朝向相关。

(5) 合理的遮阳设计。提高隔热性能有两个途径：一是采用合理的建筑外遮阳，设计挑檐、遮阳板、活动遮阳等措施；二是玻璃的选择，选用对太阳红外线反射能力强的热反射材料贴膜，如 Low-E 玻璃。

12.6　建筑遮阳与（门窗）防水

12.6.1　建筑遮阳

(1) 建筑遮阳的主要目的和方法

建筑遮阳是为防止直射阳光照入室内，减少太阳辐射热，避免建筑围护结构被过度加热而通过二次辐射和对流的方式加大室内热负荷，降低建筑围护结构日温度波幅，从而起到防止围护结构开裂，增强其耐久性，延长使用寿命的作用；或产生眩光以及保护室内物品不受阳光照射，起到改善室内光环境和热环境的作用而采取的建筑措施。

遮阳的方法很多，在建筑前期结合规划及设计，确定好建筑朝向，在窗口悬挂窗帘或者设置百叶窗，利用门窗构件自身来遮阳，不仅可以有效遮阳，还有一定的美观作用，故应用较广泛；房前树木和窗前绿化也可达到简易遮阳的目的，但是注意环境和建筑的结合；以上遮阳措施对采光和通风都有不利影响。因此，设计遮阳设施时应对采光、通风、日照、经济和美观等综合考虑以达到功能、技术和艺术的统一。

(2) 建筑遮阳的基本形式

建筑遮阳主要体现在窗户，因而，窗户遮阳板按照其形状和效果而言，可以分为水平遮阳、垂直遮阳、综合遮阳、挡板遮阳以及智能遮阳，如图 12-21 所示。遮阳板可以做成固定和活动两种，固定遮阳板坚固、耐用较为经济。设计时应根据不同使用要求、不同的地理纬度和建筑造型的要求予以选用。活动遮阳板可以灵活调节，遮阳、通风、采光效果较好，但构造复杂，需经常维护。

① 水平遮阳。在窗口上方设一定宽度的水平方向的遮阳板，能够遮挡从窗口上方照射下来的高度角较大的阳光，适用于南向及其附近朝向的窗口或北回归线以南低纬度地区北向及其附近的窗口。水平遮阳板的种类有实心板、格栅板、百叶板等；按形式分为单层、双层、离墙或靠墙等。较高大的窗口可在不同高度设置双层或多层遮阳板，以减少板的出挑宽度。

② 垂直遮阳。在窗口两侧设置垂直方向的遮阳板，能够遮挡从窗口两侧斜射下来的太阳高度角较小的阳光。根据光线的来向和具体处理的不同，垂直遮阳板可以垂直于墙面也可

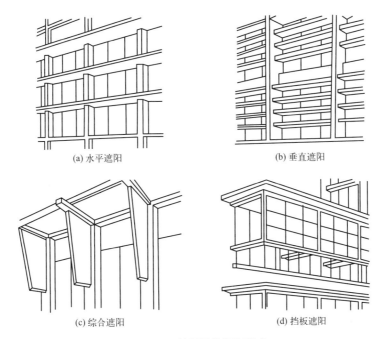

图 12-21 遮阳板的各种形式

以与墙面形成一定的夹角。常用钢筋混凝土现浇或者预制,也可以用钢板网水泥砂浆做成外观轻薄的薄板。主要适用于偏东偏西的南向或北向窗口。

③ 综合遮阳。综合遮阳由水平遮阳和垂直遮阳结合形成,综合遮阳能够遮挡从窗口正上方或两侧斜射的光线,遮挡效果均匀,主要用于南向、东南向及西南向的窗口,但对于室内照度有较大影响。常用的有格式综合遮阳、板式综合遮阳和百叶综合遮阳等。

④ 挡板遮阳。挡板遮阳是在窗口正前方一定距离设置与窗户平行方向的垂直挡板,能够遮挡正射窗口高度角较小的阳光,但不利于通风且遮挡视线,主要适用于东西向以及附近朝向的窗口,为了改善挡光及通风效果。可以做成格栅式或百叶式挡板。这些是遮阳板的基本形式,亦是构造上最为单纯的形式,一般建筑的遮阳板根据遮阳需要及立面造型要求,可以组合演变出各种各样的形式。

⑤ 智能遮阳。随着建筑行业的发展,建筑遮阳与设备系统、智能控制紧密结合,智能呼吸的双层表皮、光感自动遮阳设备等已经逐渐代替传统的固定百叶,并能够起到很好的遮阳效果。

12.6.2 建筑(门窗)防水

由于门(窗)框在安装后其周边与墙体结合处存在着缝隙,这些部位一旦出现渗漏水问题,将导致内墙面涂料装饰层积水、起鼓、霉变,使得墙面破坏,并影响建筑物的正常使用和居民的居住生活。门窗渗水的主要原因是门(窗)框断面构造形式及接缝设计不良,为防止门窗缝隙发生渗水问题,在门(窗)框的安装缝内不能嵌入砂浆等刚性材料,而要采用柔性材料填塞,并且对于外门窗要采用双面打胶密封处理,即对门窗在安装的过程中可能出现的缝隙采取防水构造处理措施。门窗的开启缝无法填实,但是可以针对门窗开启造成渗漏的原因采取以下相应的构造措施,如图 12-22 所示,以解决由于门窗开启造成的渗漏问题。

(1) 空腔原理的应用

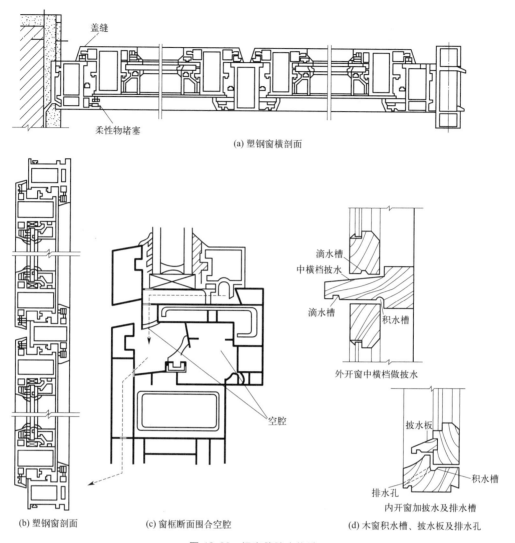

图 12-22 门窗缝防水构造

空腔原理又叫等压原理,是指将门窗开启缝靠室外的一边局部扩大,这样室外较大的风压到了此处时会突然降低,甚至有可能与室内等压,雨水压入室内的现象因而可以得到有效的改善,同时,门缝中扩大的空腔破坏了毛细现象生成的环境,很好地减少了由于门窗开启缝产生的雨水渗漏现象。

(2)门窗缝排水处理

门窗缝隙进水后应当迅速将其排出,以免漫入室内空间,影响室内卫生环境。金属及塑料门窗的型材断面一般都设计有排水口,木门窗的内开门窗的下口和外开门窗的中横框处都是防水的薄弱环节,仅设裁口条还不能防水,通常要做披水条和滴水槽,以防雨水内渗。在近窗台处做积水槽或排水孔,以便进入的雨水排出窗外。

(3)门窗盖缝处理

无论是门窗扇与门窗框之间或门窗扇与门窗扇之间的缝隙,都有可能通过调整构件相互间的位置关系或改变断面形状以及添加附加构件来达到遮挡雨水的目的。型材制成的门窗往往还留有嵌入柔性密封条的槽口,可以进一步加强门窗的密闭性。

思考题

12-1 建筑门窗需要满足哪些设计要求?

12-2 门按照开关的方式分类可分为哪些类型?不同类型有哪些特点?

12-3 天窗的类型主要有哪些?

12-4 在建筑节能设计中,建筑门窗是建筑围护结构中热工性能最薄弱的部位,同时它也是建筑中的隔热构件,因此,请简述节能门窗的设计措施有哪些?

12-5 建筑遮阳的主要目的是什么?

第 13 章
变形缝

 学习目标

　　了解变形缝的分类，伸缩缝、沉降缝、防震缝的概念及关系，熟悉伸缩缝、沉降缝、防震缝的设置要求，掌握变形缝的布置方法，墙体变形缝的构造方法，楼地板层变形缝的做法以及屋顶变形缝构造要求。

　　为了保证房屋在受温度变化、基础不均匀沉降或地震等因素影响时，结构内部有一定的自由伸缩空间，以防止墙体开裂、结构破坏而预先在建筑上留出的，将建筑物垂直分成若干能自由变形而互不影响的独立部分的竖直缝隙为变形缝。

　　变形缝按作用不同可分为伸缩缝、沉降缝和防震缝三种。

　　预留变形缝会增加相应的构造措施也不经济，又因设置通长缝影响建筑美观，故在设计时，应尽量不设缝。可通过验算温度应力、加强配筋、改进施工工艺（如分段浇筑混凝土），或适当加大基础面积；对于地震区，可通过简化平、立面形式，增强结构刚度等措施来解决此问题。即只有当采取上述措施仍不能防止结构变形的不得已情况下，才设置变形缝。

　　变形缝的设置既要满足建筑变形的需要，还要根据建筑功能满足防水、防火、保温和美观等要求。变形缝内需填塞止水带、阻火带和保温带，并采用镀锌薄钢板、铝合金板、不锈钢板或橡胶嵌条及各种专用胶条等盖缝。

13.1　伸缩缝的设置条件及要求

　　为预防建筑物受温度变化的影响而产生热胀冷缩，导致变形超过一定限度而产生开裂，常常在建筑物长度方向每隔一定距离或结构变化较大处预留缝隙，将建筑物断开。这种因温度变化而设置的缝隙就称为伸缩缝或温度缝。

　　伸缩缝的设置，需要根据建筑物的长度、结构类型和屋盖刚度以及屋面是否设有保温或隔热层来考虑。其中，建筑物长度主要关系到温度应力累积的大小；结构类型和屋盖刚度主要关系到温度应力是否容易传递并对结构的其他部分造成影响；是否设有保温或隔热层则关系到结构直接受温度应力影响的程度。详见表 13-1 和表 13-2。

　　另外，也可采用附加应力钢筋，以加强建筑物的整体性，抵抗可能产生的温度应力，从而少设缝或不设缝，但需经过计算才能确定。

　　伸缩缝是将建筑基础以上的建筑构件全部断开，并在两个部分之间留出适当的缝隙，以保证伸缩缝两侧的建筑构件能在水平方向自由伸缩，其缝宽是 20～30mm。

　　墙体的伸缩缝一般做成平缝、错口缝、企口缝等截面形式，如图 13-1 所示，主要视墙体材料、厚度及施工条件而定，但地震区只能采用平缝。

表 13-1　砌体房屋的伸缩缝最大间距　　　　　　　　　　　　　　　　　单位：m

屋盖或者楼盖的类别		间距
整体式或者装配整体式钢筋混凝土结构	有保温或隔热层的屋盖、楼盖	50
	无保温或隔热层的屋盖	40
装配式无檩条体系钢筋混凝土结构	有保温或隔热层的屋盖、楼盖	60
	无保温或隔热层的屋盖	50
装配式有檩条体系钢筋混凝土结构	有保温或隔热层的屋盖	75
	无保温或隔热层的屋盖	60
瓦材屋盖、木屋盖或楼盖、轻钢屋盖		100

注：1. 本表参见《砌体结构设计规范》(GB 50003—2011)。

2. 对烧结普通砖、烧结多孔砖、配筋砌块砌体房屋，取表中数值；对石砌体、蒸压灰砂普通砖、蒸压粉煤灰普通砖、混凝土砌块、混凝土普通砖和混凝土多孔砖房屋，取表中数值乘以 0.8 的系数，当墙体有可靠外保温措施时，其间距可取表中数值。

3. 在钢筋混凝土屋面上挂瓦的屋盖应按钢筋混凝土屋盖采用。

4. 层高大于 5m 的烧结普通砖、烧结多孔砖、配筋砌块砌体结构单层房屋，其伸缩缝间距可按表中数值乘以 1.3。

5. 温差较大且变化频繁地区和严寒地区不采暖的房屋及构筑物墙体的伸缩的最大间距，应按表中数值予以适当减小。

6. 墙体的伸缩缝应与结构的其他变形缝相重合，缝宽度应满足各种变形缝的变形要求，在进行立面处理时，必须保证缝隙的变形作用。

表 13-2　钢筋混凝土结构房屋的伸缩缝最大间距　　　　　　　　　　　　单位：m

结构类型		室内或土中	露天
排架结构	装配式	100	70
框架结构	装配式	75	50
	现浇式	55	35
剪力墙结构	装配式	65	40
	现浇式	45	30
挡土墙、地下室墙等结构	装配式	40	30
	现浇式	30	20

注：1. 本表参见《混凝土结构设计规范(2015 年版)》(GB 50010—2010)。

2. 装配整体式结构的伸缩缝间距，可根据结构的具体情况取表中装配式结构与现浇式结构之间的数值。

3. 框架-剪力墙结构或框架-核心筒结构房屋的伸缩缝间距，可根据结构的具体情况取表中框架结构与剪力墙结构之间的数值。

4. 当屋面无保温或隔热措施时，框架结构、剪力墙结构的伸缩缝间距宜按表中露天栏的数值取用。

5. 现浇挑檐、雨罩等外露结构的局部伸缩缝间距不宜大于 12m。

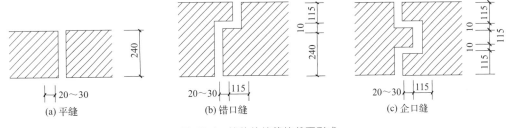

图 13-1　墙体伸缩缝的截面形式

13.2　沉降缝的设置条件及要求

沉降缝与伸缩缝最大的区别在于伸缩缝需保证建筑物在水平方向的自由伸缩变形，而沉降缝主要应满足建筑物各部分在垂直方向的自由沉降变形，故应将建筑物从基础到屋顶全部断开。沉降缝一般兼具伸缩缝的作用，其构造与伸缩缝基本相同。为了沉降变形与预留出维修空间，应在调节片或盖缝板构造上保证两侧墙体在水平方向或垂直方向均能自由变形。沉降缝设置的位置如图 13-2 所示。

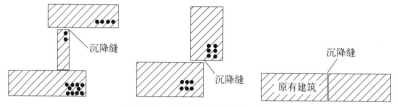

图 13-2 沉降缝设置部位示意图

当遇到以下情况时，应考虑设置沉降缝：

（1）同一建筑物相邻部分的高度相差较大（层数相差两层以上或层高相差超过 10m）或者荷载大小悬殊，或者结构形式变化较大，易导致地基沉降不均匀；

（2）建筑物各部分相邻基础的形式、宽度以及埋置深度相差较大（一般超过 10m），造成基础底部压力有很大差异，导致地基沉降不均匀；

（3）建筑物建造在不同的地基上，且难以保证均匀沉降；

（4）建筑物体型较为复杂，连接部位又比较薄弱；

（5）新建建筑物与既有的建筑物相毗连。

沉降缝的宽度与地基情况以及建筑物的高度有关，地基越弱的建筑物沉降的可能性越大。沉降后所产生的倾斜距离也越大，其沉降缝宽度一般为 30~70mm，在软弱地基上的建筑，其缝宽应该适当地调整增加，详见表 13-3。

表 13-3 房屋沉降缝的宽度

结构类型		沉降缝宽度/mm
一般地基	建筑物高度＜5m	30
	建筑物高度＝5~10m	50
	建筑物高度＝10~15m	70
软弱地基	二~三层	50~80
	四~五层	80~120
	五层以上	不小于 120
湿陷性黄土地基		≥50

沉降缝构造复杂，给建筑、结构设计和施工都带来一定的难度。所以，在工程设计时，应尽可能通过合理的选址、地基处理、建筑体型的优化、结构选型和计算方法的调整及施工程序上的配合（如高层建筑与裙房之间采用后浇带的办法）来避免或克服不均匀沉降，从而达到不设置或者尽量少设置沉降缝的目的。

13.3 防震缝的设置条件及要求

13.3.1 防震缝的概念

防震缝也称抗震缝，是考虑地震可能对建筑物的影响产生破坏而设置的变形缝。防震缝将体型复杂的房屋划分为体型简单、刚度均匀的独立单元，以便减少地震给建筑带来的破坏。图 13-3 所示为对防震不利的建筑平面和设防震缝后断开的建筑平面。

13.3.2 防震缝的设置要求

多层砌体结构房屋有下列情况之一的宜设防震缝，缝的两侧应设置墙体，缝宽应根据烈度和房屋高度确定，可采用50～90mm。

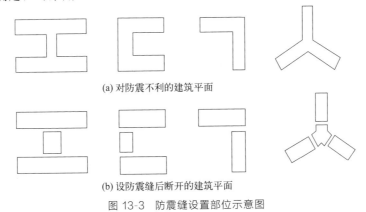

(a) 对防震不利的建筑平面

(b) 设防震缝后断开的建筑平面

图 13-3　防震缝设置部位示意图

多层砌体结构房屋设缝条件：
① 建筑立面的高差在 6m 以上；
② 建筑有错层，且错层楼板的高差较大；
③ 建筑物相邻各部分结构的刚度、质量截然不同。

钢筋混凝土结构在有以下情况时，宜设置防震缝：
① 建筑平面中，凹角长度较长或凸出的部分较多；
② 建筑有错层，且错层楼板的高差较大；
③ 建筑物相邻各部分结构的刚度或者荷载悬殊；
④ 地基不均匀，各部分沉降差过大。

由于防震缝是为了应对地震可能引起的变形给建筑物带来的损害而设置的，因此主要考虑的是设防烈度。地震烈度表示地面及建筑物受到破坏的程度。一次地震只有一个震级，但在不同地区，烈度的大小是不一样的。一般距离地震中心区越近，烈度越大，破坏也越大。

我国和世界上大多数国家都把烈度划分为 12 个等级，在 1～6 度时，一般建筑物不受损失或损失很小。而地震烈度在 10 度以上的情况极少遇到，此时即使采取措施也难以确保安全。因此，建筑工程设防重点在 7～9 度地区。抗震设计所采用的烈度称为设防烈度。

决定设防烈度时必须慎重，应根据当地的基本烈度、建筑物的重要程度共同确定。设防烈度有时可比基本烈度提高 1 度；有时也可比基本烈度降低 1 度，但若基本烈度为 6 度时，一般不宜降低。对多层和高层钢筋混凝土结构房屋，应尽量选用合理的建筑结构方案，不设防震缝。若必须设置防震缝，其最小宽度见表 13-4。

表 13-4　防震缝最小宽度

结构体系	建筑高度 $H \leqslant 15m$	建筑高度 $H > 15m$ 时宜加宽			
		6 度时每增高 5m	7 度时每增高 4m	8 度时每增高 3m	9 度时每增高 2m
框架	≥100	20	20	20	20
框架-剪力墙	≥70	14	14	14	14
剪力墙	≥100				

注：1. 防震缝两侧结构类型不同时，宜按需要较宽防震缝的结构类型和较低房屋高度确定缝宽。
2. 本表采用《建筑抗震设计规范(2016 年版)》(GB 50011—2010) 计算的数据。

一般情况下，防震缝仅在基础以上设置，但防震缝应与伸缩缝和沉降缝统一布置，做到一缝多用，按沉降缝要求设置的抗震缝也应该将基础分开。

13.4 变形缝处的结构处理

变形缝一般比较复杂，给工程设计和施工带来不少困难，且会提升造价。所以在工程建设中应通过合理选址、地基处理、建筑设计优化等方法进行调整，尽量不设或少设置变形缝。在必须设置变形缝时应综合考虑，相互兼顾，一缝多用，使得工程建设满足使用要求。变形缝的布置方法主要有以下几种：

（1）按照建筑物承重系统的类型，在变形缝的两侧设双墙或双柱。这种做法较为简单，但是容易使缝两边的结构基础产生偏心。用于伸缩缝时则基础可以不断开，所以无此问题。

（2）砖混结构的墙、楼板及屋顶结构布置的基础沉降缝通常采用双基础、交叉式基础和挑梁基础3种方案，如图13-4所示。

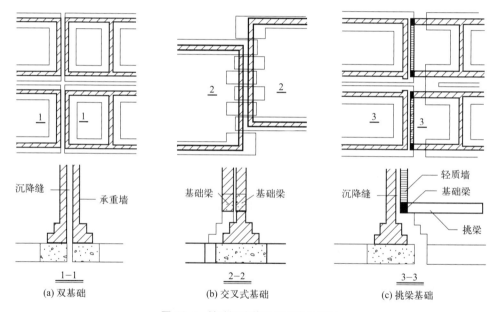

图 13-4 基础沉降缝设置方案示意图

（3）框架结构的伸缩缝一般采用双柱方案，如图13-5（a）所示，也可采用悬臂梁方案和简支方案，如图13-5（b）、（c）所示。

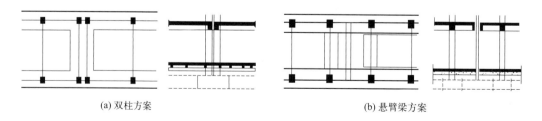

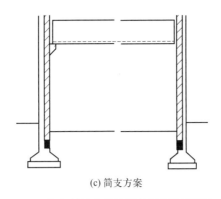

(c) 简支方案

图 13-5　框架结构的伸缩缝设置方案示意图

13.5　变形缝的盖缝构造

13.5.1　墙体变形缝构造

变形缝的形式因墙的厚度，材料等不同，可做成平缝、错口缝、企口缝等，如图 13-1 所示。为防止外界自然条件对墙体及室内环境的侵袭，变形缝外墙一侧常用浸沥青的麻丝或木丝板及泡沫塑料条、橡胶条、油膏等有弹性的防水材料填充，当缝隙较宽时，缝口可用镀锌铁皮、彩色薄钢板、铝皮等金属调节片做盖缝处理。内墙可以结合室内装饰采用金属片、塑料片或木盖条覆盖，如图 13-6 所示。

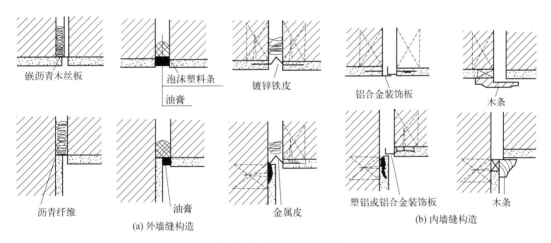

图 13-6　墙体变形缝构造

沉降缝一般兼起伸缩缝的作用。墙体沉降缝构造与伸缩缝构造基本相同，只是调节片或盖缝板在构造上能保证两侧结构在竖向的相对移动不受约束，如图 13-7 所示。

墙体防震缝构造与伸缩缝、沉降缝构造基本相同，只是防震缝一般较宽，通常采取覆盖做法。外缝口用镀锌铁皮、铝片或橡胶条覆盖，内缝口常用木质盖板遮缝。寒冷地区的外缝口一般用具有弹性的软质聚氯乙烯泡沫塑料、聚苯乙烯泡沫塑料等保温材料填实，如图 13-8 所示。

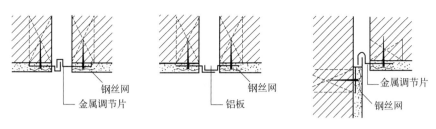

图 13-7 墙体沉降缝构造

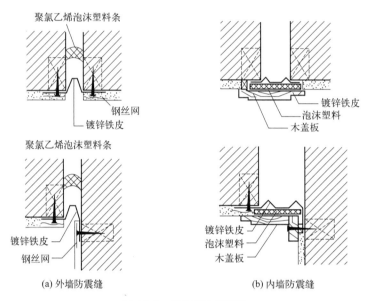

(a) 外墙防震缝　　　　(b) 内墙防震缝

图 13-8 墙体防震缝构造

13.5.2 楼地板层变形缝构造

楼地板层伸缩缝的位置与缝宽应该与墙体、屋顶变形缝一致，缝内常用可压缩变形的材料（如油膏、沥青麻丝、橡胶或塑料调节片等）做封缝处理，上铺活动盖板或橡胶、塑料地板等地面材料，以保证地面平整、光洁、防滑、防水及防尘等，如图 13-9 所示。

13.5.3 屋面变形缝构造

屋面变形缝有等高屋面变形缝和高低屋面变形缝两种。屋面变形缝的构造处理，在不能影响屋面变形的同时，还要满足屋面防水保温的要求。在屋面变形缝的盖缝构造做法中的盖缝和塞缝材料可以选择其他合适的材料，但防水构造必须满足屋面防水构造要求，如图 13-10 所示。

13.5.4 三种变形缝的关系

伸缩缝、沉降缝和防震缝在构造上有一定的区别，同时也具有一定的联系。三种变形缝之间的比较见表 13-5。

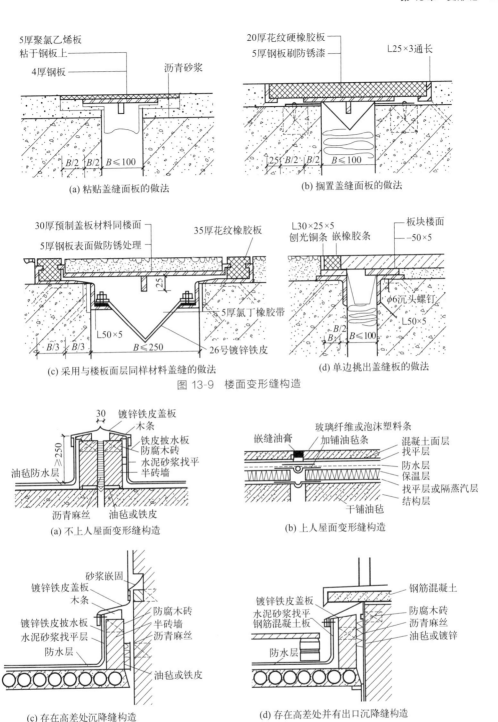

图 13-9 楼面变形缝构造

图 13-10 建筑屋面变形缝构造

表 13-5 三种变形缝的比较

缝的类型	伸缩缝	沉降缝	防震缝
对应变形原因	因温度产生的变形	不均匀沉降	地震作用
墙体缝的形式	平缝、错口缝、企口缝	平缝	平缝
缝的宽度/mm	20~30	40~80	50~100
盖缝板的允许变形方向	水平方向自由变形	垂直方向自由变形	水平与垂直方向自由变形
基础是否断开	可不断开	必须断开	宜断开

思考题

13-1 建筑物为什么要设置变形缝，变形缝的分类有哪些？

13-2 设置伸缩缝需要考虑哪些因素？

13-3 墙体伸缩缝的截面形式有哪些？

13-4 什么情况下考虑设置伸缩缝？

13-5 对防震不利的建筑平面有哪些？

13-6 墙体变形缝常采用哪些材料填充，当缝隙较宽时采用哪些材料做盖缝处理？

第 14 章 建筑饰面

学习目标

了解建筑饰面的作用和饰面基层的类型,理解饰面基层的处理原则,熟悉石材饰面的施工方法,掌握墙体饰面、楼地面饰面以及顶棚饰面的分类和构造要求。

14.1 概述

14.1.1 建筑饰面的作用

(1) 保护作用

建筑的结构构件如果长期暴露在外界,在自然环境的影响下,会影响建筑的安全。对构件进行饰面处理,可以提高构件和建筑物对外界各种不利因素的抵抗能力,保护建筑构件不直接承受外力的破坏,提高结构构件的坚固性和耐久性。

(2) 改善环境条件,满足房屋的使用功能要求

装修就是对建筑构件进行饰面,既改善建筑的室内外卫生条件,又增强建筑物的保温、隔热及隔声等性能;能提高室内环境的光线照度,减少室外多种因素的影响;一定厚度和重量的抹灰能提高隔墙的隔声能力,有噪声的房间,还可以通过饰面吸收噪声。

(3) 美观作用

通过饰面装修处理,可创造出优美的建筑环境,满足人们视觉和心理上对美的需求,如图 14-1 所示。

(a) 外墙装饰

(b) 内墙装饰

(c) 顶棚装饰

图 14-1 建筑不同部位的饰面

14.1.2 建筑饰面的基层

(1) 基层处理原则

饰面是依附于结构物的,对饰面起支托和附着作用的骨架或结构层称为饰面的基层,如:墙体、楼地板、吊顶骨架等。这些构件应满足以下要求:

① 基层应具有足够的强度和刚度

为了保证饰面层不开裂、起壳、脱落,要求饰面层所附着的基层应具有足够的强度和刚度。如地面基层强度要求不小于 $10\sim15N/m^2$,否则难以保证饰面层不开裂。只有强度没有刚度也不行,若构件的刚度不足,受力后变形大,难以保证饰面层,特别是整体面层不开裂和脱落。因此,具有足够刚度和强度的基层,是保证饰面层附着牢固的首要因素。

② 基层表面必须平整

饰面层平整均匀是饰面美观的必要条件,基层表面的平整均匀又是饰面层平整均匀的前提。基层表面凸凹不平,使找平材料层厚度过大。增加找平层厚度既浪费材料,又会因找平层材料的胀缩变形积累过大而引起饰面层开裂、起壳和脱落,影响建筑的美观和正常使用,还会危及人身安全。

③ 确保饰面层附着牢固

饰面层应该牢固可靠地附着于基层。在实际工程中,由于面层和基层附着不牢靠,地面、墙面和顶棚常会见到开裂、起壳和脱落现象,其主要原因有:

a. 构造方法不正确。不同的材料,不同的装饰部位,不同的基层,应采用粘、钉、抹、涂、挂和裱等适用的连接措施,使饰面层和基层附着牢固。若连接方法不当,就会出现开裂、起壳、脱落等现象。如大型石板材用于地面时可铺贴,用于墙面时须挂贴或干挂,否则容易脱落。

b. 面层与基层材料性质差异过大。对于墙面和顶棚,如果在混凝土表面上抹石灰砂浆,会因为基层与抹灰的材性差异大而出现开裂和脱落。

c. 黏结材料选择不当。如用天然文化石作为饰面进行墙面铺贴时,需采用专用的文化石黏合剂作为黏结材料,若采用常规砂浆易导致饰面脱落。

(2) 基层类型

饰面基层可分为实体基层和骨架基层两类。

① 实体基层指由砖、石等材料组砌而成,以及混凝土现浇或预制的墙体和楼地板等基层。这种基层强度高、刚度好,其表面可以做各种饰面。

② 骨架基层包括骨架隔墙、架空木地板、各种形式的吊顶等基层。骨架又称为龙骨,按材料可分为木骨架和金属骨架。木龙骨采用木条制作而成,常用于石膏板等轻质饰面的基层;金属龙骨多为钢薄壁型材和铝合金型材等,常作为石材和玻璃等硬质饰面的基层。

14.2 墙体饰面

墙体饰面设计是建筑设计中的重要内容,它起着重要作用:对墙体进行装修处理,可以提高墙体防水、防潮和抗风化的能力,增强墙体的耐久性,延长使用年限;能改善墙体使用性能，提高室内照度和光线的均匀度，改善室内音质效果。

14.2.1 墙体饰面分类

（1）按照墙体所处的位置，可分为外墙面饰面和内墙面饰面。

（2）按照材料和施工方式的不同，常见的墙体饰面可分为抹灰、贴面、涂料、裱糊和铺钉等类，见表14-1。

表14-1 墙体饰面分类

类别	室外装修	室内装修
抹灰类	水泥砂浆、混合砂浆、聚合物水泥砂浆、拉毛、水刷石、干粘石、斩假石、喷涂和滚涂等	纸筋灰、麻刀灰、石膏、膨胀珍珠岩灰浆、混合砂浆和拉毛等
贴面类	外墙面砖、陶瓷锦砖、钢化夹胶玻璃板、人造石板和天然石板等	釉面砖、人造石板、天然石板和玻璃马赛克等
涂料类	石灰浆、水泥浆、溶剂型涂料、乳液涂料、彩色胶砂涂料和彩色弹涂等	大白浆、石灰浆、油漆、乳胶漆、水溶性涂料和弹涂等
裱糊类	—	塑料墙纸、金属面墙纸、木纹壁纸、花纹玻璃纤维布、纺织面墙纸及锦缎等
铺钉类	各种金属饰面板、石棉水泥板、玻璃等	各种木夹板、木纤维板、石膏板等

14.2.2 墙体饰面构造

（1）抹灰类墙体饰面

抹灰又称粉刷，是以水泥、石灰为胶结料加入砂或石碴等粗集料，与水拌和成砂浆或石碴浆，然后抹到墙体上的饰面方式。

抹灰按工程部位可分为室内抹灰和室外抹灰，按抹灰的材料和装饰效果可分为一般抹灰和装饰抹灰。

一般抹灰通常采用石灰砂浆、混合砂浆、水泥砂浆和石灰膏等材料。其主要优点是材料广，施工简便，造价低；缺点是饰面的耐久性较差、易开裂和易变色。

装饰抹灰通常采用拉毛灰、拉条灰、水刷石、干粘石和斩假石等材料，近年来比较流行用雅晶石、贝壳砂、天鹅绒等艺术漆作为抹灰材料进行装饰抹灰施工，与一般抹灰的特点相反，其施工相对复杂，且造价较高，但耐久性和抗裂性能较好。

抹灰按质量要求分为三个等级，见表14-2。

表14-2 抹灰等级

抹灰等级	底层/层	中层/层	面层/层	总厚/mm	适用范围
普通抹灰	1	—	1	≤18	简易宿舍、仓库等
中级抹灰	1	1	1	≤20	住宅、办公楼、学校、旅馆等
高级抹灰	1	若干	1	≤25	大型公共建筑、高级酒店和纪念性建筑（剧院、展览馆）等

墙体抹灰应有一定厚度，外墙一般为20～25mm；内墙为15～20mm。为避免抹灰出现裂缝，保证抹灰与基层黏结牢固，墙体抹灰层不宜太厚，且需分层施工，构造见图14-2。普通标准的装修，抹灰由底层和面层组成。中高等级的抹灰装修，在面层和底层之间，增设一层至多层中间层。

底层抹灰又称找平层或打底层,具有黏结饰面层与墙体和初步找平的作用。普通砖墙常用石灰砂浆或混合砂浆打底,混凝土墙体或有防潮、防水要求的墙体则需用水泥砂浆打底。

面层抹灰又称罩面。面层抹灰要保证表面平整、无裂痕以及颜色均匀。面层抹灰按所处部位和装修质量要求可用纸筋灰、麻刀灰、砂浆或石碴浆等材料罩面。

中间层主要用作进一步找平,减少底层砂浆因干缩导致面层开裂的可能,同时作为底层与面层之间的黏结层。

根据面层材料的不同,常见的抹灰装修构造,包括分层厚度、用料比例以及适用范围,见表 14-3。

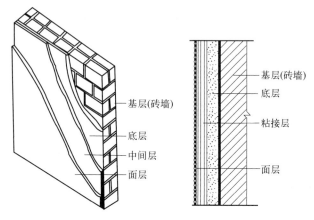

图 14-2 抹灰构造层次

表 14-3 常用抹灰做法举例

抹灰名称	构造及材料配合比	适用范围
纸筋(麻刀)灰	12~17 厚(1:2)~(1:2.5)石灰砂浆(加草筋)打底; 2~3 厚纸筋(麻刀)灰粉面	普通内墙抹灰
混合砂浆	12~15 厚 1:1:6(水泥、石灰、砂)混合砂浆打底; 5~10 厚 1:1:6(水泥、石灰、砂)混合砂浆粉面	外墙、内墙均可
水泥砂浆	15 厚 1:3 水泥砂浆打底; 10 厚(1:2)~(1:2.5)水泥砂浆粉面	多用于外墙或易受潮湿侵蚀的内墙
水刷石	15 厚 1:3 水泥砂浆打底; 10 厚 1:(1.2~1.4)水泥石碴抹面后水刷	用于外墙
干粘石	10~12 厚 1:3 水泥砂浆打底; 7~8 厚 1:0.5:2 混合砂浆黏结层; 3~5 厚彩色石渣面层(用喷或甩方式进行)	用于外墙
斩假石	15 厚 1:3 水泥砂浆打底刷素水泥浆一道; 8~10 厚水泥石渣粉面; 用剁斧斩去表面层水泥浆和石尖部分使其显出凿纹	用于外墙或局部内墙
水磨石	15 厚 1:3 水泥砂浆打底; 10 厚 1:1.5 水泥石碴粉面,磨光、打蜡	多用于室内地面,墙面水磨石效果多为预制水磨石砖铺贴
膨胀珍珠岩	12 厚 1:3 水泥砂浆打底; 9 厚 1:16 膨胀珍珠岩灰浆粉面(分 2 次操作)	多用于室内有保温或吸声要求的房间
雅晶石(艺术漆)	10~15 厚 1:3 水泥砂浆打底; 腻子找平; 抗碱底漆; 0.5~2 厚雅晶石面层; 罩面漆	用于内墙

对经常受碰撞的室内墙面、柱面和门洞口的阳角,常用1∶2水泥砂浆抹灰做护角,以防止碰坏,护角高度不低于2m,每侧宽度不应小于50mm,如图14-3所示。此外,还可以在阳角位置可以增设加墙网或护角条,以提高稳定性。

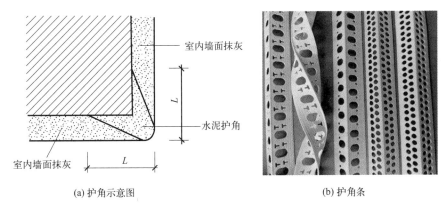

图 14-3 护角示意图及护角条

为控制墙面抹灰层的厚度和垂直、平整度,抹灰前先在墙面上设置与抹灰层相同的砂浆做成约40mm×40mm的灰饼作为标志,在上下灰饼间用砂浆涂抹一条宽约70~80mm的垂直灰埂,以灰饼面为准用刮尺刮平即为标筋。标志或标筋设置完成后即可进行底层抹灰,如图14-4所示。

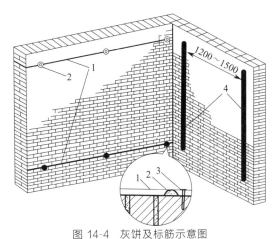

图 14-4 灰饼及标筋示意图
1—引线;2—灰饼(标志块);3—钉子;4—冲筋

(2) 贴面类墙体饰面

贴面类饰面,是利用各种天然的或人造的板、块对墙体进行装修处理。贴面类饰面具有耐久性强、施工方便、质量高和装饰效果好等优点。常见的贴面材料包括锦砖、陶瓷面砖、玻璃锦砖和预制水泥石、水磨石板以及花岗岩和大理石等天然石板。其中质感细腻的瓷砖、大理石板多用作室内装修;而质感粗放、耐候性好的陶瓷锦砖、面砖、墙砖和花岗岩板等多用作室外装修。

近年来,炭晶板和全铝板等饰面板因其耐久性好、环保和安装便捷等优点,被广泛用作各类墙体的饰面。

① 瓷砖和锦砖

瓷砖按原材料分为陶瓷砖和全瓷砖，其中全瓷砖是用致密、均匀的无水晶质体黏土为原料制成的，而陶瓷砖是通过在瓷土中加入适量的黏土、石英、长石等材料制成的。

按工艺可分为釉面砖、抛光砖、通体砖、玻化砖、仿古砖和陶瓷锦砖等。

瓷砖的规格有 100mm×100mm、250mm×400mm、300mm×300mm、300mm×600mm、800mm×800mm、600mm×1200mm 和 750mm×1500mm 等多种，近年来，300mm 以上规格瓷砖使用较多。

锦砖又称马赛克，按材料分为陶瓷锦砖和玻璃锦砖。以往生产时，将小瓷片铺贴在牛皮纸上，故又称为纸皮砖。近年来，锦砖通常固定在塑料网上。它质地坚硬、色调柔和典雅，性能稳定，具有耐热、耐寒、耐腐蚀、不龟裂、表面光滑、不褪色和自重轻等特点，但与瓷砖相比，锦砖的铺贴难度较瓷砖大，造价相对较高。瓷片规格有 15mm×15mm、17mm×17mm、20mm×20mm、23mm×23mm、25mm×25mm 和 48mm×48mm 等，通常组合为 300mm×300mm 一张的锦砖，铺贴过程中可进行裁剪。

贴面饰面的构造做法：

陶、瓷砖作为外墙面装修，其构造多采用 10～15mm 厚 1:3 水泥砂浆打底，5mm 厚 1:1 水泥砂浆黏结层，粘贴各类面砖材料。在外墙面砖之间粘贴时留出约 13mm 缝隙，以提高材料的透气性。

作为内墙面装修，其构造多采用 10～15mm 厚 1:3 水泥砂浆或 1:3:9 水泥、石灰膏、砂浆打底，8～10mm 厚 1:0.3:3 水泥、石灰膏砂浆黏结层，外贴瓷砖。

为避免瓷砖出现反碱现象影响美观，需要对基层进行处理，如用白醋、草酸和盐酸等清洗基层，或在基层上涂刷防水防潮底漆等。

② 天然石板、人造石贴面

用于墙面装修的天然石板有大理石板和花岗岩板，属于高级墙体饰面。

a. 石材种类

大理石，又称云石，表面经磨光后纹理雅致，色泽图案美丽如画，在我国很多地区都出产，如杭灰、苏黑、宜兴咖啡、东北绿、南京红以及北京房山的白色大理石（汉白玉）等等。

花岗岩，质地坚硬、不易风化、能适应各种气候变化，故多用作室外装修。颜色有黑、灰、红和粉红色等。

人造石板常见的有人造大理石、水磨石板等。

大理石板和花岗岩板有方形和长方形两种。常见尺寸为 600mm×600mm、600mm×800mm、800mm×800mm、800mm×1000mm，厚度一般为 20mm，亦可按需要加工所需尺寸。

b. 石材饰面的施工方法

石材饰面的安装方法主要有湿挂法和干挂法两种。

（a）湿挂法施工。对于平面尺寸不大、厚度较薄的石板，先在墙面或柱面上固定钢筋网，再用钢丝或镀锌铅丝穿过事先在石板上钻好的孔眼，将石板绑扎在钢筋网上。固定石板的水平钢筋（或钢箍）的间距应与石板高度尺寸一致。当石板就位、校正和绑扎牢固后，在石板与墙或柱之间，浇筑 1:3 水泥砂浆或石膏浆，厚 20～50mm，见图 14-5。采用湿挂法安装时，石材应进行防碱背涂处理，避免石材表面反碱。

（b）干挂法施工。对于平面尺寸和厚度较大的石板，用专用卡具、射钉或螺钉，把它与固定于墙上的角钢或铝合金骨架进行可靠连接，石板表面用硅胶嵌缝，不需要在内部再浇筑砂浆，称为石材幕墙，见图 14-6。

人造石板的施工构造与天然石材相似，预制板背面埋设有钢筋，不必在预制板上钻孔，将板用铅丝在水平钢筋（或钢箍）上绑牢即可。

图 14-5　湿挂法施工　　　　　　　图 14-6　干挂法施工

（3）涂料类墙体饰面

涂料是涂敷于物体表面后，与基层紧密黏结，形成完整而牢固的保护膜的面层物质。这种物质对被涂物体有保护、装饰作用。常见的涂料有乳胶漆和油漆等。

涂料作为墙面饰面材料，与贴面饰面相比，具有材料来源广、装饰效果好、造价低、操作简单、施工工期短、工效高、自重轻、维修更新方便等特点。

建筑涂料按其主要成膜物的不同可分为无机涂料、有机涂料及有机和无机复合涂料三大类。

① 无机涂料

无机涂料是最早使用的一种涂料。传统的无机涂料有石灰水、大白浆和可赛银等。但这类涂料由于涂膜质地疏松、易起粉，且耐水性差，已逐步被以合成树脂为基料的各类涂料所代替。无机涂料具有资源丰富、生产工艺简单、价格便宜、节约能源、环境污染小等特点。

② 有机涂料

高分子材料在建筑上的应用使有机涂料有很大发展。有机高分子涂料依其主要成膜物质和稀释剂的不同可分为溶剂型涂料、水溶型涂料和乳胶涂料等三类。

溶剂型涂料是以合成树脂为主要成膜物质，以有机溶剂为稀释剂的涂料。

水溶型涂料价格便宜、无毒无异味，并具有一定透气性，在潮湿基层上亦可操作，但由于是水溶性材料，施工时温度不宜太低。

乳胶涂料又称乳胶漆，是合成树脂借助乳化剂的作用，以极细微粒子溶于水中形成以乳液为主要成膜物质的涂料。

③ 无机和有机复合涂料

有机涂料或无机涂料各有特点，但在单独作用时，都存在着各自的问题。为取长补短，研究出了有机、无机相结合的复合涂料。如早期的聚乙烯醇水玻璃内墙涂料，就比单纯的聚乙烯醇涂料的耐水性有所提高。另外以硅溶液、丙烯酸复合的外墙涂料，在涂膜的柔韧性及耐候性方面更适应温度变化。

（4）铺钉类墙体饰面

铺钉类饰面指天然木板或各种人造薄板，借助钉、胶等固定方式对墙面进行的饰面处理，属于干作业。铺钉类饰面因所用材料质感细腻、美观大方、装饰效果好，给人以亲切感。同时材料多系薄板结构或多孔性材料，对改善室内音质有一定作用，但是防潮、防火性能欠佳。一般多用作宾馆、大型公共建筑大厅,如候机室、候车室以及商场的墙面或墙裙的装修。铺钉类装修和隔墙构造相似,由骨架和面板两部分组成。

① 骨架

骨架有木骨架和金属骨架两种。木骨架由墙筋和横档组成,依托预埋在墙内的木砖固定到墙身上。墙筋的截面一般为 50mm×50mm,横档的截面为 50mm×50mm、50mm×40mm。墙筋和横档的间距应与面板的长度和宽度尺寸相配合。金属骨架一般采用冷轧薄钢板构成槽形截面,截面尺寸与木质骨架相近。

② 面板

装饰面板多为人造板,包括硬木条板、石膏板、胶合板、硬质纤维板、软质纤维板、金属板、装饰吸声板以及钙塑板等。

硬木条或硬木板装修是指将装饰性木条或凹凸形木板竖直铺钉在墙筋或横档上,背面衬胶合板,使墙面产生凹凸感,其构造见图 14-7。

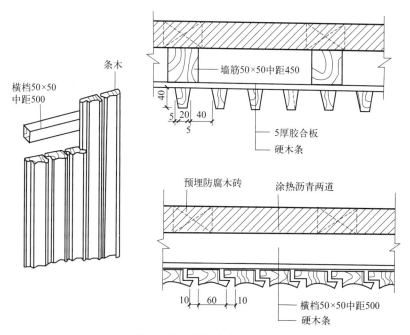

图 14-7 木制面板墙面构造

石膏板是以建筑石膏为原料,加入各种辅助材料,经拌和后,两面用纸板辊压成的薄板,故称纸面石膏板。石膏板具有质量轻、变形小、施工时可钉、可锯和可粘贴等优点。胶合板是利用原木经旋切、分层、胶合等工序制成的。硬质纤维板是用碎木加工而成的。

石膏板、胶合板和纤维板通常用气钉或木螺丝固定到墙筋和横档上;胶合板、纤维板等均以气钉或木螺丝与木质墙筋和横档固定。为保证面板有微量伸缩的可能,在钉面板时,在板与板间需留出 5~8mm 的缝隙。

(5) 裱糊类墙体饰面

裱糊类饰面是将墙纸、墙布等卷材裱糊在墙面上的一种装修饰面,目前使用相对较少。

墙纸,又称壁纸。依其构成材料和生产方式不同,墙纸主要分为 PVC 塑料墙纸、纺织物面墙纸、天然木纹面墙纸和金属面墙纸等几种。

墙布以纤维织物直接作为墙面装饰材料。它包括玻璃纤维墙面装饰布和织锦等材料。

14.3 楼地面饰面

楼板层的面层和地坪层的面层在构造和要求上是一致的，均属室内装修范畴，统称地面。

14.3.1 地面饰面的要求

地面是人们日常生活、工作、生产和学习时必须接触的部分，也是建筑中直接承受荷载、经常受到摩擦、清扫和冲洗的部分，因此，对其要求是：

（1）具有足够的坚固性。在外力作用下不易磨损、破坏，且表面平整、光洁，易清洁和不起灰。

（2）面层的保温性能要好。作为地面，要求材料导热系数要小，以便冬季接触时不致感到寒冷。

（3）面层应具有一定弹性。行走时不致有过硬的感觉，有弹性的地面对减少噪声有利。

（4）有特殊用途的地面，如对有水作用的房间，要求地面能抗潮湿，不透水；对有火源的房间，要求地面防火、耐燃；对有酸、碱腐蚀的房间，则要求地面具有耐腐蚀的能力。

（5）满足隔声要求。隔声要求主要针对楼地面，可以选择适当的地面垫层厚度和材料类型来满足要求。

（6）美观要求。地面是建筑物内部空间的重要组成部分，应有与建筑物相适应的外观形象。

14.3.2 地面饰面的分类

地面的名称是依据施工方式和面层所用材料而命名的。按施工方式和面层所用材料的不同，常见地面可分为整体地面、块材地面、卷材地面和涂料地面等四类。

（1）整体地面：包括水泥砂浆、细石混凝土、水磨石及菱苦土等地面；

（2）块材地面：包括黏土砖、大阶砖、水泥花砖、缸砖、陶瓷锦砖、地砖、人造石板、天然石板及木地板等地面；

（3）卷材地面：包括油地毯、橡胶地毡、塑料地毡及无纺织地毯等地面；

（4）涂料地面：包括各种高分子合成涂料所形成的地面。

14.3.3 地面装修构造

（1）整体类地面

① 水泥砂浆地面

水泥砂浆地面简称水泥地面，它构造简单，坚固耐磨，防潮防水，造价低廉，是目前使用普遍的一种低档地面，如图 14-8 所示。但水泥砂浆地面导热系数大，对不采暖的建筑，在冬季走上去会感到冰冷。另外，它存在吸水性差、容易返潮和易起灰等问题。

水泥砂浆地面的做法有双层和单层构造之分。双层做法分为面层和底层，常以 15～20mm 厚 1∶3 水泥砂浆打底，找平，再用 5～10mm 厚 1∶1.5 或 1∶2 的水泥砂浆抹面。单层构造是在结构层上抹水泥砂浆结合层一道后，直接抹 15～20mm 厚 1∶2 或 1∶2.5 的水泥砂浆一道，抹平，终凝前用铁板压光。双层构造的做法地面质量较好。

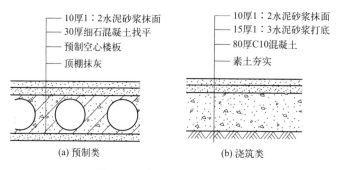

图 14-8　水泥砂浆地面构造图

② 细石混凝土地面

为了增强楼板层的整体性和防止楼面产生裂缝和起砂，在做楼板面层之前，铺 30～40mm 厚细石混凝土一层，在初凝时用铁辊压出浆，抹平，终凝前再用铁板压光做成地面。

③ 水磨石地面

水磨石地面又称磨石子地面，其特点是表面光洁、美观、不易起灰，如图 14-9 所示。其造价较水泥地面高，在梅雨季节容易返潮。水磨石地面常用作公共建筑的大厅、走廊、楼梯以及卫生间的地面。

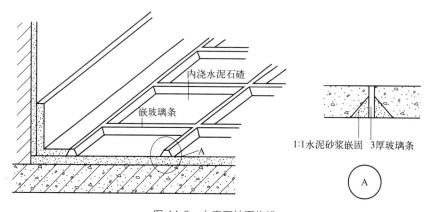

图 14-9　水磨石地面构造

水磨石地面的构造是分层构造：在结构层上用 10～15mm 厚 1∶3 水泥砂浆打底，10mm 厚（1∶1.5）～（1∶2）水泥、石碴粉面。石碴要求颜色美观、中等硬度、易磨光，多用白云石或彩色大理石石碴，粒径为 3～20mm。水磨石有水泥本色和彩色两种。后者系采用彩色水泥或白水泥加入颜料以构成美术图案，颜料以水泥重的 4%～5%为宜，不宜添加太多，否则会影响地面强度。面层的做法是先在基底上按图案嵌固玻璃条（也可嵌铜条或铝条）进行分格。分格的作用一是为了分大面为小块，以防面层开裂。地面在分块后，使用过程中如有局部损坏，维修比较方便，局部维修不影响整体；二是可按设计图案分区，定出不同颜色，以增添美观。分格形状有正方形、矩形及多边形不等，尺寸 400～1000mm，视需要而定。分格条高 10mm，用 1∶1 水泥砂浆嵌固，然后将拌和好的石碴浆浇入，石碴浆应比分格条高出 2mm。最后洒水养护 6～7 天后用磨石机磨光，打蜡保护。

(2) 块材地面

块材地面是利用各种预制块材或板材镶铺在基层上的地面，常见有以下几种：

① 砖地面

由普通黏土砖或大阶砖铺砌的地面，大阶砖也系黏土烧制而成的，规格常为 30mm×350mm×350mm。由于砖的尺寸较大，可直接铺在素土夯实的地基上，但为了铺砌方便和易于找平，常用砂做结合层。普通黏土砖可以平铺，也可以侧铺，砖缝之间以水泥砂浆或石灰砂浆嵌缝，如图 14-10 所示。砖材造价低廉，能吸湿，对黄梅天返潮地区有利，但不耐磨，故多用于一般性民用建筑。

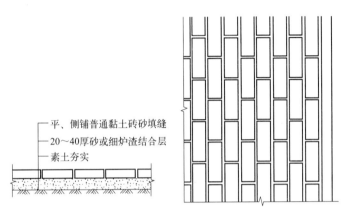

图 14-10　砖地面

② 陶瓷砖地面

陶瓷砖包括缸砖和马赛克。缸砖由陶土烧制而成，颜色为红棕色。有方形、六角形和八角形等。可拼成多种图案。砖背面有凹槽，便于与基层结合。方形尺寸一般为 100mm×100mm、150mm×150mm，厚 10～15mm。缸砖质地坚硬、耐磨、防水、耐腐蚀、好清洁，适用于卫生间、实验室及有腐蚀的地面。铺贴方式为在结构层找平的基础用 5～8mm 厚 1∶1 水泥砂浆粘贴。砖块间有 3mm 左右的灰缝。

在地面与墙面交接处，通常按地面做法进行处理，即作为地面的延伸部分，这部分称踢脚线或踢脚板。踢脚线的主要功能是保护室内墙脚，防止墙面因受外界的碰撞而损坏，也可避免清洗地面时污损墙面。

踢脚线的高度一般为 100～150mm，材料基本与地面一致，构造亦按分层制作，通常比墙面抹灰突出 4～6mm。

(3) 卷材地面

卷材地面是以卷材粘贴在基层上。常用的卷材有塑料地毡、橡胶地毡以及地毯。这些材料的表面美观、光滑、装饰效果好，有良好的保温、消声性能，广泛用于公共建筑。

塑料地毡以聚乙烯树脂为基料，加入增塑剂、稳定剂和石棉绒等材料，经塑化热压而成，有卷材，也有片材可在现场拼花。卷材可以干铺，也可同片材一样，用黏结剂粘贴到水泥砂浆找平层上。它具有步感舒适、富有弹性、防滑、防水、耐磨、绝缘、防腐、消声、阻燃、易清洁等特点，有仿木、石及各种花纹图案等样式，美观大方，且价格低廉，是经济的地面铺材。

橡胶地毡是以橡胶粉为基料，掺入软化剂，在高温、高压下解聚后，再加入着色补强剂，经混炼、塑化压延成卷的地面装修材料，有耐磨、柔软、防滑、消声以及富有弹性等特点，价格低廉，铺贴简便，可以干铺，亦可用黏结剂粘贴在水泥砂浆面层上。

无纺织地毯类型较多，常见的有化纤无纺织针刺地毯、黄洋麻纤维针刺地毯和纯羊毛无纺织地毯等。这类地毯加工精细、平整丰满、图案典雅、色调宜人，具有柔软舒适、清洁吸声、美观适用等特点。有局部、满铺和干铺、固定等不同铺法。固定式一般用黏结剂满贴或在四周用倒刺条挂住。

(4) 涂料地面

涂料地面主要通过涂料对水泥砂浆或混凝土地面做表面处理，以解决水泥地面易起灰和不美观的问题。常见的涂料包括水乳型、水溶型和溶剂型涂料。

这些涂料与水泥表面的黏结力强，具有良好的耐磨、抗冲击、耐酸和耐碱等性能，水乳型涂料与溶剂型涂料还具有良好的防水性能。它们对改善水泥砂浆地面的使用具有重要意义。例如环氧树脂厚质涂层和聚氨酯厚质地面涂层素有"树脂水磨石"之称。

涂料地面要求水泥地面坚实、平整；涂料与面层黏结牢固，不得有掉粉、脱皮、开裂等现象。同时，涂层的色彩要均匀，表面要光滑、洁净，给人以舒适的感觉。

14.4 顶棚饰面

顶棚是指建筑屋顶和楼层下表面的装饰构件，又称平顶或天花，属于楼板层的下面部分，也是室内装修部分之一。

14.4.1 顶棚类型

依构造方式的不同，顶棚有直接式顶棚和吊顶棚之分。

一般顶棚多为水平式，但根据房间用途的不同，顶棚可做成弧形、凹凸形、高低形、折线形等。应根据建筑物的使用功能、经济条件以及室内设备器具的隐蔽性要求和隔声需要来选择顶棚的形式。当建筑物各种设备管线较多，为方便管线的敷设，则多将水平管线埋设至顶棚内，而采用吊顶棚。

14.4.2 顶棚构造

(1) 直接式顶棚

直接式顶棚系指直接在钢筋混凝土楼板下喷、刷、粘贴装修材料的一种构造方式。多用于大量性工业民用建筑中，直接式顶棚装修常见的有以下几种处理方式：

① 直接喷刷涂料

当楼板底面平整时，可用腻子嵌平板缝，直接在楼板底面喷或刷大白浆涂料或106装饰涂料，以增强顶棚的光反射作用。

② 抹灰装修

当楼板底面不够平整，或室内装修要求较高，可在板底进行抹灰装修。抹灰分水泥砂浆抹灰和纸筋灰抹灰两种。

水泥砂浆抹灰系将板底清洗干净，打毛或刷素水泥浆一道后，抹 5mm 厚 1∶3 水泥砂浆打底，用 5mm 厚 1∶2.5 水泥砂浆粉面，再喷刷涂料，见图 14-11（a）。

纸筋灰抹灰系先以 6mm 厚混合砂浆打底，再以 3mm 厚纸筋灰粉面，然后喷刷涂料。

③ 贴面式装修

对某些装修要求较高或有保温、隔热以及吸声要求的建筑物，如商店门面、公共建筑的大厅等，可于楼板底面直接粘贴适用顶棚装饰的墙纸、装饰吸声板以及泡沫塑胶板等。这些装修材料均借助黏结剂粘贴，如图 14-11（b）所示。

图 14-11　直接式顶棚

（2）吊顶棚

吊顶棚简称吊顶。在现代建筑中，为充分利用建筑的内部空间，除一部分照明、给排水管道安装在楼板层内，大部分空调管、灭火喷淋、感知器、广播设备等管线及其装置，均需安装在顶棚上。吊顶依所采用的材料、装修标准以及防火要求的不同，有木龙骨和金属龙骨之分。

① 木龙骨吊顶

木龙骨吊顶是借预埋于楼板内的金属吊件或锚栓将吊筋（又称吊头）固定在楼板下部，吊筋间距一般为 900～1000mm，吊筋下固定主龙骨，又称吊档，其截面均为 45mm×45mm 或 50mm×50mm。主龙骨下钉次龙骨（又称平顶筋或吊顶搁栅），次龙骨截面为 40mm×40mm，间距的确定视装饰面材的规格而定。其具体构造如图 14-12 所示。

木龙骨吊顶因其基层材料具有可燃性，加之安装方式多系铁钉固定，使顶棚表面很难做到水平。因此在一些重要的工程或防火要求较高的建筑中，已极少采用。

② 金属龙骨吊顶

根据防火规范要求，顶棚宜采用不燃材料或难燃材料构造。在一般大型公共建筑中，金属龙骨吊顶已广泛被采用。

金属吊顶主要由金属龙骨基层与装饰面板所构成。金属龙骨由吊筋、主龙骨、次龙骨和横撑龙骨组成。吊筋一般采用 $\phi 4$ 钢筋或 8 号铅丝或 $\phi 6$ 螺栓，中距 900～1200mm，固定在楼板下。吊筋头与楼板的固结方式可分为吊钩式、钉入式和预埋件式，然后在吊筋的下端悬吊主龙骨，再于主龙骨下悬吊次龙骨。为铺、钉装饰面板，还应在龙骨之间增设横撑，横撑间距视面板规格而定。最后在吊顶次龙骨和横撑上铺、钉装饰面板，见图 14-13。

装饰面板有人造面板和金属面板之分。人造面板包括纸面石膏板、矿棉吸声板、各种空孔板和纤维水泥板等。装饰面板可借沉头自攻螺钉固定在龙骨和横撑上，亦可放置在⊥形龙骨的翼缘上。

金属面板包括铝板、铝合金型板、彩色涂层薄钢板和不锈钢薄板等。面板形式有条形、方形、长方形以及折棱形不等。条板宽 60～300mm，块板规格为 500mm、600mm 见方，表面呈古铜色、青铜色、金黄色、银白色以及各种烤漆颜色。金属面板靠螺钉、自攻螺钉、膨胀铆钉或专用卡具固定于吊顶的金属龙骨上。

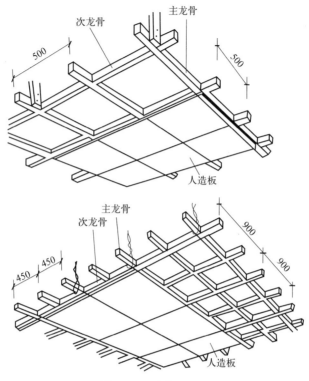

图 14-12 木龙骨吊顶

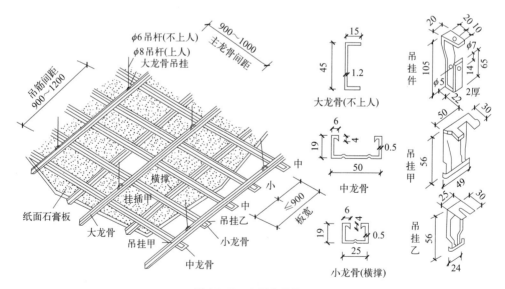

图 14-13 金属龙骨吊顶

思考题

14-1 建筑饰面有哪些作用？
14-2 饰面基层类型有哪些？
14-3 墙体饰面、楼地面饰面以及顶棚饰面的类型分别有哪些？
14-4 抹灰类墙体饰面的优点是什么，贴面类墙体饰面的优点是什么？
14-5 地面饰面的要求有哪些？
14-6 顶棚饰面的要求有哪些？

参考文献

[1] 民用建筑设计统一标准：GB 50352—2019［S］．北京：中国建筑工业出版社，2019．
[2] 建筑设计防火规范（2018年版）：GB 50016—2014［S］．北京：中国计划出版社，2018．
[3] 建筑抗震设计规范（2016年版）：GB 50011—2010［S］．北京：中国建筑工业出版社，2016．
[4] 中国地震动参数区划图：GB 18306—2015［S］．北京：中国标准出版社，2015．
[5] 房屋建筑制图统一标准：GB/T 50001—2017［S］．北京：中国建筑工业出版社，2017．
[6] 建筑制图标准：GB/T 50104—2010［S］．北京：中国计划出版社，2010．
[7] 建筑模数协调标准：GB/T 50002—2013［S］．北京：中国建筑工业出版社，2013．
[8] 住宅设计规范：GB 50096—2011［S］．北京：中国建筑工业出版社，2011．
[9] 中小学校设计规范：GB 50099—2011［S］．北京：中国建筑工业出版社，2011．
[10] 旅馆建筑设计规范：JGJ 62—2014［S］．北京：中国建筑工业出版社，2014．
[11] 绿色建筑评价标准：GB/T 50378—2019［S］．北京：中国建筑工业出版社，2019．
[12] 健康建筑评价标准：T/ASC 02—2021［S］．北京：中国建筑工业出版社，2021．
[13] 装配式建筑评价标准：GB/T 51129—2017［S］．北京：中国建筑工业出版社，2017．
[14] 声环境质量标准：GB 3096—2008［S］．北京：中国标准出版社，2008．
[15] 建筑环境通用规范：GB 55016—2021［S］．北京：中国建筑工业出版社，2021．
[16] 陈骏，彭畅，李超，等．装配式建筑发展概况及评价标准综述［J］．建筑结构，2022，52（S2）：1503-1508．
[17] 仇保兴．城市碳中和与绿色建筑［J］．城市发展研究，2021，28（07）：1-8，49．
[18] 刘春香．建筑设计［M］．沈阳：东北大学出版社，2007．
[19] 冯刚，李严．建筑设计［M］．南京：江苏人民出版社，2012．
[20] 安德森．建筑设计［M］．梁晶晶，杜锐，郭宜章，等，译．北京：中国青年出版社，2015．
[21] 张自杰，方中平，侯渡舟．建筑设计［M］．北京：中国建材工业出版社，1999．
[22] 赵杰作．建筑设计手绘技法［M］．武汉：华中科技大学出版社，2022．
[23] 饶戎．绿色建筑［M］．北京：中国计划出版社，2008．
[24] 姚建顺，毛建光，王云江．绿色建筑［M］．北京：中国建材工业出版社，2018．
[25] 刘晨．绿色建筑［M］．李婵，译．沈阳：辽宁科学技术出版社，2015．
[26] 蔡大庆，郭小平．健康与绿色建筑［M］．武汉：华中科技大学出版社，2022．
[27] 胡文斌．教育绿色建筑及工业建筑节能［M］．昆明：云南大学出版社，2019．
[28] 何栋梁，曹伟军，王会勤．房屋建筑学［M］．西安：西北工业大学出版社，2016．
[29] 王雪松，许景峰．房屋建筑学［M］．3版．重庆：重庆大学出版社，2018．
[30] 陆可人，欧晓星，刁文怡．房屋建筑学［M］．3版．南京：东南大学出版社，2013．
[31] 胡利超，高涌涛．土木工程施工［M］．成都：西南交通大学出版社，2021．
[32] 杜留杰．房屋建筑学［M］．哈尔滨：哈尔滨工程大学出版社，2016．
[33] 王万江．房屋建筑学［M］．4版．重庆：重庆大学出版社，2017．
[34] 颜志敏．房屋建筑学［M］．哈尔滨：哈尔滨工业大学出版社，2017．
[35] 尚晓峰，张丽丽，李然．房屋建筑学［M］．武汉：武汉大学出版社，2013．
[36] 柯龙，赵睿，江旻路，等．建筑构造［M］．成都：西南交通大学出版社，2019．
[37] 颜宏亮．建筑构造［M］．上海：同济大学出版社，2010．
[38] 杨金辉．建筑构造［M］．西安：西安交通大学出版社，2011．
[39] 唐小莉，杨艳华，孙文兵．建筑构造［M］．重庆：重庆大学出版社，2010．
[40] 孙玉红．建筑构造［M］．上海：同济大学出版社，2009．
[41] 尚晓峰，陈艳玮．房屋建筑学［M］．武汉：武汉大学出版社，2016．